太原近现代工业遗产的价值认知与保护研究

高祥冠　著

知识产权出版社
全国百佳图书出版单位

图书在版编目（CIP）数据

太原近现代工业遗产的价值认知与保护研究 / 高祥冠著．—北京：知识产权出版社，2019.7

ISBN 978–7–5130–6329–6

Ⅰ．①太… Ⅱ．①高… Ⅲ．①工业建筑—文化遗产—保护—研究—太原—近现代 Ⅳ．① TU27

中国版本图书馆 CIP 数据核字（2019）第 122751 号

内容提要

本书介绍了在城市的快速发展和产业转型的背景下，伴随人居环境要求的提高，城市中大量的工业面临升级或迁出，原有的生产场所蜕变为工业遗产。这些工业遗产亟待科学保护和更新，以促进城市转型发展。全面深度挖掘工业遗产的价值，对其进行保护和再利用，不仅可以促进城市“存量挖掘”和“内涵增长”并行，还可以传承城市历史文化文脉。

责任编辑：于晓菲　李　娟　　　　**责任印制：**孙婷婷

太原近现代工业遗产的价值认知与保护研究

TAIYUAN JINXIANDAI GONGYE YICHAN DE JIAZHI RENZHI YU BAOHU YANJIU

高祥冠　著

出版发行：知识产权出版社有限责任公司　　**网　　址：**http：//www. ipph. cn
http：//www. laichushu. com
电　　话：010–82004826
社　　址：北京市海淀区气象路 50 号院　　**邮　　编：**100081
责编电话：010–82000860 转 8363　　**责编邮箱：**laichushu@cnipr. com
发行电话：010–82000860 转 8101　　**发行传真：**010–82000893
印　　刷：北京建宏印刷有限公司　　**经　　销：**各大网上书店、新华书店及相关专业书店
开　　本：787mm × 1000mm　1/16　　**印　　张：**20
版　　次：2019 年 7 月第 1 版　　**印　　次：**2019 年 7 月第 1 次印刷
字　　数：260 千字　　**定　　价：**68.00 元

ISBN 978–7–5130–6329–6

前　言

在城市快速发展和产业转型的背景下，伴随环保意识的加强和人居环境要求的提高，城市中大量的工业面临升级或迁出，原有的生产场所变为工业遗产，这些工业遗产亟待科学保护和更新，以促进城市转型发展。全面深度挖掘工业遗产的价值，对其进行保护和再利用，不仅可以促进城市“存量挖掘”和“内涵增长”并行，还可以传承城市历史文化血脉。太原的工业发展已有百年历史，是典型的能源重工业城市，在经济转型和产业升级中，产生了大量的工业遗产，而这些工业遗产已经消逝或正面临危机，对其进行价值评价和保护的工作迫在眉睫。2017 年住房城乡建设部发布了《关于加强生态修复、城市修补工作的指导意见》，同时开展了“城市双修”的试点工作，为工业遗产的保护和更新提供了政策支持。

本书对工业遗存遗产化历程和工业遗产价值认知途径进行分析研究，在“城市双修”的政策背景下，面对遗产化历程中“转型—危机—契机”的现实问题，确立工业遗产价值认知的必要性。遵循“现状—评价—策略”的技术路线，首先，进行历史探源和现状调研，导出工业遗产的构成类型，完成以工厂为主体的工业遗产内容组织，确立了“构成类型—内容组织”工业遗产对象内涵研究的理论范式；其次，基于“城市双修”理念和工业遗产构成类型，构建了工业遗产价值评价指标体系和评价方法；最后，基于“城市双修”的视角，构建了工业遗产的层级保护更新策略。具体研究内容如下。

（1）工业遗存是经济结构转型和淘汰落后产能的产物，在工业遗存数量逐渐减少的过程中，逐步受到公众关注并形成公众认知，成为工业遗产。本书将工业遗存的遗产化历程分为三个阶段：早期形成与初现阶段、中期破坏与认知阶段、成熟认定与保护阶段。遗产化的关键是公众对工业遗产获得价值认知，提出 5 条价值认知途径：工业博物馆与“技术崇拜”促进的价值认知途径、工业建筑商业化再利用推动的价值认知途径、市民集体记忆形成的价值认知途径、活态工业遗产传播的价值认知途径、遗产旅游热推进的价值认知途径。

（2）通过追溯太原近现代城市发展与工业发展，梳理工业发展对城市发展的推动作用，发现工业遗产所承载的历史价值，树立对待工业遗产的科学历史观。太原在民国时期和中华人民共和国成立初期经历了两次工业发展带动的城市化发展，形成了多类型工业区的布局，改变了农耕城市的面貌，工人居住区、工业教育、工业景观随工业发展而形成，进而影响了城市的功能单元和空间布局。通过工业遗产的历史探源，可以更科学全面地认知工业遗产的价值，从而在城市转型发展中，有助于研究者科学和理性地对待工业遗产。

（3）在工业遗产现状调研的基础上，结合工业遗产的历史探源，本书提出工业遗产的 5 种构成类型：工厂厂房工业遗产、生产设备工业遗产、次生景观工业遗产、工人社区工业遗产、工业教育工业遗产。并完成以工厂为主体的内容组织，进一步将“历史探源—构成类型—内容组织”确立为工业遗产对象内涵研究的理论范式。以太原近现代工业遗产为研究案例，确定 22 项近现代工业遗产进行工业遗产的价值评价。

（4）在“城市双修”的指导下，以工业遗产的构成类型为基础，本书构建工业遗产的评价指标体系，其中准则层（一级指标）为5项指标——概况与市域经济价值、工厂与工业建筑价值、工艺与工业技术价值、设施与工业景观价值、民生与工人社区价值；因子层（二级指标）27项指标；子因子层（三级指标）59项指标，并用层次分析法（AHP）对指标体系进行了权重计算。对太原22项近现代工业遗产进行价值评价，根据评价结果给出工业遗产的分级建议，并对22项近现代工业遗产做进一步产业类型分布、运行状态、城市片区分布的分析。

（5）首先，对工业遗产保护更新的驱动要素和驱动力进行分析，给出了增强保护和更新正驱动力的策略。其次，结合“城市双修”的指导，借鉴国内外工业遗产保护与城市复兴的经验启示，构建了工业遗产的层级保护更新策略体系：城市层级、历史街区层级、工业遗产构成类型层级。对太原近现代工业遗产做了实证研究，提出了“一廊、五片、多散点”的城市层级保护更新策略。最后，给出了工业遗产保护更新的实施保障措施。

目　录

第1章 绪 论

1.1 研究背景

1.1.1 城市转型发展，工业存量的利用问题备受关注

城市发展伴随城市产业结构和功能定位调整，进而导致城市功能布局发生变化。随着我国城市逐渐进入后工业化时期，产业结构调整加快，传统老工业区面临经济结构单一、经济增长动力消失、失业问题等严峻的挑战。城市功能也从原来单一的工业生产向更加多元化的金融贸易、通信、文化交流等多职能转变。近年来，我国一直保持较为稳定的经济增长态势，不断探索产业格局优化策略，许多一、二线城市已经开始或正在经历城市功能定位的转变。随着生产方式的不断变革，新型产业蓬勃发展，一些传统工业呈夕阳状态。如何处理遍布城市的旧工厂，成为城市发展更新必须解决的问题。盘活这些城市中的工业存量，有以下三个优点。

第一，通过对城市工业存量土地的调整利用，进而对城市空间布局进行优化，是塑造可持续发展城市的有效手段。

第二，利用工业存量，有利于优化城市产业布局，改善我国城市普遍存在第三产业用地比重较小、工业用地比重较大的问题。

第三，存量发展有利于降低新增建设用地对农田耕地的占用，为加强耕地保护和改进占补平衡提供有效途径。但目前工业存量的利用仍处于摸索阶段，效益并不是很显著，因此需要政府、企业、研究机构等加强重视。

1.1.2 “城市双修”新理念，支持工业存量的利用

在 2015 年召开的中央城市工作会议上，明确提出要加强城市设计与提倡城市修补，这是中共中央会议第一次使用“城市修补”这一新概念。这标志着我国城乡规划建设进入了新的阶段，发展理念有了重大转变。2016 年 2 月《中共中央国务院关于进一步加强城市规划建设管理工作的若干意见》中明确提出有序实施城市修补和有机更新，解决老城区环境品质下降、空间秩序混乱、历史文化遗产损毁等问题，促进建筑物、街道立面、天际线、色彩和环境更加协调优美。通过维护加固老建筑、改造利用旧厂房、完善基础设施等措施，恢复老城区功能和活力。2017 年住房城乡建设部印发《关于加强生态修复城市修补工作的指导意见》《三亚市生态修复城市修补工作经验》《关于将福州等 19 个城市列为生态修复城市修补试点城市的通知》，对在全国开展生态修复、城市修补（以下简称“城市双修”）工作、推动城市转型发展做出全面部署。强调要加强文化遗产保护的传承与合理利用，保护古遗址、古建筑、近现代历史建筑，更好地延续历史文脉，展现城市风貌。

“城市双修”是“生态修复、城市修补”的简称，是我国经济新常态下实现城市发展模式和治理方式转型的重要手段，是增量规划向存量规划转变过程中

必须坚持的原则，是我国规划工作深入改革的一个理念成果，对城市转型发展和人居环境提升有着重要的指导意义，也是城市化改革的重要标志。

“生态修复、城市修补”与已有的城市更新方法类似，是对城市存量空间环境的修整、改善和提升，但与以往的生态保护和城市更新实践相比，“城市双修”站在城市转型发展和城市规划改革的时代角度，以遏制城市病蔓延为出发点来应对城市问题；它强调生态与城市发展的平衡、协调、可持续，将城市视为一个复杂的“社会—生态系统”，既要处理好经济、环境、居民之间的关系，又要在城市化进程中主动顺应生态环境的成长规律，协调社会生产与自然环境的关系，促进城市与生态共融共生、包容循环。“城市双修”的提出体现了城市发展模式和治理方式的转变。“生态修复”是指修复城市中被破坏的自然环境，改善生态环境质量，在城市生态格局下注重生态与城市的共生关系、保护与发展的协调关系、人与自然的和谐关系。“城市修补”是指通过有机更新，完善城市功能和公共设施，修复城市空间环境和景观风貌，塑造城市特色，提升城市活力。生态修复和城市修补是城市发展方式转型的必然要求，要借此把过去粗放扩张型的城市规划转变为提高内涵质量的城市规划。

工业存量的利用，主要是工业区的更新和工业遗产的保护，也正是“城市双修”的主要工作内容之一。在工业区范围内，由于过去粗放的工业发展，留下了诸多问题亟待改善。在“城市双修”的理念指导下，也有利于工业区更新和工业遗产保护顺利进行。

1.1.3　工业遗产研究的兴起与存在的问题

工业遗产（Industrial Heritage）的开发从20世纪英国、德国的实践成功后，受到越来越多的关注。保护工业遗产的活动起源于英国，早在19世纪末期，英国就出现了“工业考古学”，强调对工业革命与工业大发展时期的工业遗迹和遗物加以记录和保存。1973年，在世界最早的铁桥所在地——铁桥峡谷博物馆召开了第一届国际工业纪念物大会（FIC-CIM），引起了世界各国对工业遗产的关注。1978年在瑞典召开的第三届国际工业纪念物大会上，国际工业遗产保护委员会（TICCIH）宣告成立，成为世界上第一个致力于促进工业遗产保护的国际性组织，同时也是国际古迹遗址理事会（ICOMOS）工业遗产问题的专门咨询机构。国际工业遗产保护委员会的成立，标志着工业遗产的研究进入国际视野，相关研究的关键词也从“工业考古”转变为“工业遗产”。21世纪初，全世界对工业遗产保护形成了更广泛的共识，陆续建立了工业遗产保护和研究的组织机构（见表1.1）。2003年7月，在俄国下塔吉尔召开的国际工业遗产保护委员会大会上通过了由该委员会制定和倡导的专用于保护工业遗产的国际准则，即

表1.1　各国工业遗产研究的组织机构

创建年份	创建机构	国家
1968	伦敦工业考古学会（GLIAS）	英国
1968	工业考古委员会（IAC）	澳大利亚
1971	美国工业考古学会（SIA）	美国
1973	英国工业考古学会（AIA）	英国
1978	国际工业遗产保护委员会（TICCIH）	国际
1982	工业考古记录网（www.iarecording.org）	英国
1999	工业遗产咨询委员会（IHAC）	澳大利亚
2001	工业遗产委员会（IHC）	澳大利亚
2006	中国建筑学会工业遗产学术委员会	中国
2016	工信部工业文化遗产发展联盟	中国

《下塔吉尔宪章》。宪章系统阐述了工业遗产的定义："工业遗产包括具有历史、技术、社会、建筑或科学价值的工业文化遗迹，建筑和机械，厂房，生产作坊和工厂，矿场以及加工提炼遗址，仓库货栈，生产、转移和使用的场所、交通运输及其基础设施，以及用于居住、宗教崇拜或教育等和工业相关的社会活动场所。"此后，国内外颁布了众多工业遗产相关的政策文件（见表1.2）。

表1.2 国内外工业遗产的政策文件

年份	发布机构	文件或事件
1994	联合国教科文组织（UNESCO）	《世界遗产名录全球战略》指出工业遗产是特殊而重要的文化遗产类型
2003	国际工业遗产保护委员会（TICCIH）	《下塔吉尔宪章》首次以国家文件的形式明确了工业遗产的定义，以及保护的措施等
2004	国际古迹遗址理事会（ICOMOS）	《The World Heritage List——Filling the gaps，an action plan for the future》（世界遗产名录——填补空缺，未来行动计划）
2005	UNESCO	《实施世界遗产保护公约操作指南》将TICCIH列为世界文化遗产评审咨询组织
2005	国际工业遗产保护委员会（TICCIH）	《Understanding the Results，Under-represented Categories and Themes》（了解结果，代表性不足的类别和主题）
2006	国际古迹遗址理事会（ICOMOS）	西安ICOMOS第15届大会，主题为"工业遗产"
2006	国家文物局	《关于加强工业遗产保护的通知》
2006	国家文物局	《无锡建议》
2011	国际古迹遗址理事会和国际工业遗产保护委员会（ICOMOS & TICCIH）	《ICOMOS-TICCIH工业遗产地、结构物、地区与景观维护原则》
2014	国家文物局	《工业遗产保护和利用导则》
2017	国家旅游局	关于推出10个国家工业遗产旅游基地的公示
2017	工信部	国家工业遗产名单（第一批）
2018	中国科协、中国城市规划学会	中国工业遗产保护名录
2018	工信部	在全国普查工业博物馆和工业遗产概况

2003 年 7 月，在北京 798 艺术区举办的“北京当代艺术双年展”，将工业遗产带入中国公众的视野。2006 年，国家文物局下发了《关于加强工业遗产保护的通知》；同年 6 月，在首届中国工业遗产保护论坛，诞生《无锡建议》草案；2014 年，国家文物局向全国发布《工业遗产保护和利用导则》。进入 21 世纪，更多学者和政府机构投入工业遗产保护和再利用的研究和实践中来[1]。

我国工业遗产记录了工业发展不同阶段的重要信息，见证了国家工业发展的历史进程，是工业文化的重要载体，具有十分重要的历史价值、科技价值、社会文化价值和艺术价值，对城市发展还具有可观的经济价值。2016 年后，国家旅游局、国家文物局、工信部都十分重视工业遗产的保护，试图通过政策引导，为工业遗产的保护创造更良好的环境。建立了中国工业遗产保护名录，颁布了一些相关导则、建议、通知等，并进行了普查工作。

我国近年来的工业遗产保护利用，不乏创新实践和成功案例，但也存在定位雷同、重商趋利等问题，导致工业遗产保护利用缺乏特色、缺失文化。如此“保护利用”，脱离了工业遗产的价值本底，也不符合工业遗产作为文化资源的本质要求。有些工业遗产的再利用项目急功近利，追随开发主体的商业意图，导致工业遗产文化缺失，又以多变的投资效益或商业利益为基准，不断对既定保护范围和开发目标、规划设计方案任意调整，在设计和管理工作上陷入难以控制的恶性循环。以上海为例，以“时尚”“创意”为主题的工业遗产再利用项目就有数十个，如国际时尚中心、800 秀、M50、红坊等项目，全部用作时尚街区，缺乏特色。这些项目中，除了被改造的工业厂房，很难看到工业遗产的构成，“范式化”的设计语言找不到工业遗产的时代符号，更加难以感受到工业文化遗产的存在。

1.1.4 太原工业遗产现状堪忧

太原作为发展较早，具有代表性的重工业城市之一，正处于城市转型发展阶段，由于工业产业的停产或转迁而产生大量工业存量，城市内工业遗产有待盘点和保护利用，是当下政府亟须解决的问题。

中华人民共和国成立之前，阎锡山在太原创立的西北实业公司，就为太原的重工业发展奠定了基础。1952 年 9 月，在中财委主持召开的全国城市建设会上，为配合苏联帮助援建的“156 工程”城市配套工作，计划设置八大重点城市，具体包括西安、洛阳、兰州、包头、太原、成都、武汉和大同，这八大重点城市编制了新中国第一批真正意义上的城市规划，其中太原有苏联帮助援建的“156 工程”的 11 个项目。此后，在太原的四次城市总体规划中，都有“能源重化工业城市”的城市性质描述。随着经济的转型和产业的升级，太原也产生了大量的工业存量土地。从太原历年城市总体规划总图（见图 1.1），可以看出工业区与城市已经接壤或者融合，这些工业存量土地的规划又不同于一般的增量规划，

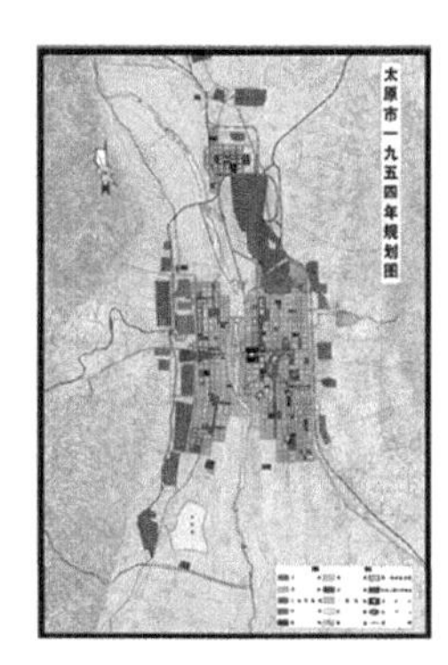

1954 年规划图老照片

1981 年规划图老照片

1994 年规划图老照片

2004 年调整规划图老照片

图 1.1 太原历版城市规划总图

需要解决更多工业建成区的遗留问题，即由于产业升级而遗留的工业遗产，亟待甄别其历史价值，并对其进行合理的规划，以适应城市未来的发展。

2000年后，太原市随着经济结构的调整和城市的扩张，工业区逐渐成为城市中心地带。在没有充分认识到工业遗产重要价值的情况下，原有的工业用地很大一部分被直接推倒重建，另作他用，相当一部分珍贵的工业建筑遗产不复存在。21世纪初，太原对旧工业建筑保护观念有所提高。2009年，太原市政府发布了《太原历史街区历史建筑名录》，包括太钢保留的2号高炉、飞机库，太原重型机器厂内的一金工、二金工车间和苏联专家楼，面粉二厂的仓库、筒仓、制粉车间，新记电灯公司旧址内的厂房和烟囱，山西机床厂内保留的太原兵工厂办公楼，晋西机器厂办公楼，汾西机器厂办公楼和电工车间等。2010年11月山西启动了“工业遗产保护工程”，并将太原一部分工业遗产列入保护名录，包括白家庄矿日伪政府的办公楼和军官住宅旧址及慰安所旧址、太重苏联专家楼、太钢飞机库及碉堡、太钢2号高炉、晋西机器厂办公楼和职工宿舍等。2010年以来，山西先后颁布了《尽快开展山西工业遗产保护》《保护太原工业遗产，追寻城市工业文脉建议书》《关于发展我省工业遗址旅游的建议》等文件，呼吁对工业遗产的保护。

太原的工业遗产数量丰富，但大量的工业遗产正在消失，保护工作迫在眉睫。山西铜厂于2007年就将土地拍卖开发为合生御龙庭；太原矿机（原西北修造厂）于2010年拍给富力地产；太原锅炉厂（“一五”期间项目）于2011年开发为万科蓝山；太原机车（原西北车辆）于2015年拍卖于中车置业，并于2016年3月开始拆除（见图1.2、图1.3）；“一五”期间建设投产的新中国四大制药基地之一的太原制药厂，也于2016年开始被用于房地产开发。这些工业遗产已经流失，难以恢复，还有大量的工业遗产也即将被破坏。太原化工厂仅存

图 1.2 拆除中的太原机车（1）

图 1.3 拆除中的太原机车（2）

的五车间、六车间还保留有少量当时的设备，也将面临拆除。太重、太钢、晋西等厂区内的苏式专家楼，由于两三代住户的使用，原建筑风貌正在消失。对工业遗产的威胁有来自企业生存压力的，有来自商业开发压力的，也有来自建筑使用者的。因此，需要研究工业遗产“威胁”的不同诱因，结合价值评价，给出保护工业遗产的具体方针和措施。还有一些工业遗产处于自发保护的状态。如白家庄煤矿在 2010 年申请成为“西山国家矿山公园”，其中包括矿山地质景观，日寇时期遗留的采矿窑址、防御工事、输煤铁路等。本研究团队曾经为白家庄煤矿做出“西山国家矿山公园旅游规划”，旨在对白家庄煤矿的历史建筑、生产遗迹、地址风貌进行保护。遗憾的是，“西山国家矿山公园”并未有实质进展，依然是一纸文件。太原化肥厂是国家“一五”期间建设的全国三大化工基地之一，随着经济和城市的不断发展，污染现象日益严重，且工业区和居民区交错混杂。2010 年省、市政府决定对太原化肥厂逐步关停、搬迁；2015 年太原化肥厂实现全面停产，并决定对部分有代表性的煤化工装置进行永久性保留，打造太化工业遗址公园（见图 1.4、图 1.5）。目前在园区已经连续四年举办太原国际青年金属雕塑展，梦飞动漫基地也已经入驻。

图 1.4　太化工业园雕塑公园

图 1.5　太化工业园保留厂房

综上所述，城市在经济转型和快速发展的同时，大量的制造业随城市的发展而迁出或者即将迁出，留下的生产场所变为工业遗存或工业遗产，这些工业遗存或工业遗产亟待二次开发以适应城市发展的需求。这些工业遗产的原企业大部分是在国家特殊时期建设的，为中国工业发展做出过巨大贡献，同时也在所在城市的城市化过程中扮演了重要角色，承载着一代工业人的记忆，在城市未来发展中保留工业遗产是具有正面意义的。

与历史民居在城市更新中的命运一样，在城市发展和地产开发的逐利行为中，一部分工业遗产被拆除，土地被重新开发；一部分工业遗产通过企业改制引进合作，走向了工业遗产的开发利用。工业遗产开发往往选择以商业开发来支撑遗产文化的保护和延续，却往往事与愿违，加深了保护与利用的矛盾，使保护范围越来越小，改造强度越来越大。这样的城市更新行为割裂了城市发展的记忆，开发中漠视了区域工作者和居民，已经被学术界所诟病，也逐步为政府和企业所认识。还有些工业遗产或者即将停产的工业企业虽然侥幸躲过了大拆大建的城市更新，但是面对开发模式的选择、相关经验的缺失等复杂因素，依然在原地沉睡，开发的启动与决策的实现难度依然很大。

1.2 国内外工业遗产研究进展

1.2.1 工业遗产的定义

2003 年 7 月，国际工业遗产保护委员会（TICCIH）通过的《下塔吉尔宪章》阐释了目前关于工业遗产最为权威的定义：工业遗产指自工业革命以来，但不排除工业革命前时期和工业萌芽时期的活动，具有历史、社会、技术、建筑或科学价值的工业文化遗存。这些遗存包括建筑物和机械、车间、作坊、工厂、矿场、提炼加工厂、仓库、能源产生转化利用地、运输及其基础设施，以及与工业有关的社会活动场所如住房、宗教场所、教育场所等。联合国教科文组织对工业遗产的界定是：工业遗产不仅包括磨坊和工厂，还包含由新技术带来的社会效益与工程意义上的成就，如运河、工业市镇、铁路、桥梁以及运输和动力工程的其他物质载体。一般来说，学术界普遍接受国际工业遗产保护委员会于 2003 年通过的《下塔吉尔宪章》中对工业遗产的界定。表 1.3 是国内各机构或文件对工业遗产的定义和解释。工业遗产可认为是工业化过程中留存的物质遗产和非物质遗产总和，是一种具有历史学、社会学、建筑学和历史价值、审美价值、科研价值等多重价值的工业文化遗产，属于文化遗产的重要组成部分，其涉及的范围在不断扩大（见图 1.6），但都强调了工业遗产的四个特性，即杰出性、代表性、原真性、完整性。

表 1.3　国内工业遗产定义比较

<table>
<tr><th>定义来源</th><th>“工业遗产”定义</th><th colspan="3">定义内涵</th></tr>
<tr><td>《无锡建议》（2006）</td><td>工业遗产是具有历史学、社会学、建筑学和科技、审美价值的工业建筑遗存，包括工厂车间、磨坊、仓库、店铺等工业建筑物，矿山、冶炼场地、能源生产等，及相关的社会活动场所，相关工业设备以及工艺流程、数据记录、企业档案等物质和非物质文化遗产</td><td colspan="3">在“工业遗产”定义中，明确指出工业遗产是“具有历史学、社会学、建筑学和科技、审美价值的”，首次提出“工艺流程、数据记录、企业档案等物质”是遗产，为工业遗产内涵中不可移动物质遗产和可移动物质遗产的理论奠定基础</td></tr>
<tr><td rowspan="4">《北京市工业遗产保护与再利用工作导则》（2009）</td><td rowspan="4">工业遗产是与工业发展密切相关的，具有历史价值、社会文化价值、艺术美学价值、科学技术价值和经济再利用价值的遗存，是文化遗产的重要组成部分。工业遗产分为物质遗产和非物质遗产。物质遗产包括与工业发展有关的厂房、仓库、码头、桥梁、办公建筑、附属生活服务设施等不可移动的物质遗存；还包括机器设备、生产工具、办公用具、历史档案、商标徽章及文物、手稿、影像录音、图书资料等可移动的物质遗存。非物质遗产包括生产工艺流程、技能、原料配方、商号、经营管理、企业文化、企业精神等相关内容</td><td colspan="3">“工业遗产”定义内涵基本完整：
1. 指出工业遗产的价值所在
2. 明确将工业遗产作为历史文化资源保护和再利用
3. 提出工业遗产由物质与非物质属性构成</td></tr>
<tr><td rowspan="3">工业遗产</td><td rowspan="2">物质属性</td><td>不可移动物质工业遗产</td></tr>
<tr><td>可移动物质工业遗产</td></tr>
<tr><td>非物质属性</td><td>非物质工业遗产</td></tr>
<tr><td rowspan="2">国家文物局单霁翔</td><td>广义的工业遗产包括与工业发展联系的交通业、商贸业以及有关社会事业的历史遗存，包括新技术、新材料所带来的社会和工程领域的相关成就，如运河、铁路、桥梁以及其他交通运输设施和能源生产、传输场所等</td><td colspan="3" rowspan="2">国家文物局局长单霁翔在《不断开拓文化遗产事业繁荣发展新局面——全国文物局长会议工作报告》中强调了在全国第三次文物普查工作中，工业遗产作为普查工作的重点，“一大批具有重要历史、艺术、科学价值的工业遗产……新型文化遗产在普查中得到充分重视”</td></tr>
<tr><td>狭义的工业遗产主要是指生产加工区、仓储区、矿山等工业物质遗存，包括钢铁工业、煤炭工业、冶金工业、电子工业等众多工业门类所涉及的各类工业建筑物和附属设施</td></tr>
</table>

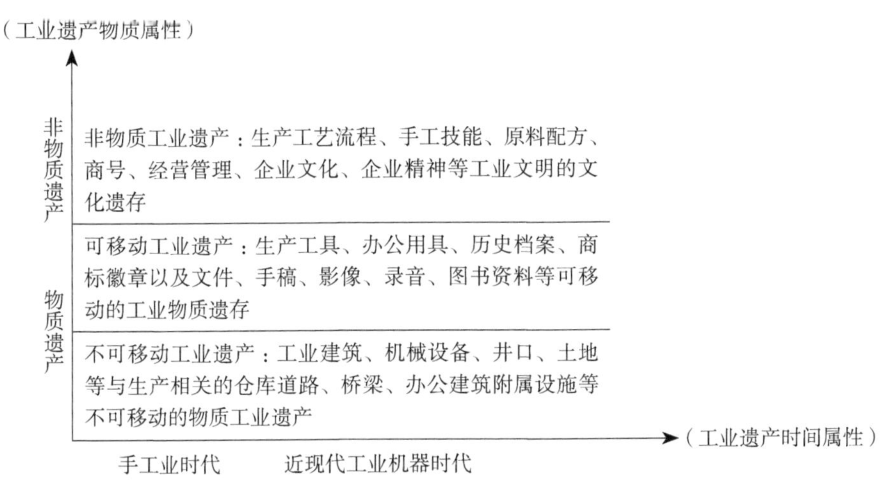

图 1.6 工业遗产概念的内涵

通过以上文件对工业遗产定义的解读，可以认为工业遗产有广义和狭义之分，广义的工业遗产是指具有历史学、社会学、建筑学和科技、审美价值的工业文化遗存，包括建筑物、工厂车间、矿山、工业流程、企业档案等。这也包括工业化前的手工业、加工业、采矿业等年代相对久远的遗址和遗物。狭义的工业遗产一般指的是鸦片战争以来中国社会发展各阶段的近现代工业建筑，一般包括中国开埠之后国外资本兴建的近代工厂、洋务派官员以及民间资本家兴办的中国民族工业，以及新中国的社会主义工业。

仅从广义与狭义的工业遗产内涵来理解近代以来在城市中形成的工业区和保留下来的工业遗产是不够的，需要结合工业发展历史和城市发展历史，近现代工业的发展历程和城市发展可以划分为以下 2 个阶段（见表 1.4），可以看出工业遗产曾经在城市发展中的重要作用，以及其产生的时代背景。

表 1.4　中国近现代工业发展阶段

历史阶段	时间跨度	工业发展特征	城市发展特征
近代工业	1840—1894 年	中国近代工业的产生阶段，许多工业门类实现了从无到有的突破	传统农耕城市
	1895—1911 年	中国近代工业初步发展阶段，《马关条约》允许外国资本近代工业在各地设厂，中国丧失工业制造专有权	修筑铁路和“马路”的出现引发了传统农耕城市的近代化
	1912—1936 年	私营工业资本迅速发展时期，华侨和军政要员成为重要的工业投资者，近代工业逐渐走向自主发展	《欧洲市政府》《市政原理与方法》等大量西方译专著的出现带动了城市规划的近代实践
	1937—1949 年	抗战时期艰难发展，大量工矿企业内迁，战后工业有短暂复苏	战争时期，城市发展停滞
现代工业	1949—1965 年	新中国社会主义工业初步发展时期，奠定了我国现代工业发展的基石，经历了理性发展和工业化“大跃进”的时期	经济恢复与“苏联模式”科学城市规划引入，以建“八大城市”为城市规划试点
	1966—1976 年	曲折前进时期，工业生产停滞甚至倒退	城市发展的停滞时期
	1976 年至今	社会主义现代工业大发展时期，产业格局“退二进三”调整，促使某些工业地区重新定位	快速城市化发展时期

工业遗产是非常重要的城市遗产，从工业遗产的概念中我们已经知道工业遗产绝非单纯指工业建筑遗产，工业遗产的内涵与其他遗产类型内涵有着诸多交叉范围（见图 1.7）。因此，工业遗产是一个复杂的遗产系统，主要是指工业革命以来的近现代工业以及与工业发展相伴而生的、和工业密切相关的设施，包括工厂、货站、铁路、工人社区、工业教育等，这些工业遗产存在于城市中，有的作为历史遗存沉寂多年，也有的是正在使用的活态遗产，

随着社会发展，这个复杂的遗产系统将会结合传统文化遗产，成为未来都市文化差异的主要根源。

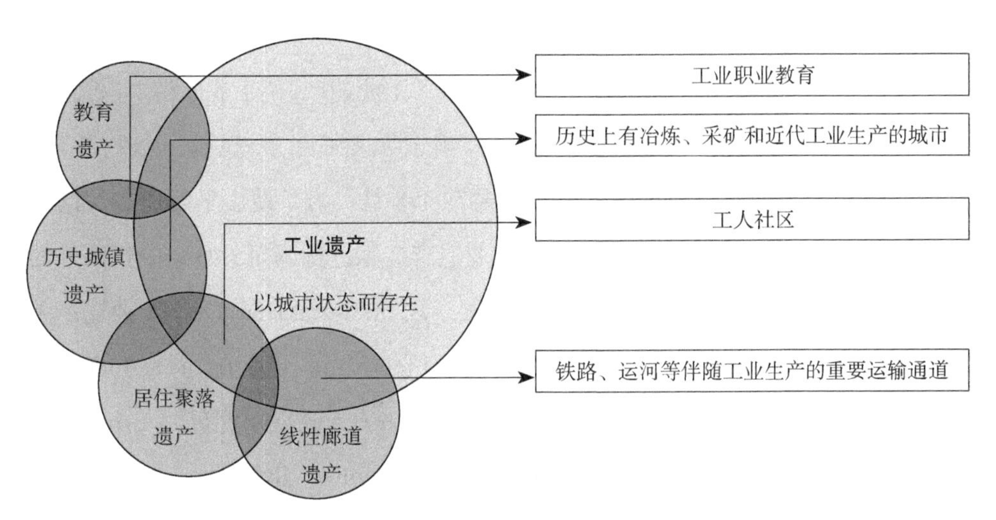

图 1.7　工业遗产与其他遗产类型的内涵交叉

工业遗存与工业遗产是本研究中一对重要的相近概念。工业遗存泛指由于产业升级而遗留下来的工业建筑、机器厂房、文献资料等。从管理的角度来讲，工业遗存必须经过价值评价的过程和名录管理，才可以认定为工业遗产，所以工业遗产一般指价值高、意义大的工业遗存，或者是获得公众认知的工业遗存。工业遗存形成公众认知成为工业遗产的过程可以理解为工业遗存的遗产化过程。本研究认为工业遗存是工业遗产形成的前提，如果排除法规和公众认知中的历史局限，工业遗存可以等同为工业遗产，一样属于“本质遗产”。

1.2.2 国内外工业遗产研究文献的对比分析

1999年，陆邵明以城市码头工业区为空间范本，思考了后工业景观在城市更新中的作用，实为中国工业遗产研究的先河[2]。因此，本研究以1999—2016年为年限检索范围，在中国知网（CNKI）以“工业遗产”“工业旅游”“棕地开发”“产业遗存”“工业景观”等为关键词，检索收录在建筑、规划、地理、遗产、旅游等学科高水平学术期刊中的文献，共计478篇。为了便于平行比较，同时以1999—2017年为时间范围，对国外工业遗产文献进行调研，总结分析国外的研究进展和趋势。使用Web of Science检索，以Industrial Heritage（工业遗产）、Heritage management（遗产管理）、Industrial tourism（工业旅游）、Industrial landscape（工业景观）、Industrial spatial renovation（工业空间更新）、Brownfield（棕地）等为关键词，在55个类别中选择Architecture（建筑学）、Archaeology（考古学）、Art（艺术）、Horticulture（园林学）、Planning Development（规划发展）、Management（管理学）、Urban Studies（城市研究）、Geographic（地理）七个大类，共计检索到573篇文献。

从文献数量来看（见图1.8），2003年无心插柳的798艺术区形成后，国内工业遗产的研究开始升温；2006年国家文物局颁布《关于加强工业遗产保护的通知》后，研究工业遗产的文献数量迅速增长。工业遗产研究的文献数量的变化与我国经济转型发展现实背景下形成一定数量的闲置工业用地和产业遗存密切相关，同时也符合在国家相关重要文件颁布一段时间后，研究数量明显增加的一般规律。国外工业遗产的研究文献，2000—2008年数量持续增长，此后稳定在一定范围，主要原因有两点：国际对于工业遗产的研究已经较为成熟，因此体现出较为稳定的发表数量；西方发达国家工业的转型已经完成，所以近年来工业遗产研究数量没有激增。基于以上总结，随着中国城市快速发展和工业转型发展，未来几年中国工业遗产的保护和再利用还会继续升温，研究也将继续受到学者和社会各界的关注。

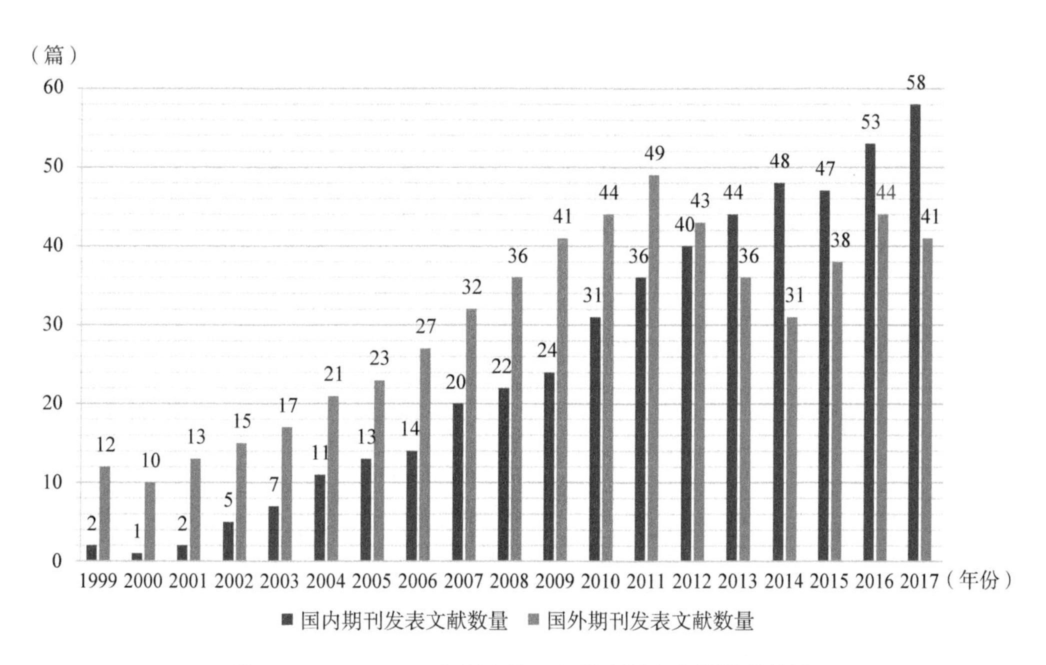

图 1.8 1999—2016 年国内外工业遗产研究文献数量统计

1. 国内外工业遗产研究的刊物和学科分析

从表 1.5 列出的论文发表期刊可以看出，国内刊登工业遗产研究的刊物集中在建筑、规划、城市研究等领域。虽然工业遗产的研究与地理学、旅游、遗产和文物也相关，但在这些领域发表的论文却比较少。国外研究工业遗产的文献（见表 1.6）主要集中于考古、规划和城市研究领域，这与国外工业遗产研究起源于工业考古是有必然关系的，如 *Journal of Cultural Heritage*（文化遗产学刊）

就偏重于报道诸如西班牙加泰罗尼亚地区之类古代工业遗产的案例研究[3-5]。对比分析国内外工业遗产研究学科构成（见图 1.9、图 1.10），显示出国内工业遗产研究学科构成的不均衡性，大量研究聚焦于工业建筑遗产，在旅游和城市地理等领域的关注力度不够。

表 1.5　国内收录工业遗产研究文献的学术刊物（5 篇以上）

刊物	数量（篇）	占比（%）	刊物	数量（篇）	占比（%）
《工业建筑》	138	28.87	《国际城市规划》	13	2.71
《华中建筑》	59	12.34	《经济地理》	11	2.30
《建筑学报》	47	9.83	《城市问题》	10	2.09
《现代城市研究》	33	6.90	《装饰》	9	1.88
《中国园林》	31	6.48	《旅游学刊》	8	1.67
《城市发展研究》	21	4.39	《东南文化》	7	1.46
《规划师》	19	3.97	《四川建筑科学研究》	6	1.25
《城市规划》	19	3.97	《世界地理研究》	6	1.25
《城市规划学刊》	17	3.55	《地理科学》	5	1.04

表 1.6　国外收录工业遗产研究文献的学术刊物（10 篇以上）

来源出版物	数量（篇）	占比（%）
Journal of Cultural Heritage（文化遗产学刊）	63	10.99
Landscape and Urban Planning（景观与城市规划）	51	8.90
Journal of Urban Planning and Development（城市规划与发展学刊）	44	7.67
International Journal of Architectural Heritage（建筑遗产国际学报）	43	7.50
Habital International（国际人居）	39	6.80
Journal of Asian Architecture and Building Engineering（亚洲建筑与房屋工程学报）	34	5.93
Building Research and Information（建筑研究与信息）	27	4.71

续表

来源出版物	数量（篇）	占比（%）
Archaeological Prospection（考古勘察）	21	3.66
Studies in Conservation（保护研究）	21	3.66
Building Research and Information（建筑研究与信息）	22	3.83
Journal of Civil Engineering and Management（土木工程与管理杂志）	19	3.31
Landscape and Ecological Engineering（景观与生态工程）	11	1.91
Archaeometry（考古学）	10	1.74
Journal of Environmental Engineering and Landscape Management（环境工程和景观管理）	10	1.74

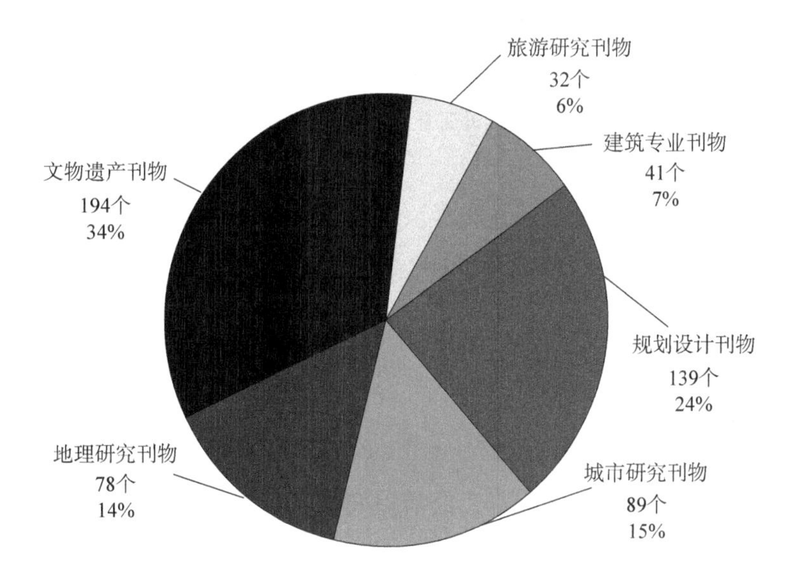

图 1.9 国内工业遗产研究的学科构成

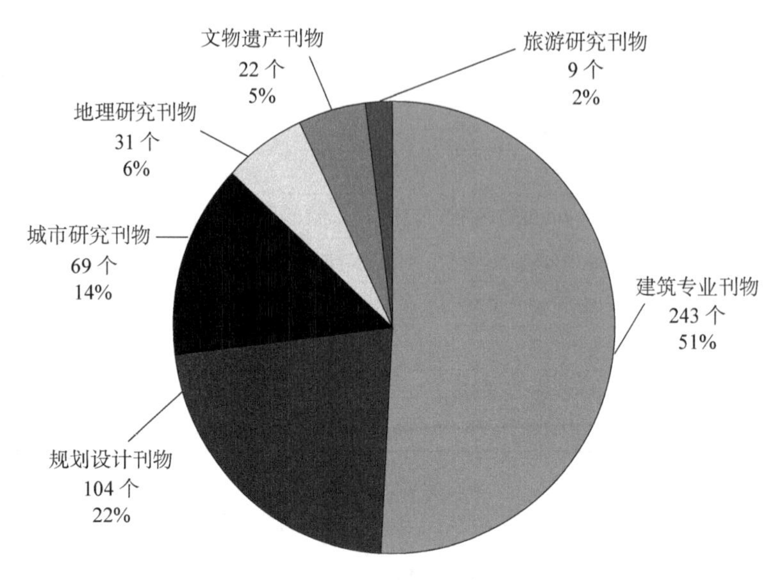

图 1.10　国外工业遗产研究的学科构成

2. 国内外工业遗产研究文献的基金支持分析

表 1.7 列出了国内工业遗产相关文献的基金项目资助情况。有基金资助的文献 172 篇，只占检索文献总数的 35.98%；而在国外工业遗产研究文献中，48.73% 的文献得到了当地国家的基金资助（见表 1.8）。可见国内工业遗产的研究更多地在自组织的状态下展开，政府以及相关学术管理机构需要给予更多重视。笔者查询了 1999—2016 年国家自然科学基金和国家社会科学基金资助的“工业遗产”相关领域的项目，分别只有 19 项和 9 项，可见工业遗产研究的受助基金十分有限。

表 1.7 国内工业遗产研究文献资助基金统计表（3 篇以上）

基金名称	数量（篇）	占比（%）	基金名称	数量（篇）	占比（%）
国家自然科学基金	72	15.06	教育部人文社科基金	5	1.04
国家社会科学基金	23	4.81	湖南省自然科学基金	4	0.83
建设部科技计划项目	16	3.34	浙江省自然科学基金	4	0.83
国家科技支撑项目	8	1.67	上海重点学科建设基金	3	0.62
江苏省青蓝工程基金	7	1.46	中国博士后科学基金	3	0.62
高等学校博士学科点专项科研基金	6	1.25	江苏省教育厅人文社会科学研究基金	3	0.62

表 1.8 国际工业遗产研究文献资助基金统计表（2 篇以上）

基金资助机构	数量（篇）	占比（%）
National Science Foundation（美国国家自然科学基金）	23	4.01
National Natural Science Foundation of China（中国国家自然科学基金）	18	3.14
Epsrc（英国工程和自然科学委员会基金）	13	2.26
European Union（欧盟基金）	12	2.09
Australian Government（澳大利亚政府基金）	7	1.22
European Commission（欧洲委员会）	3	0.52
French National Research Agency（法国国家研究署）	2	0.34
China Scholarship Council（中国国家留学基金）	2	0.34
China Postdoctoral Science Foundation（中国博士后科学基金）	2	0.34
Ministry of Housing and Urban Rural Development of China（中国住房和城乡建设部科技计划项目）	2	0.34

3. 国内外工业遗产研究的文献来源分析

从国内文献的来源机构来看（见表 1.9），清华大学、同济大学、天津大学、西安建筑科技大学等以建筑学、城市规划为优势专业的高校，与前文分析的国内关于工业遗产研究的主要学科是建筑学、城市规划专业的结论相呼应。国际文献来源地（见表 1.10）统计结果表明，工业遗产研究文献发表较多的是发达国家，如美国、英国、德国、法国等，中国位居第六。随着世界经济结构转型，以中国为代表的亚洲区域工业遗产将成为全球工业遗产研究的重点。目前就有 *Habitat International*（国际人居）等国际刊物积极报道亚洲地区的工业遗产研究[7]。

表 1.9　国内工业遗产文献来源机构统计表（前 20）

文献来源机构	数量（篇）	占比（%）
同济大学	29	6.07
清华大学	28	5.86
天津大学	21	4.39
东南大学	15	3.14
北京大学	15	3.14
西安建筑科技大学	15	3.14
哈尔滨工业大学	13	2.72
深圳大学	13	2.72
江南大学	11	2.30
重庆大学	11	2.30
武汉理工大学	11	2.30
浙江工业大学	11	2.30
沈阳师范大学	10	2.09
中国矿业大学	10	2.09
东北大学	9	1.88
北京林业大学	9	1.88
湖南大学	8	1.67
广州大学	8	1.67
武汉大学	7	1.46
大连海事大学	7	1.46

表 1.10 国际工业遗产文献来源地统计表

区域	国家	数量（篇）	占比（%）
北美洲	美国	64	11.17
	加拿大	45	7.85
	小计	109	19.02
欧洲	英国	53	9.25
	德国	51	8.90
	法国	43	7.50
	瑞典	31	5.41
	波兰	27	4.71
	西班牙	24	4.19
	意大利	17	2.97
	荷兰	15	2.62
	瑞士	11	1.92
	欧洲其他	47	8.20
	小计	319	55.67
亚洲	中国	32	5.58
	韩国	14	2.44
	日本	9	1.57
	印度	4	0.69
	亚洲其他	16	2.79
	小计	75	13.07
大洋洲	澳大利亚	37	6.46
	新西兰	19	3.31
	小计	56	9.77
南美洲	阿根廷	3	0.52
	巴西	2	0.35
	南美其他	4	0.69
	小计	9	1.56
非洲	南非	2	0.35
	非洲其他	3	0.52
	小计	5	0.87
合计		573	100

中国工业遗产研究起步晚，存在学科构成不均衡的问题，未来需要加强政府资助和基金支持。从上文分析可见，以中国为代表的亚洲工业遗产研究将成为未来工业遗产研究的主流，研究者更需在国外研究基础上，分析国内工业遗产保护和再利用的现实需求，展现出后发研究的前瞻性。

1.2.3 国内外工业遗产研究体系的对比分析

北京大学教授、国际工业遗产保护委员会（TICCIH）中国代表阙维民（2007）将工业遗产研究分为四个阶段，2006 年至今被划分为工业遗产的主题化研究阶段，笔者认为在诸多观点（见表 1.11）中具有代表性。回顾过去的十年，国内的工业遗产研究水平逐步提高，国际合作和政府工业遗产再利用项目的推出等使得工业遗产正在被广泛关注。

表 1.11　工业遗产研究发展历程的学术观点

代表学者	研究历程观点
阙维民 [3]	第一阶段：肇始阶段（20 世纪 50 年代） 第二阶段：初创阶段（20 世纪六七十年代） 第三阶段：世界遗产化阶段（1993—2005 年） 第四阶段：主题化阶段（2006 年至今）
刘伯英 [4]	源起：1955 年研究铁桥峡谷 发展：1968 年伦敦工业考古学会成立 成果：1993 年英国发行《工业场址记录索引：工业遗产记录手册》至今
黄磊 [5]	萌芽阶段：20 世纪 30—60 年代 拓展阶段：20 世纪 60—90 年代 提升阶段：21 世纪以来
崔卫华 [6]	英国工业考古发展初期：1955—1972 年 全球对工业遗产的关注：1972—2000 年 全面提升阶段：2000 年至今

1. 工业遗产的纵向研究体系

用工业遗产保护与更新的工作顺序来理解研究要素的纵向构成，包括工业遗产的测绘与考古、工业遗产的价值评价、工业遗产的社会属性研究、工业遗产的再利用模式研究，是工业遗产研究的主流体系。

国外工业遗产调查研究方面，除了传统的考察方法[7-11]，3D技术在工业遗产调查工作中的应用[12,13]也逐步推广。在工业遗产案例研究的基础上[14-16]构筑了工业遗产评估研究的体系，工业遗产及其复杂的文化属性和社会属性的评估也被纳入评价体系[17,18]。这些评价方法也被引入国内相关研究[19]。同时国内在案例研究基础上，形成了较为成熟的价值评价体系[20,21]。林涛、胡佳凌以上海为研究案例,采用多元回归的方法对工业遗产原真性感知进行了量化分析[22]。张健对工业遗产的价值标准及其再利用模式做了相应的探索，很好地将工业遗产价值评估标准与再利用模式联系起来[23]。灰色综合评价、层次分析法等评价方法也都应用于工业遗产价值评估[24-26]。工业遗产价值评价的"再评价"、利用后"再评估"是深入研究的一个方向，遗憾的是，笔者没有看到相关的研究文献。

在学者刘抚英的最新研究成果中，全面总结了目前工业遗产保护和再利用的模式[27]，其中工业遗产的旅游开发持续受到国内外研究者的关注[28]。Rosentraub在*Tourism management*杂志中，谈了工业遗产旅游开发投资产生的经济和社会效益[29]。Alongso以Langdale纺织厂为案例，论述了工业遗产如何转换为一个旅游景点[30]。利用工业遗产发展文化创意产业是其再利用研究的重要方向。Banks Mark谈了文化创意产业在老工业区发展的可能[31]。Cinzia利用螺旋模型的系统理论，谈了利用工业遗产空间发展文化创意产业[32]。Christian总结了如何利用工业遗产发展文化创意产业[33]。在我国，有将城市钢厂、船厂等改造用以发展工业遗产旅游的[34-38]，也有利用工业遗产发展文化创意产业的[34,39]，这都是城市文化传承、活力重塑的重要途径。有个研究热点值得注意，部分研究者从使用者的角度，谈了工业遗产空间的“体验”[40,41]。王鑫在青岛四方机车厂工业遗产再利用中提出了“消费文化语境”，将工业遗产再利用改造与城市休闲消费结合起来[42]。显然，工业遗产再利用已经由单一的博物馆模式走向了多元的工业遗产旅游开发[43]。著作 *Industrial Heritage Tourism* 的作者 Philip.F.X 是一位活跃于遗产旅游研究领域的国际学者[44]，他提出旅游需求驱动着工业遗产的保护与再利用，但在遗产产业化的进程中，会带来对遗产本身的过度消费，这是需要警醒的。

工业遗产要素的纵向研究体系中，工业遗产的考察和价值评价是其主要内容。工业遗产的价值评价多以工业建筑遗产为评价对象，在评价时也多基于遗产价值中的经济价值、技术价值、文化价值、艺术价值、历史价值去开展，这样的工业遗产价值评价不能够体现工业遗产的内涵，忽视了工业遗产内部的类型及其逻辑关系，不能体现工业发展对城市的推动作用。因此，在工业遗产评价时，能够表达工业遗产内部类型的逻辑关系是本书的主要出发点。工业遗产价值评价和再评价、工业遗产的文化创意产业开发模式、工业遗产再利用效果评价等新的研究方向也需在未来研究中展开。

2. 工业遗产的横向研究体系

工业遗产研究要素的横向研究体系，是研究者从关注工业建筑遗产本身扩展至研究工业遗产的管理和保护开发制度、研究工人社区和工业遗产的社会认知等。

工业遗产研究的横向研究体系，是与当地经济发展、社会发展以及当地社会认同相关联的[45,46]。Degen 和 Marisol 借用“巴塞罗那模式”，分析城市文化、城市再生与工业遗产之间的互动关系[47]。Liddle 研究了希腊工业的去工业化历程，讨论了如何利用工业遗产复兴城市经济[48]。Shacke 以坐落在哈珀斯费里国家历史公园的弗吉尼亚斯岛为例，指出政府在工业遗产保护工作中忽视了工人生活和社区发展的历史[49]。Vladimir 认为开发衰退的工业遗存地区，有利于边缘化的低收入人群重新融入社会生活[50]。这些研究的共同之处在于，认为不可简单地将工业遗产当作一种资源来利用，必须加强工业遗产再利用中与社会认同之间的联系，才能更好地为城市和低收入人群服务。也有学者关注工业遗产与社会发展、城市文化之间的联系[51-53]。在“绅士化”的城市更新潮流下，西方研究者在工业遗产再利用中更加关注“边缘化”低收入群体的实际需求[54]。相比之下，我国为数不多的研究者关注了工业遗产与城市文脉的关系[43,55]，这些研究更多地关注于政府和经济发展需求，对社会、工人群体的关注不够。

国内学者在研究英、美等国工业遗产的管理经验基础上[19,56-58]，从工业遗产的制度因素出发[59]，研究工业遗产的管理措施[60-62]。齐一聪针对工业遗产再生，强调开发管理模式，提出制定“工业遗产改造规范”[63]。徐苏斌提出了增补濒危遗产制度的建议[64]。少量研究者从公众和其他外部因素角度考虑，分析工业遗产再利用过程中所面临的各种现实问题。高祥冠对工业遗产再利用的驱动力做了分析研究[65]。簿茜在工业遗产旅游开发的研究中，定义了利益相关者，并阐述了其功能作用[66]。刘丽华在工业遗产社区保护的路径创新研究中，分析了“外生力量介入”的路径创新过程[67]。刘敏以天津为例，深入研究工业遗产再利用的公众参与[68]。较少的研究者把工业遗产研究放在一个开放的社会系统中，去思考如何推动工业遗产的再开发。

在工业遗产横向研究体系方面，涉及工业遗产再利用的制度、公众参与和驱动机制、开发模式的选择机制等方面，这些研究将会对工业遗产的保护和再利用起到促进作用，但整体看此类研究较少。因此，本书在研究工业遗产评价方法时，也试图从遗产系统的角度去体现工业遗产与城市、社会等关联的内容，以求达到对工业遗产的深度解析。

3. 工业遗产的专题化研究

国内工业遗产研究文献中有 334 篇涉及实践案例，占检索文献的 69.9%。表 1.12 列出工业遗产案例研究城市分布。上海、北京、广州等地的工业遗产研究文献较多[2,22,24,33,38,69-73]，究其原因是这些地区有深厚的近现代工业发展基础，保留有较多的工业遗产。较少的案例研究地为太原、洛阳、重庆等地，这些地区多是“一五”“二五”时期我国重要的工业基地[21,74-78]。工业遗产的研究成果多来自经济发达且工业遗产较为集中的地区，古代传统工业遗产也受到较多的关注[79,80]。然而“小三线”工业城市的工业遗产几乎无人问津。可见，“厚古薄今”的现象在工业遗产研究中流行。

表 1.12　工业遗产研究文献中案例城市的分布

案例城市	上海	天津	北京	武汉	青岛	长沙	广州	西安	南京
数量（个）	42	33	29	27	23	19	18	18	13
占比（%）	12.57	9.88	8.68	8.08	6.89	5.69	5.39	5.39	3.89
案例城市	太原	沈阳	成都	重庆	哈尔滨	福州	徐州	无锡	长春
数量（个）	11	10	10	8	7	6	5	5	4
占比（%）	3.29	2.99	2.99	2.40	2.10	1.80	1.50	1.50	1.20

续表

案例城市	苏州	宁波	阜新	洛阳	唐山	鸡西	抚顺	其他	合计
数量（个）	4	4	3	2	2	2	2	27	334
占比（%）	1.20	1.20	0.90	0.60	0.60	0.60	0.60	8.08	100

产业专题化的工业遗产研究，涉及纺织、钢铁、矿业、石油、水利、铁路等产业[81-87]。值得一提的是，建立在专题研究基础上，工业遗产研究从单纯的工业建筑遗产发展到城市工业遗产[88]，甚至更广层级的工业遗产，如遗产廊道[89,90]。不难看出，工业遗产研究在我国“去存量”的城市规划转型潮流中，已经走上一个新台阶。对比产业专题化的研究趋势，关于地域工业遗产的专题研究还未出现。本研究的实证案例——太原近现代工业遗产，恰恰是我国重要的能源重化工业城市，以太原工业遗产作为专题研究对于国防工业遗产、“156 工程”工业遗产等专题研究方向都具有开创意义。

1.2.4 小结

2006 年以后，我国工业遗产研究进入主题化研究阶段，国内工业遗产研究迅速发展，并走向成熟。工业遗产开发突破了博物馆开发的单一模式，走向了多元的工业遗产再利用，形成了纵向、横向、专题化的研究体系。但工业遗产的研究尚处于学科构成单一、研究对象时空分布不均衡的状态，存在政策主体关注不够等问题，未来工业遗产研究需要关注以下五个方面的内容。

1. 工业遗产的研究存在“厚古薄今”的现象

结合我国工业遗产空间分布特征，应加强对内陆重工业城市和“小三线”城市工业遗产研究，加强工业遗产的近现代历史探源研究。一般多从企业发展、技术迭代和技术转移等工业科技史角度进行研究，然而忽视了工业发展是城市发展的动力，忽视了工业化和城市化的互动关联。这反映了工业遗存在遗产化过程中，对工业遗产价值认知存在着较大的缺陷，这也正是本研究的主要任务之一。

2. 工业遗产的研究多聚焦于工业建筑遗产

虽然有相关研究从工业史角度入手，但较少与城市发展历史相结合，只是与城市现状的对比分析，缺乏工业发展与城市发展的密切联系，研究没有突出工业发展与城市发展的逻辑性，因此缺乏对工业遗产属性的深入细致的研究。

3. 深化基于城市发展史的工业遗产调查和评价研究

重点在于系统论仿真研究的介入以及多学科研究方法的协同。加强运用 3D 测绘、BIM 技术等手段，完善工业建筑遗产历史信息的采集。在对工业遗产的评价中，以历史价值、科学价值、技术价值、艺术价值、经济价值为主导的遗产价值论仍然是工业遗产价值评价的主要标准，但这样的评价标准缺乏操作性，也不利于对重要工业遗产的档案记录，需要重视评价体系的系统分析和评价结论的再评价。

4. 加强对工业遗产多学科交叉理论的实践研究

脱离对工业建筑改造等初级工业遗产再利用思路，反思工业遗产“范式化”开发的现状，跳出既有开发模式的局限，深入思考工业遗产与城市、社区和人的需求，让工业遗产的保护再利用与城市更新一体化，走出一条工业遗产与城市共生的更新之路。

5. 加强工业遗产的公共管理研究

工业遗产没有引起全社会的广泛关注，工业遗产保护和再利用中的公众参与也无从谈起，还需要科研工作者和政府机构积极推动。工业遗产的公共管理研究包括工业遗产法律法规政策研究，工业遗产保护再利用的公众参与模式和路径研究，工业遗产保护利用模式及其机制选择研究，工业遗产保护利用驱动力等方面的研究，为工业遗产保护与再利用提供科学的决策依据和管理机制。

虽然我国工业遗产的研究较国外起步晚，受国外研究的影响，但在我国城市转型发展背景下，国内工业遗产研究应体现后发的前瞻性。目前而言，工业遗产在商业开发追逐利益的过程中，更多地处于商业模式复制的“范式化”开发中，引入的“体验”“文创”主题与工业文化和工业社区相剥离。在这种“绅士化”潮流中，从遗产价值和商业价值的博弈中寻求一种平衡，是有效保护和利用工业遗产的核心，需要国内同行抛开既有研究成果，做更多的尝试和探索。面对工业遗产的再利用浪潮，通过理论研究促进工业遗产保护和再利用的有序开展，从而有效地保护和利用工业遗产资源，延续城市文脉。

1.3 研究对象

1.3.1 研究对象选择的依据

我国工业发展可追溯到清末洋务运动和民族工业发展，经历了晚清、民国、新中国初期及改革开放等发展阶段，已有150余年历史，形成了众多工业城市。

改革开放以来，计划经济体制逐步向市场经济体制转变，大量新产业基地和工业城市涌现，而部分老工业城市的发展面临困难或呈现衰退特征。下文将追述不同时期我国的工业布局及太原的发展情况，以太原为例研究工业遗产的代表性城市。

1. 晚清时期

1840年鸦片战争的爆发为中国近代工业的形成提供了历史机遇。1861年，清政府在洋务派的推动下，创办了一批近代军事工业。1861年到1870年是中国近代军事工业的创办时期，军事工业布局思想可简要概括为“沿海通商口岸布局（海口布局）”，即主张将大型近代军事工业设于沿海口岸。此后，中国近代棉纺织业、缫丝业在华北和长江入海口一带出现，其他工业如面粉、火柴、造纸、印刷等在沿海的一些城市和内地的重庆、太原、汉口等地纷纷涌现[91,92]。此时，太原由于煤、铁资源优势较早获得了工业发展。甲午战败后清政府意识到内陆城市分布军事工业的重要性，计划江南机器局内迁并在内陆省份创办一批兵工厂，太原设立了“山西机器局”。1907年正太铁路的通车，更加促进了太原民族工业的发展。可以说晚清时期，军事工业在中国近代工业发展中起到“火车头”的牵动作用，太原正是其中较早发展工业的内陆城市。

2. 民国时期

孙中山的《实业计划》开创了中国工业布局研究的先河。1937年以前的民国工业发展迅速，但是依然没有摆脱殖民地带来的影响，工业集中于沿海以及黄河和长江两岸地区，而在中国广大的内陆地区，包括山西、江西、湖南、甘肃等省工业较少，符合“胡焕庸线”分布[93]。在实业思想影响和阎锡山武装割据需求下，山西推出的《省政十年发展纲要》大力促进了太原官僚资本工业的发展，创办了西北实业公司，涉及26个行业，其中以煤炭、钢铁、水泥等战略物资工业为主。根据《山西实业志》记载，在1935年，太原是全国第三大工业区。短暂的民国并未实现孙中山《中华人民共和国成立方略》的宏图大略，但民国时期工业还是取得了令人瞩目的成就。

3. 中华人民共和国成立初期

1954年6月，第一次全国城市建设会议确定了新中国城市建设发展的基本方针：“城市建设应为国家的社会主义工业化，为生产、为劳动人民服务。”[94]“一五”时期的计划是合理利用东北地区、上海和其他城市已有的工业基础，发挥它们的作用，以加速工业化建设；重点积极地进行华北、西北、华中等地区的新的工业地区的建设[95]。根据“一五”（1953—1957年）计划所确定的以“156工程”为标志的重点工业项目布局，以及“重点建设、稳步推进”的城市建设方针，太原、包头、兰州、西安、武汉、大同、成都和洛阳八个城市成为国家重点投资建设的新工业城市，即八大重点城市。这些城市具备了良好的基础条件：①城市发展历史悠久，建设条件较好，有利于节约国家建设投资；②拥有矿产和水资源等优势，便于组织工业生产；③交通运输特别是铁路条件较好。不难看出，八大重点城市的分布与“一五”时期国家建设的四大工业基地是分别对应的，包头、太原和大同同属于华北工业基地，西安和兰州属于西北工业基地，洛阳和武汉属于华中工业基地，成都属于西南工业基地。表1.13列出了“156工程”在八大重点城市的分布情况[96]。

表 1.13 “156 工程”在八大重点城市的分布情况

城市	数量（个）	各批次的项目名单	计划投资（万元）	实际投资（万元）
西安	14	西安热电站、西安开关整流器厂、西安电力电容厂、西安绝缘材料厂、西安高压电瓷厂、陕西 113 厂、陕西 114 厂、陕西 248 厂、陕西 786 厂、陕西 803 厂、陕西 804 厂、陕西 843 厂、陕西 844 厂、陕西 847 厂	105129	93880
兰州	6	兰州热电站、兰州石油机械厂、兰州炼油厂、兰州氮肥厂、兰州合成橡胶厂、兰州炼油机械化工厂	89646	96602
太原	11	太原化工厂、太原第一热电站、太原第二热电站、太原氮肥厂、太原制药厂、山西 908 厂、山西 884 厂、山西 763 厂、山西 743 厂、山西 245 厂、山西 785 厂	102846	100335
大同	2	山西 616 厂、大同鹅毛口立井	17485	13913
洛阳	6	洛阳矿山机械厂、洛阳拖拉机厂、洛阳滚珠轴承厂、洛阳有色金属加工厂、洛阳热电站、河南 407 厂	86309	83571
武汉	3	武汉钢铁公司、武汉重型机床厂、青山热电厂	170178	154805
成都	5	四川 715 厂、四川 719 厂、四川 784 厂、四川 788 厂、成都热电站	25492	18521
包头	5	包头四道沙河热电站、包头钢铁公司、内蒙古 447 厂、内蒙古 617 厂、包头宋家河热电站	160897	159003

数据来源：《八大重点城市规划——中华人民共和国成立初期的城市规划历史研究》。

我国近代工业形成于晚清时期，太原的工业亦起步于此时期，在民国、新中国多个时期的工业发展中，太原也是国家的重点建设对象，成为我国重要的能源重化工业城市。如同大多数工业城市一样，太原处于城市转型发展时期，产生大量工业遗产问题。太原作为我国工业城市发展的代表，对太原的工业遗产进行研究具有一定的代表性。

1.3.2 研究对象范围的界定

1. 空间范围界定

本书以太原市建成区范围❶的工业遗产为研究对象。基于工业遗产公认的概念，本书所指的工业遗产是工业企业的工业建筑、设备及其配套设施，包括厂房车间、生产设备、仓储与交通运输场所、办公与配套职工生活区、工业次生景观。以太原化肥厂为例，包括化肥厂的生产车间、化验与质检楼、办公楼、装配车间与仓库、自备铁路及工人住宅区等。

2. 时间范围界定

太原工业发展从晚清到民国时期，经历了萌芽期、发展期、衰退期。太原近代工业萌芽是1889年太原火柴局的成立，这是太原近现代工业遗产的萌芽时期。这个时期太原近代工业受到英国、德国等国家工业技术的影响，也受到大连、南京、北京等地间接传递欧洲工业文化的影响。中华人民共和国成立初期是太原工业发展的新生期。“一五”时期，苏联援建的11项“156工程”奠定了太原工业建设和城市发展的基础，使得太原成为我国的能源重化工业城市。由上可见，1889—1958年的70年间，太原工业发展是由外来工业文化的引入和先

❶《太原市城市总体规划（调整）2012—2020》中“城市建设用地现状图”的建成区范围。

进国家对太原工业的技术转移为主导的发展阶段。"一五"计划结束后，苏联结束对我国的技术援助，太原在"一五"期间的工业基础上延续发展，开始走向自主工业发展和技术创新的时代。"一五"期间，太原第一版城市总体规划确定了五大工业区，扩张了城市规模，形成了今天的城市轮廓，在城市发展上也具有城市化奠基和城市规划的范式意义。可见这个时期的工业发展对城市性质的改变是十分巨大的。1958 年,我国进入"二五"计划时期,迅速掀起了"大跃进"运动和人民公社运动，过大的工业发展计划让国家财力失衡，城市发展也随之走向低谷。1960 年 11 月在全国计划会议的报告中，极端地宣布"三年不搞城市规划"。1966 年到 1976 年的"文化大革命"，导致太原工业发展缓慢。考虑到以上时代因素，本书对太原工业遗产研究的时间范围定为晚清时期到"一五"时期（1889—1958 年）。

1.4 研究内容

1.4.1 "城市双修"视角下的工业遗存遗产化研究

工业遗产的形成需要一个工业遗存向工业遗产转化的过程，即工业遗存的遗产化过程，在这个过程中，有的城市简单地将工业区拆除，对工业遗产造成了不可挽回的损失。本书将研究工业遗存遗产化历程，试图揭示工业遗存遗产化的规律，寻找关键环节。具体研究内容如下。

（1）工业遗存遗产化历程。

（2）工业遗产价值认知的途径。

（3）"城市双修"视角下，工业遗产保护更新的作用认知。

1.4.2 工业发展史和城市发展史下的工业遗产历史探源研究

城市的发展由工业发展牵动，即工业化带动城市化。工业发展与城市发展有着千丝万缕的联系，这正是工业遗产所拥有的历史价值。因此，从工业发展和城市发展入手，是工业遗产历史研究的必然途径。本书将关联城市发展史与工业发展史对工业遗产进行历史探源研究，挖掘其与城市、工业、历史等息息相关的更为广泛且深层的价值内涵，并对太原近现代工业发展和城市发展进行详细梳理。具体研究内容如下。

（1）太原近现代各历史时期工业发展的原因和特征。

（2）太原近现代各历史时期城市发展的动力和特征。

（3）太原城市发展中的工业布局与规划范型。

1.4.3 基于“城市双修”的工业遗产价值评价研究

工业遗产形成的关键在于工业遗产价值被公众认知，核心就是工业遗产的价值评价，其评价结果关乎工业遗产的命运。工业遗产伴随工业发展和城市发展而生，是一个复杂的遗产系统，割裂地认识这些遗产的空间关系和历史成因，会导致对工业遗产价值的片面认知，进而造成对遗产不可挽回的破坏。本书将研究太原近现代工业遗产的现状、特征和构成类型，并以此为基础，在“城市双修”视角下，构建更为科学、系统的评价指标体系，采取更易于遗产的日常管理的评价方法，为研究工业遗产的价值评价探索新的方法。具体研究内容如下。

（1）太原近现代工业遗产的现状和特征。

（2）太原近现代工业遗产的构成类型。

（3）基于“城市双修”的工业遗产价值评价的指标体系和评价方法。

（4）工业遗产价值评价结果的分析和讨论。

1.4.4　基于“城市双修”的工业遗产保护更新策略研究

我国工业城市大多处于城市经济结构转型发展期，中国城市规划设计院副院长、总规划师王凯提出的“规划转型下的规划技术供给”中的存量规划、城市工业用地调整、工业遗产保护和再利用等问题对于城市管理者和城市规划研究者都是非常棘手的。目前的工业遗产保护和规划管理工作，由于对工业遗产没有完备的认知，缺乏恰当的规划机制和必要的保护，规划工作远远滞后于实际需求，进而导致很多工业遗产没有被保留下来，城市文脉和城市记忆被割裂。可见，对工业遗产的保护工作迫在眉睫，相关政策和规划仍需进一步加强。“城市双修”为工业遗产的保护更新提供了政策和方法创新。本书将基于“城市双修”提出工业遗产保护更新的任务，构建工业遗产的层级保护更新策略。具体研究内容如下：

（1）工业遗产保护更新的驱动力分析。

（2）工业遗产保护更新的现状问题与成功案例的经验启示。

（3）“城市双修”视角下，工业遗产保护和更新的任务分析。

（4）工业遗产保护和再利用规划策略体系的构建与实施操作。

（5）工业遗产保护更新的实施保障措施。

1.5 研究目的和意义

1.5.1 完善工业遗产内涵研究的理论范式

目前对工业遗产内涵研究的重视程度远低于对工业遗产的再利用研究，其研究多聚焦于工业建筑遗产，而忽视了其他类型的工业遗产。工业遗产随工业发展和城市发展而产生，由于历史探源研究的缺位，导致对工业遗产价值认知的片面和不准确，进而给工业遗产保护更新带来不利的影响。所以，必须从城市发展史角度来重新认识工业遗产，研究“源”与“流”的关系，探讨工业遗产的构成类型及相互关系。本书从工业发展和城市发展入手研究工业遗产，分析工业遗产的现状和构成类型，找出以往被忽视的工业遗产内容，完善工业遗产内涵研究的理论范式。

1.5.2 为编制“工业遗产名录”提供科学依据

工业遗产的保护需要编制“工业遗产名录”，以便于对其展开针对性的保护更新。编制“工业遗产名录”需要以工业遗产价值评价作为依据。对工业遗产价值评价的研究主要集中在工业建筑遗产的价值方面，在评价时也多基于遗产价值论的角度去开展，这样的工业遗产价值评价不能够体现工业遗产的内涵，忽视了工业遗产内部的类型及其逻辑关系，价值评价的可参考性就大大降低。本书在“城市双修”原则的指导下，建立科学系统的工业遗产评价体系，指导城市发布“工业遗产名录”。

1.5.3 为工业遗产保护和更新规划提供技术支撑

工业遗产的保护更新亟待科学的指导和合理的规划方案。科学定位工业遗产保护利用的方向须认真回答“有什么、要什么”和“在哪里、去哪里”的重大问题，这对工业遗产保护更新的整体规划、开发策略和规划实施有决定性影响。在已知现有的工业遗产更新实践中，存在开发定位不准、同质化等决策问题，并将保护和再利用简单地联系在一起，过早地将工业遗产推给市场进行“保护性开发”，其结果适得其反。为此，本书通过对工业遗产保护更新策略的研究，为工业遗产保护更新的规划提供技术支撑。

1.5.4 指导工业遗产保护更新，助力城市转型

在“城市双修”的视角下，工业遗产的保护更新将在城市转型发展中发挥重要作用。首先，工业遗产的利用更新为城市转型提供动力，构建“创意城市”。其次，工业遗产的生态修复为城市提供绿色活力，构建“宜居城市”。再次，工业遗产的保护可以丰富城市文化，延续城市文脉，构建“遗产城市”。

1.6 研究方法

本书将对工业城市的工业遗产进行研究，在科学方法的指导下，基于文献

查阅、现场调研、学理讨论的具体工作，进而提炼出本研究的具体成果。本书通过以下研究方法完成研究内容，达到研究目的。

1. 地方文献与专题文献研究法

工业发展史和城市发展史交织的工业遗产历史探源研究离不开对地方文献与专题文献的深入研究。地方文献包括《山西通志》《太原市志》《山西历史地图集》《太原城市规划史话》《太原历史文化名城保护规划》等地方发展和城市建设文献，这些文献为研究城市发展提供了基本轮廓。专题文献主要是指有关工业发展的文献和档案，包括《太原百年工业回眸》《山西工业交通“大跃进”经验汇编》《太原工业史料》《山西工业基本建设简况》等工业发展方面的史料，也包括《太原供电志》《太原交通志》等行业专志，更多的是《太原一电厂志》《前进的30年——太原化肥厂厂史》《西山矿务局技术进步四十年》等厂史资料。这些深入细致的专题文献为工业遗产历史探源研究提供了翔实的细节。

2. 口述史与田野调查方法

走进工业区和工人社区，做实地勘探和面对面访谈记录，把大量口述材料和所有相关的文字材料集中起来，包括对工业遗存的记录、拍照、测绘，然后进行比照印证，做出专题分析研究。工业遗产的集体记忆就存在于广大工人和工人家属群体中，充分的田野调查有助于掌握更为翔实的资料，为分析工业遗存遗产化的途径提供了可能。

3. 比较分析方法

一般而言，比较分析法实质上就是基于可比性而对一组具体事物展开的比较性研究和论证，进而获得研究对象所对应的类型性特征，取得相应结论的分析方法。本书将工业遗产与传统文化遗产相比较，以发现工业遗产的特殊属性。

4. 归纳总结方法

作为一种运用相对广泛的分析方法，归纳总结法主要是在整理相关案例、事实以及特殊情况的基础上归纳出其中的一般原理和方法。本书将归纳分析具体应用到整理田野调研材料的过程中，归纳分析其中的相关信息，进而探讨其深层次的特征。另外，通过文献研究和实地调研，通过学理分析和讨论，研究归纳出工业遗存遗产化历程的三个阶段和工业遗存转变为工业遗产的五个途径。

5. 类型分析方法

分类深入研究，是全面认识某一事物的必然途径。本研究通过大量的实地勘探，在积累了大量第一手研究材料后，进行比较和归纳，对工业遗产提出了五种构成类型，并逐一详述。正是由于有了对工业遗产的类型认识，在对工业遗产进行价值评估时，才便于更为清晰地确认评价对象所包括的内容。同理，在此基础上构建了工业遗产价值评价指标体系。

6. 实证分析方法

实证分析方法是验证假说或结论的直接办法，通过实际验证来说明本研究技术方案的正确性。第一，本研究对工业遗产价值进行了实证分析，对太原22项工业遗产进行了价值评价并给出分级建议。第二，本研究在构建工业遗产保护与更新的策略体系后，以太原近现代工业遗产为例，进行实证分析，为太原工业遗产保护和更新提供了具有操作意义的策略。

7. 系统论研究方法

系统就是由许多部分所组成的整体，所以系统的概念就是要强调整体是由相互关联、相互制约的各个部分所组成的。本研究将工业遗产视作一个整体系统，在时间轴上分析了工业遗存遗产化的历程和形成公众认知的途径，在空间上由5个类型组成一个系统的工业遗产，多个系统的工业遗产又构成了工业城市的工业遗产体系，从而尽可能全面地将工业遗产作为一个整体去研究。

1.7 技术路线

研究技术路线如图1.11所示。

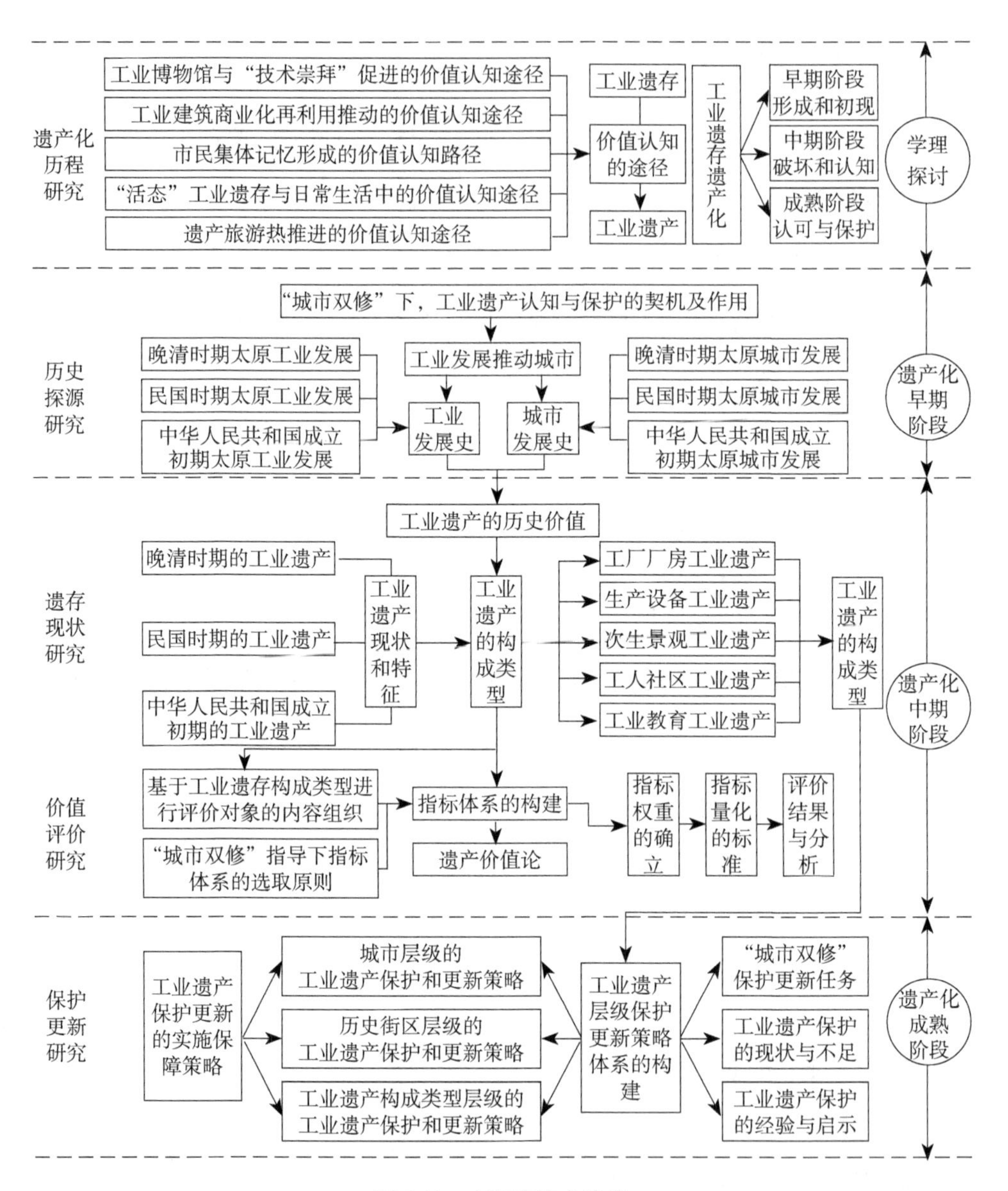

图 1.11　本研究技术路线

第2章 “城市双修”视角下的工业遗产与遗产化

2003年TICCTH在《下塔吉尔宪章》中界定了工业遗产的内涵，被广泛认可。工业遗产也可以理解为社会公众依据一定时代的价值标准，并结合社会发展的历史时期对工业历史遗存进行高度选择的行为结果，工业遗存的价值获得公众认知,并被政府或公众认可成为工业遗产并加以保护和利用。可见，工业遗产的形成需要一个“遗产化”过程。“城市双修”在2017年提出，是国家倡导关于城市转型发展的理念，在此视角下正确对待工业遗产，可实现二者的互赢。本章将在“城市双修”的视角下，基于遗产化历程展开对工业遗产的研究。

2.1 工业遗存的遗产化历程

2.1.1 遗产化的相关概念

农业遗产、教育遗产和公众熟知的“世界文化遗产”都被广泛研究。“文化遗产保护运动”的兴起[97,98]，各种“申遗热”和“非物质文化遗产”[99,100]都受到政府和公众的关注。而工业遗产及其研究却未受到足够重视。在此背景下，本书首先展开有关“工业遗存”“工业遗产”和“遗产化”的思考和讨论。

英文中遗存为remains，多有physical remains的含义，强调物质层级的遗存；遗产为heritage，有tangible heritage（有形遗产）和intangible heritage（无形遗产）的含义，与legacy（可以继承的遗产、遗物）相比较，其内涵更强调团体和公众的共识和共享，其内涵还包括Future Oriented Use（面向未来的利用）。可以看出遗产heritage强调公众的共识和未来更有价值的使用。由此可见，“文化遗产保护运动”可以理解为由遗存（remains）到遗产（heritage）的过程，即“遗产化”过程。本书将遗产化初期未形成公众认知的与工业发展相关的历史遗存称为“工业遗存”，其包含着或多或少的遗产价值；通过价值认知和价值评断，最终形成公众认知的工业遗存称为“工业遗产”；形成公众认知的遗产通过“登记名录”或“指定文物”的程序登上实至名归的“遗产”序列，并获得经济和名誉上的丰收。

与传统的文化遗产相比，工业遗产有着特殊属性，详见表2.1，使得在遗产化过程中必须特别对待。“工业遗产”的概念自20世纪50年代，随着工业考古研究逐渐进入学者视野，但对公众而言至今依然是较为陌生的遗产类型。

工业遗产与传统文化遗产❶相比有以下特征。

（1）从建造目的、功能用途、建筑材料、保存数量可以看出，工业遗产建造之初就没有考虑到永久保存性及自身的价值。

（2）工业遗产在城市中存在，数量大，分布广，具有生产实用属性，成为遗产却是无意为之的。

❶ 本书所说传统文化遗产主要指历史城镇、名胜古迹，包括历史民居、寺观庙宇、衙门官舍、城墙等。

表 2.1 工业遗产与传统文化遗产的属性对比

对比内容	传统文化遗产	工业遗产
概念引入	历史悠久	20 世纪 50 年代
建造目的	流传百世，永久	为生产而建造，非永久
功能用途	结合使用功能时强调宗教性、皇权性的仪式感	一切以使用功能为前提
建造材料	以传统建筑为主，多为砖、木等传统建筑材料	以近现代建筑为主，多为钢筋混凝土等现代建筑材料
保存数量	因存世数量稀少而珍贵	遍布城市工业区
形成历史	形成历史久远	历史形成较晚、较近
构成类型	宫殿、寺庙、城墙、民居	工厂、车站、铁路、工人住宅、工人俱乐部

（3）工业遗产的形成时期表明其历史不够悠久。

综上可见，与传统文化遗产相比，工业遗产本身特色和价值并不明显，因此需要对其价值进行挖掘。

工业遗产“遗产化”的关键就是通过价值阐释让“认知主体”对“遗产客体”了解并形成公众认知 [101,102]，包括社区认知和公众记忆 [103]、遗产的感知和分享 [104,105] 等具体形式（见图 2.1）。“遗产客体”是指所有工业遗存本身，包括未来可能形成公众认知的工业遗产。工业化以来形成的工业遗存具有数量多、历史短的特征，与所在城市发展关系密切。目前工业遗产以近现代的为主，有些城市已经出现了改革开放以后形成的工业遗产，即当代工业遗存，如北京松下显像管厂、太原煤气化总厂、无锡科达胶卷厂。“认知主体”是指工业遗产形成公众认知过程中的所有参与者，来源较为广泛，包括以技术史研究者为代表的科学研究者或爱好者，以工程史研究与宣传为目标的各类工程师，以企业文化宣传为目标的工厂业主，以地方文化研究为关注点的地方史学者或爱好者，以机械美学为审美兴趣的工程师和科研人员等 [96]。由表 2.2 可以看出，对比传统文化遗产，工业遗产的遗产客体和认知主体都要复杂很多。

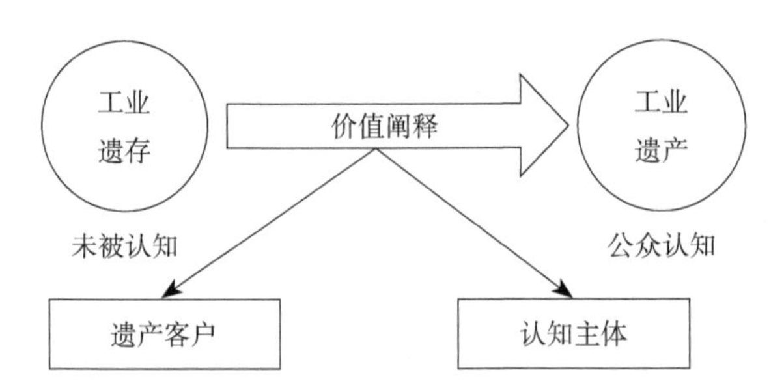

图 2.1　工业遗存遗产化过程中的遗产客体和认知主体

表 2.2　工业遗产与传统文化遗产的遗产客体和认知主体对比

对比的遗产类型	遗产客体	认知主体
传统文化遗产	寺庙、民居、衙门、城墙	政府、居民
工业遗产	工厂、机械设备、工人社区、工业教育	政府、企业、公众、工业和城市发展研究者

2.1.2　工业遗存遗产化的历程阶段

经过理论梳理、文献阅读和实践调研，本研究认为工业遗存的遗产化历程可划分为三个阶段：早期阶段、中期阶段和成熟阶段，如图 2.2 所示。

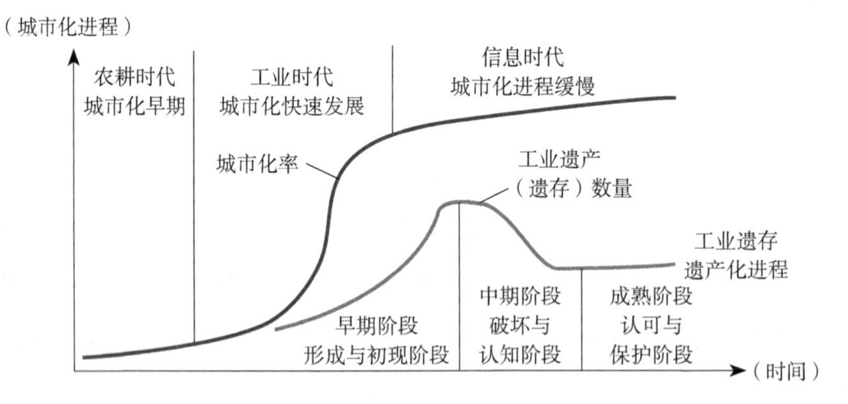

图 2.2　工业遗存遗产化历程三个阶段

1. 早期阶段：形成与初现阶段

工业遗存遗产化的早期阶段，是工业遗存的形成和初现阶段。工业与城市交织发展，工业时代可通过以下三种发展模式来产生工业遗存。

（1）工业化牵动城市化发展，工业化发展程度超前于城市化。受工业建设和工业发展的影响，城市建设用地快速扩张，基础设施迅速更新，城市人口成倍增长。这种工业化牵动城市化发展的模式，在工业建设和城市发展上都有“计划经济”的特征，在我国工业化的早期阶段这种特征明显，也因此常伴有“企业办社会”“大企业、小社会”的工业区形式。

（2）城市化牵动工业化发展。一般是以国家或地区的中心城市为核心，这样的城市往往是国家或地区的政治中心、经济中心、交通枢纽，长期的发展积累了大量人口，对周边具有经济辐射作用，所以受到市场经济的推动，以高度城市化为基础，工业化发展紧随其后，建设大量的工厂和企业。这些城市大多是港口城市、运河或铁路枢纽，并在历史上长期是经济发达的城市。如美国纽约、德国鲁尔区、英国曼彻斯特、中国的宁波与杭州等。

（3）工业化与城市发展同步。虽然在大多数情况下，一定是工业化或城市化领先发展，但必须承认也有工业化与城市化发展同步的历史时期。这样的理想状态下，工业发展平衡，城市社会体系稳定。以上工业时代三种模式的发展，都形成大量的工业企业。进入信息产业时代后，城市开始多元发展，第三产业发达，工业在城市发展中的比重不断降低。另外，城市规划和环境保护意识提高，众多工厂不得不退出历史舞台，从而形成了大量的工业遗存。这就是工业遗存产生和初现的时刻。此时由于刚刚结束了工业化时代，公众对于这些熟悉的工业遗存十分漠然，在追求新生活的潮流下，忽视了工业遗存承载的工业时代的历史记忆,甚至认为工业遗存具有“落后”“丑陋”“污染”的负面形象。

2. 中期阶段：破坏与认知阶段

工业遗存遗产化的中期阶段是破坏与认知阶段。这个阶段是快速城市化发展的阶段，城市发展的动因十分多元，除了工业之外，教育、商贸、服务、物流等诸多产业都推动城市快速发展。这个时期，由于经济结构转型、淘汰落后产能，更多的工业遗存相继出现。这些工业遗存以工厂为代表，相关的工人社区、运输通道等都陆续以缺乏活力的状态存在。但城市的其他功能不断要求城市工业用地更新土地用途，更要求这种废弃、闲置或者缺乏活力的工业区以全新的面貌出现。因此,大量的工业遗存被拆除而消失。在西方国家，工业遗产也曾被认为是落后的、丑陋的代表[106]，但工业遗产象征着特定历史时期工业发展所带来的繁荣，代表着工业社会的进步方向和城市发展的前进动力。当工业遗存消失到一定数量，社会人文水平提高到一定程度时，公众认识到曾经带给城市巨大发展契机的工业地区值得被记忆和保留，这时，老一代工业人和工业遗产热心人士都呼吁重新认识工业遗存，也由此有了对工业遗存的保护和再利用，公众开始认知工业遗存和工业遗产的价值。正如前文所述，工业遗存是否成为遗产取决于其是否形成公众认知，需要公众对工业遗存的价值进行反思。工业遗存作为一种本质遗产，等同于工业遗产，区别在于这些工业遗产价值的高低和表现形式。基于社会的关注和早期工业遗存保护和再利用的实践，引发对工业遗存何去何从的思考，也因此需要进行本课题相关内容的研究。

3. 成熟阶段：认可与保护阶段

意识到工业遗产的价值，以及其在城市化快速发展中所遇的危机后，政府和相关研究机构都给予了重视，工业遗存的遗产化进入认可与保护阶段。经过工业遗产的价值评价后，无论是遗产的制定制度，还是遗产的登记制度，都需要认可，并且是权威的认可。因此发展到这个阶段，政府和相关管理机构自上而下的管理显得尤为重要，包括工业遗产的价值认定、保护措施、管理制度等。在政策的引导与工业遗产保护和更新的策略指导下，对工业遗产更为自觉、更为有效的保护与更新登上历史舞台。这个阶段的工业遗产将与城市传统文化遗产（旧城区、古城区）一道展示一个真实的历史城市，延续历史文化名城的内涵。

本书将工业遗存的遗产化历程与城市化发展状态相比照，并将其分为早期阶段、中期阶段和成熟阶段，但是现实的遗产化历程未必如此清晰分明。在遗产化历程中，有一些现象可能周而复始，也可能含蓄隐匿，因此我们要以科学的发展观，从历史前进的正确视角来理解和研究工业遗存的遗产化历程。

2.1.3 遗产化历程中工业遗产的危机

1. 主流价值观导致工业遗产的快速消失

技术快速迭代和城市快速发展带来追求经济价值最大化的价值观，这种价值观使得工业遗产快速消失。如我国的铁路遗产，由于 20 世纪 80 年代大量的电气化改造，车站建筑相应改造，这种交通遗产随着技术更迭自然消失，目前只保留了滇越铁路、中东铁路、胶济铁路、嘉阳煤矿小火车等为数不多的铁路遗产。城市快速发展，楼盘的需求使得原工厂区被拆迁。以上这些对待工业遗产的态度都只考虑到城市发展，经济价值最大化，而未衡量其历史价值、公众记忆等。对工业遗产而言，其价值被认识是从少数研究者开始的。在工业建筑遗产保护的实践中，拆除的声音往往一开始占绝大多数，保留派与拆除派之间针锋相对，各自都有其价值判断，最终拆除与否还是取决于建筑是否具有法定保护的身份确认。在保护组织主导的保护模式案例中，纽约“高线”铁路从有保留意愿到真正认识到其价值经历了 20 多年的漫长过程，西雅图煤气公园在开放 20 多年后才被列为“历史地标”。当然，对于工业建筑遗产而言，完全保留或许是不可能的，也不符合发展的客观需要，需要对工业遗产的价值进行科学评估。

2. 工业遗产文化异化的趋势

与天安门等具有国家文化象征的建筑遗产不同，工业建筑遗产的保留动机更为多元。在有些情况下，工业建筑遗产的保留只是出于经济利益的考虑，而不是出于其自身的文化价值或历史价值。工业遗产所代表的文化象征是“工业文明”时代以来的社会主流文化，包括以工程师为代表的技术精英文化、以工人为代表的集体劳动文化、以机械设备为代表的科技思想文化、以工人社区为代表的集体生活文化等。在工业逐渐衰落的地区，拆除建筑、整修场地并使其成为一块可以重新建设的地块，耗资不菲，运营状况不佳的原有企业根本无力负担这笔费用。退而求其次，对既有工业建筑进行改造和商业开发可获得经济与文化的双赢。工业遗产的再利用中更多的只是利用建筑遗产的空间进行新的功能植入，除了工业博物馆，更多的是文创园区、产业园区，甚至是美食园。于是，在都市消费主义的影响下，变异和包装的遗产成为潮流，缺失了该遗产的本质特征。

3. 工业遗产背后的生态危机

工业遗产是工业转型和工业升级的产物，然而在过去简单粗放的工业发展模式下，产生了大量环境问题，如水土受到工业重金属和其他有机污染，地下水位降低，工厂的烟囱释放出不同颜色的工业废气，工厂和周边弥漫着刺鼻的气味，整个城市笼罩在厚重的雾霾之下。20 世纪 90 年代和 21 世纪初，由工业发展而带来的生态危机非常严峻。随着国家对生态环境的重视，近年来，工厂节能减排、绿色生产和城市生态修复工作的推进已经初见成效，如徐州、唐山、淮北、太原等地都将原来受工业侵扰的地区建设成为生态湿地、城市绿地，为城市带来更多生机。

2.2　工业遗产的初现及价值认知

2.2.1　工业遗产的初现

在城市的转型和发展中，政府将冶金、化工、能源等企业迁移至远郊市镇，在城市建成区主要发展现代服务业、商贸和物流产业、金融和保险产业、旅游业等，城市发展的内生动力转移到商贸、流通、服务等行业，同时加强城市的文化建设和生态建设，城市化的发展摆脱了工业化的牵动。不能再为城市发展提供源动力的工业区走下历史舞台，有的企业正常生产，更多的企业停产、闲置，甚至拆除。这些或生产或停产的企业，包含着工业发展和城市发展的重要信息，随着时代的进步，这些工业场所将转化为工业遗存。本书将工业遗产初现的背景归结为以下四点。

1. 资源枯竭与环境压力

习近平总书记在党的十九大和2018新年电视讲话中多次提到“绿水青山就是金山银山”，“我们既要绿水青山，也要金山银山”，这表示建设环境友好型社会在未来城市发展中是至关重要的，在国家政策中提升到实现中国梦的重要地位。太原是我国中部地区重要的煤炭能源工业基地，随着百余年来的开采，资源储量日渐匮乏，煤矿关停转产提上日程。与此同时，资源工业受到环保压力而被迫关停。太原化肥厂于2014年全面关停，西山白家庄煤矿2016年关闭停止出煤，太原一电厂在2017年最后一台发电机组关闭，都是旨在去产能，重建良好的生态环境，与此同时沉淀了资源型、高污染生产企业的工业遗存。

2. 淘汰落后产能与供给侧改革

自2017年3月李克强总理在政府工作报告中强调了去产能的重要性后，每年政府工作报告都明确去产能的目标。在这样的背景下，大量工业遗产出现。太原是能源重工业城市，钢铁、火电、水泥等高消耗、高排放企业都在去产能之列。当前经济下行压力明显，供给侧改革成为创新驱动发展的突破口，“释放新需求，创造新供给”被写入党的十八届五中全会决议，成为“大众创业、万众创新”的重要举措。供给侧改革，给经济发展更多的可能，去产能后的企业在供给侧改革的思潮中都在积极寻找新的方向。

3. 宜居城市与城市更新

“宜居城市”是每个城市政府都努力打造的城市名片。“宜居城市”不仅包括良好的生态环境、上行的经济环境，还包括多样的就业机会、更多的创业可能等。当前众多城市也在进行城市更新，于是许多工厂必须进行转型或外迁，由此在市区内形成众多工业遗存和工业遗产。

4. 文化塑造与遗产保护

当今城市都在塑造自己的城市性格和城市名片，试图寻找和使用城市的历史文化资源，为城市文化打造一张世界名片。因此，许多学者和文保人士都投身城市文化遗产的保护，先有阮仪山“刀下救城”保护平遥古城，后有王军著《城记》追忆北京城市肌理和胡同文化，这都为城市文化遗产保护和城市文化塑造创立了丰碑。著名市长耿彦波在太原任期，也主持推动了太化工业遗址公园，为太原这座能源重工业城市留下了工业文化的历史记忆。

2.2.2 工业遗产价值认知的途径

通过工业遗存遗产化的历程分析可知，是否形成工业遗产，关键在于是否形成公众的价值认知。本书认为工业遗产的价值认识是由少数精英和工程师开始的，在生产和生活中扩展至职工和家属群体，最后工业遗产的价值在市民公众中形成认知。工业遗产获得公众的价值认知有以下 5 个途径形成。

1. 工业博物馆与“技术崇拜”促进的价值认知途径

工业革命以来，科技崇拜来自工业发展给社会和生活所带来的巨变。1851 年第一届世界博览会在伦敦召开，以机械创新为主的技术成果在这次盛会中展出，如发电机、水力印刷机、纺织机械等，向参观者展示了现代工业的发展和技术发明，激发出无限想象力[107]。由钢结构和玻璃为主要建筑材料的博览会建筑“水晶宫”是对当时建筑技术的大胆尝试，蔚为壮观的“科技奇观”[108,109]正是科技崇拜的来源。此后，工业博物馆成为展示这种“科技奇观”的场所。如德国鲁尔区世界文化遗产关税同盟煤矿的工业设计博物馆展示了20世纪工业设计史上诸多经典之作。工业博物馆是最早也是最广泛的工业遗产保护形式，也是被认为展示工业文化的最佳模式。2018年春节期间上映的纪录片《厉害了，我的国》《大国重器》，为大众展示了我国装备制造业的先进水平和最新成果，在公众心中将科技崇拜推向了一个新的高峰。在科技崇拜生根发芽的同时，孕育着对工业时代机械美学的欣赏。经过工业博物馆对工业遗产的价值阐释，使得工业遗存获得公众认知，并逐步完成“遗产化”的过程。工业博物馆的内涵也拓展为工业博物馆群，体现工业发展和产业链规模对地区经济的影响。如英国铁桥峡谷博物馆群就是包括炼钢、运输、机械等产业集群的博物馆群。欧洲众多的行业博物馆近年来也被列入欧洲工业遗产之路（ERIH）计划[110,111]。

2. 工业建筑商业化再利用推动的价值认知途径

“纪念性”和“原真性”是联合国教科文组织评价世界文化遗产的重要标准，然而，工业遗产在20世纪80年代进入公众视野的时候，是带着“非纪念性”和“实用性”，但这并不影响诸多工业遗产烙印在公众认知中，成为“认知遗产”。美国纽约苏荷区工厂和厂房由艺术家承租，成为工业遗产再利用的典范。由于艺术家的创作活动，公众也开始关注除技术价值之外的工厂和厂房的价值，并由此演化出诸多的工业建筑遗产的再利用。遗产被看作城市更新的催化剂，而不再是绊脚石。可以看出，从“工业遗存”到“工业遗产”并非理所应当，而是通过对工业遗存的再利用活动，融入若干其他价值观念从而达到价值阐释的目的。毫无疑问，这些工业遗产的发掘和再利用都离不开城市更新和城市化进程。在城市发展中，很多工厂融入城市或者发展为城市的核心位置，在需求和利益的驱动下，工业遗产走向商业化的再利用，这本身也是阐释价值的过程。工业建筑与结构在设计、建造、使用的过程中具有客观实在性，当工业建筑脱离了生产场景，大众在使用工业遗产的同时产生“观看”或“欣赏”的行为，此时工业遗产的价值得到认知。较为著名的案例有南非水泥厂、上海 1933 老杨坊、景德镇陶溪川、上海“东外滩实验”[112]等。当然，这个途径的遗产化过程也有模仿和复制的。由于城市的发展，工业遗产的区位已经融入城市，在成功利用工业遗产的榜样作用下，越来越多的工业遗产所有者希望通过再利用获得经济价值的实现。值得警惕与注意的是，工业遗产在商业驱使下的复制开发，虽然满足了都市消费的需求，却以一种扭曲的状态呈现出来，如永城水泥厂被开发为美食坊则是一个失败的案例。

3. 市民集体记忆形成的价值认知途径

上文工业博物馆代表工程师文化，工业建筑的商业化改造利用代表异变后的都市白领文化，这两个工业遗存的遗产化途径都是通过社会精英对遗存价值的阐释活动而实现的。而对于广大市民和普通劳动者，推进工业遗存的遗产化主要体现在“场所感”和“归属感”等对于生产生活的“集体记忆”，从而形成公众认知。德国措伦煤矿停产后，在遗产运动人士和企业老职工的努力下，已经成为世界文化遗产，成为一座煤矿博物馆，其主题是采煤科技的发展，也包括措伦煤矿自身的企业历史，但更重要的是体验和感受“劳动光荣”的精神。科隆大学苏迪德教授评价，德国在欧洲工业革命中所承载的集体劳动精神，使德国在第一次工业革命晚期崛起于欧洲，屹立于世界。在我国20世纪60年代就有“工业学大庆、农业学大寨”的口号，当下许多城市中就有“大庆”“炼钢”等主题餐厅，其中太原就有一所名为“年轮回味”的主题餐厅，人们在这样的餐厅中去回忆“团结就是力量”“咱们工人有力量”的生产和生活场景。这在追求精英文化的今天，越发体现出“劳动光荣”的朴素道理。现在看来，这种文化追忆实际也推动了工业遗存的遗产化，当然更需要的是物质遗存的保护与保留。天津万科水晶城是原天津玻璃厂开发后新建的住宅小区，在小区的景观营造上突出了原玻璃厂的工业主题，保留了一些工业设施和构筑物，成为万科的明星楼盘。虽然这样的开发方式已经不被学术界所接受，但至少不用营造更多主题餐厅来完成文化追忆。未来在工业遗产的保护与再利用上，可以通过市民认知而实现更具多元化、主题性的保护与开发。

4. 活态工业遗产传播的价值认知途径

活态的工业遗产是指正常生产或运转的工厂或相关部门。本研究的活态工业遗产主要包括正常生产的工厂、正常使用的工业高等院校、工人社区。由于“活态”工业遗存是正常生产和使用的，都有望形成价值认知，成为工业遗产。正常生产的企业都具有很好的基础，是具有资源、技术和市场优势的优质企业，如太钢集团。工业高等院校是“活态”工业遗存中最为开放也最具活力的类型。学校专业教学和社会服务功能是将工业文化历史和内涵传递给学生和社会大众最广泛的通道，使得工业遗存被社会公众认知。因此，相关的高等院校可以对学校的历史建筑、历史核心区景观做保留保护，设置开放的校史馆，陈列学校建校以来的教学科研成果，结合校园公开课等形式，积极扩大公众对工业发展历史和工业遗产价值的认知，从而使工业遗存走上遗产化的道路。工人社区是活态工业遗产中最生活化的部分，这里有工人住宅、俱乐部、体育场等，而随着工人社区设施的老化，不再适宜居住，目前而言工人社区是“活态”工业遗存遗产化的难点。

5. 遗产旅游热推进的价值认知途径

随着国民收入的提高，以及公众对文化的追求，越来越多的人在工作生活中都形成了自己的旅游兴趣。对工业遗产的旅游而言，有较为大众的旅游者，也有非常专业的旅行者，如“火车迷”“机械迷”“建筑迷”等。工业遗产旅游目的地的宣传、旅行者的微博与朋友圈等多种媒体影响，带来工业遗产旅游升温的同时，也进一步形成工业遗产的公众认知。四川嘉阳国家矿山公园位于四川省南部的犍为县，中国矿业大学城市规划研究所为其提供了规划设计和旅游开发的咨询服务。这里保留了建于 1958 年的芭石铁路，全长 19.8 千米，轨距 762 毫米，拥有目前国内乃至全世界唯一正常运行的客运蒸汽小火车，有“工业革命活化石”和“工业革命绝版景观”的美誉，已成为“铁路迷”的热门旅游地。这样的例子还有上海世博会引起全国关注的江南造船厂。2010 年在上海举办的世界博览会相信令国人记忆深刻，上海世博会的成功举办，获得了举世瞩目的成绩，成为国人的骄傲。在上海世博会中成功地对江南造船厂进行了改造，作为世博会企业馆区的一部分，尤其是利用巨大烟囱作为温度计的设计成为世博会企业展览区的绝妙设计。世博会结束后江南造船厂成为滨江工业遗产的地标，并在此后带动了西岸美术馆等一系列工业遗产的保护和再利用。

2.2.3 工业遗产价值认知的思考

1. 避免遗产化初级阶段的定位失误

从政府管理和文物管理文件来看，本书研究的太原工业遗产多数不属于“文保”单位，也不是“历史建筑”，从《太原历史文化名城保护规划 2008—2020》的编制文件来看，也只有 7 处列入保护范围。可以说这些工业遗存正处于“遗产化”的中期阶段，是破坏与认知并存的阶段，从“遗存”走向“遗产”的关键阶段。回顾太原工业遗产的一些情况，发现由于长期缺乏对工业遗产的保护意识，同时“土地财政”的思想追求经济价值的最大化，造成了很多无法挽回的失误。如山西铜厂于 2007 年将土地拍卖开发为合生御龙庭、太原矿机（原西北修造厂）于 2010 年拍给富力地产、太原锅炉厂（“一五”期间地方工业项目）于 2011 年开发为万科蓝山、太原机车（原西北车辆）2015 年拍卖给中车置业，并于 2016 年 3 月开始拆除、“一五”期间建设投产的新中国四大制药基地之一的太原制药厂，也于 2016 年开始房地产的商业开发。这些工业遗产是太原历史不可分割的部分，而在“遗产化”过程中，不可避免和历史民居街区一样，犯了大拆大建的错误，有些项目甚至都没有完整的文献记录，令人惋惜。

所幸，山西机床厂和太钢公司内的工业遗存纳入省级保护文物的范畴，加上企业自身的重视，工业遗存的保护状态很好。而没有在各类“文保”体系内的工业遗存，缺失公众和学术界的关注和认知，被破坏情况较为严重。与山西机床厂同为西北实业公司组成部分的太原机车厂，因没有文物保护单位的认定，加之企业缺乏对工业遗产的认知，最后导致了太原机车厂的整体搬迁和拆除。已经破坏的工业遗产难以恢复，还有大量的工业遗产也即将被破坏，我们真的应该在遗产化的中期阶段审慎对待这些濒危的工业遗产。

2. 客观认知工业遗产的价值

太原市政府于 2008 年编制《太原市历史文化名城保护规划 2008—2020》，提出太原的城市性质是能源重工业城市，又是国家级历史文化名城，然而对工业遗产的梳理较少，未来还需要进行专题研究。2012 年太原市规划局组织开展了《太原西山地区工业遗产保护规划》的编制研究，但在规划调研、编制和评审中遇到了诸多困难。例如：太原一电厂在得知工业遗产规划工作组需要调研一电厂工业遗存后，在规划编制人员调研之前拆除了建厂初期的烟囱和锅炉房。在规划公示当中，来自企业以生存为由的反对呼声占了主导，市政府在工业用地"腾笼换鸟"的思路下，最终没有批复该规划。在此后的几年中，由于太原市大举修路，拆除了太原制药厂大门、阎锡山时期营房住宅、太钢耐火材料厂和太原机车厂。笔者在调研太原水泥厂的过程中，水泥厂工人代表对旧厂区的拆除表示深深的遗憾❶。由于太原近年来的大拆大建，太原历史文化名城的保护一直受到国家住建部的关注。2017 年 12 月，住建部对历史文化名城保护进行了省厅交叉专项检查，四川建设厅代表以太重苏式住宅历史街区的保护为例，批评了太原工业遗产保护工作的不足❷。这恰恰反映出目前对工业遗产两种态度的博弈——以经济发展为重的对工业遗产进行拆除的态度和以文化延续为重的对工业遗产进行保护的态度。为了工业遗存遗产化的顺利进行，必须客观认识工业遗产的价值。

3. "遗产化"历程中的行动思考

加强记录"遗产化"的内涵变化。从工业遗址到工业遗存，再到工业遗产，公众和学术界需要意识到遗产化是一个变化的过程，学术研究有必要将此作为

❶ 太原水泥厂工会主席李先生，采访日期：2017 年 4 月。

❷ 太原规划局、太原市规划设计研究院褚所长，采访日期：2017 年 12 月。

研究任务之一。将工业遗产与城市发展二者联系并进行研究，不仅有助于更全面地认知工业遗产的价值，还可以为城市更新规划提供更多的方案。

合理延展“遗产化”的时间过程。城市发展以及房地产市场的需求，加快了城市建设土地的供应，城市也因此很快进入存量土地供应的时代。在以往工业遗产问题的处理中，在政府管理缺位的情况下，工业遗产就被推向地产市场，和历史街区及民居建筑一样走向了大拆大建的道路。有些工业遗产地块，不仅被拆除，更加可笑的是规划和建设了不适合该地块功能的项目，短短几年又面临项目改造。这些问题都是由于“遗产化”的历程还未走完，就匆匆地将工业遗产拆除而导致的。因此，合理延长“遗产化”的历程，本着“看清楚、想明白、再动手”的思路，在合适的时间和社会背景下，再进行工业遗产的保护和再利用。由西方工业建筑遗产保护的实践可以看出，再利用的经济性、可行性等因素也是“遗存”能否成为遗产的条件，即不仅仅是遗存本身固有的价值决定其遗产身份，外部环境中的选择与管理同样可以使“遗存”升级为“遗产”，这正是工业遗产价值研究中独特的“资源”视角。规划设计“遗产化”的路径，需要在看清楚和想明白的基础上，动态地干预工业遗产。在工业遗产的保护和再利用的问题上，区别对待，不能全部交给地产市场来决定，保留一些工业建筑遗产，引入造血新兴产业，但适当的功能还要延续，探索适合工业遗产在城市更新中的路径。

2.3 “城市双修”与工业遗产的相互作用

“城市修补、生态修复”理念要求对城市环境系统进行改造和完善，对城市进行美化和绿化，更强调“以人为本”的观念，促进在城市转型和城市更新中凸显城市文化特色。可见“城市双修”的理念为工业存量土地规划指明了发展方向，也为城市工业区和工业遗产保护更新提供了政策支持。同时，工业遗产是城市的重要组成部分,合理对待工业遗产会对“城市双修”实现产生重大影响。下文将分析“城市双修”与工业遗产的相互作用。

2.3.1 “城市双修”促进工业遗产的价值认知

“生态修复”是“城市双修”的主要内容之一，目的在于为公众提供生态良好的宜居环境。过去粗放的经济发展模式，不注重环境保护和生态环境质量，在工业发展的同时遗留了很多环境问题，如采煤塌陷积水区、采煤沉陷地裂区、矸石山、采石场山体破坏、化工区与冶炼区的空气污染和土壤污染等。工业发展带来的环境污染问题一直备受关注。党的十八大提出建设“看得见山、望得见水”的宜居环境，“绿水青山就是金山银山”说明良好的生态环境是可持续发展的根本。可见，环境问题是工业区更新发展首先需要解决的问题。在 20 世纪 90 年代，德国鲁尔区利用矸石山进行绿化，并将欧洲人最热衷的滑雪活动纳入其中，建设了室内滑雪场。这样的生态治理不仅解决了矸石山的环境问题，还将休闲运动功能纳入其中，并树立“EI”（欧洲工业旅游线路）。虽然伴随工业发展产生了各种各样的环境问题，但如果对其进行科学的生态修复，并赋予新的功能，使其与公众关联更多，价值被公众认知，可使工业遗产在城市更新中发挥积极作用。

“城市修补”注重解决交通堵塞、绿化缺失、文化趋同、特色消失等城市病。由于城市的发展，尤其是城市建设用地已由增量土地供给转为存量土地供给，因此，在经济新常态下，伴随城市和工业的转型，“城市修补”不提倡大拆大建，而是对城市进行温和的、渐进的更新，对工业区和工业存量土地，将有必要保留的工业建筑进行保护，并植入新的功能，成为受公众关注的工业遗产。西安建筑科技大学华清学院将老西安钢厂改造为教室和图书馆，并将部分厂房改造为办公场所，为建筑设计业及文化创意公司提供服务，这一更新又成为当下旅游热门地点。

2.3.2　工业遗产保护更新助力城市转型

“城市双修”是中央城市工作会议针对城市快速发展和城市转型发展提出的大政方针，这就要求在“城市双修”的指导下，工业遗产为城市转型发展发挥重要作用。

1. 工业遗产的利用更新为城市转型提供动力，构建“创意城市”

工业遗产多元化的更新利用模式给城市转型提供了更加多元的发展机会。工业遗产的旅游开发为城市文化增加另一道独特的风景线。工业遗产的文化创意开发是多元复合的，利用工业遗产的建筑空间，艺术家、摄影师、广告创意团队、音乐工作室等发展文化创意产业，大大提高了城市文化产业的活跃度[113,114]。在工业遗产进行旅游开发和发展文化创意产业的同时，商贸服务也随之兴起，如主题餐厅、酒吧茶座、文创产品销售等。这或多或少的商业复制虽然给工业遗产带来了一些负面的影响，但的确促进了文化创意产业的发展。工业遗产为“创意城市”的形成提供了物质空间，带来文创产业初期的发展动力，给城市转型提供了更具文化特色的途径。

2. 工业遗产的生态修复为城市提供绿色活力，构建“宜居城市”

工业遗产中所包含的工业次生景观以及工业绿化隔离带、厂区绿化区，通过生态修复技术，为城市提供绿色基础设施。如果简单地对工业区和工业遗产进行拆除，不仅割断了城市记忆，使城市特色消失，而且会导致城市生态环境逐步恶化。将低密度建设时期配套的绿化系统破坏，换来的是毫无特色的城市新区，统一的写字楼和住宅小区，统一的面宽、统一的楼距、统一的楼高。这样的情况下，绿化系统也极为有限。而通过“城市双修”利用工业区原有绿化，可以为城市提供“绿肺”，增加软质景观营建，提高城市生态涵养，利用海绵城市技术，建设生态友好型的“宜居城市”。

3. 工业遗产的保护可以丰富城市文化，延续城市文脉，构建“遗产城市”

2017 年平遥申请“世界文化遗产”成功 20 周年的专题活动在平遥举行，回顾了 20 年前申遗的经历，以及抢救性保护的经过。经过 20 年的发展，“遗产”的概念深入人心，已经不单纯是“文物保护”或“历史建筑”的概念。2014 年京杭大运河申遗成功，为我国“廊道遗产”的申请开辟了先河。京杭大运河遗产包括运河本身、码头、仓库、工厂等，是个复合的遗产。而近年来有关工业遗产、教育遗产、铁路遗产、农业遗产的研究越来越多，因此“遗产城市”也受到重视。“遗产城市”是文化遗产的集群，集合多个历史时期的多种文化遗存和多样文化思潮，是一个全面而真实的历史城镇的面貌。这并不与城市的现代化相冲突，它与城市的高楼林立、轻轨穿梭相协调，当然这都建立在对遗产的科学认知和保护的基础上。“遗产”所关注的原真性、代表性，已经转向，更多地注重文化的连续性、逻辑性[115,116]。

2.4 本章小结

通过对遗产化历程的分析，本研究提出了工业遗存遗产化的三个阶段：早期形成与初现阶段、中期破坏与认知阶段、成熟认定与保护阶段。在此基础上提出工业遗存形成公众认知成为工业遗产的五条途径：工业博物馆与“技术崇拜”促进的价值认知途径、工业建筑商业化再利用推动的价值认知途径、市民集体记忆形成的价值认知途径、活态工业遗产传播的价值认知途径、遗产旅游热推进的价值认知途径。在工业遗存的遗产化过程中，历史的局限性发挥了主导作用，没有用发展的眼光审视工业遗产的价值和未来。我们需要以历史前进的正确视角，对工业遗产予以足够关注，对工业遗产价值还要有预见，而不单纯关注工业建筑改造利用的价值。另外还需加强记录“遗产化”的内涵变化，合理延展“遗产化”的时间过程。“城市双修”的提出为工业遗产的价值认知和保护提供了契机，工业遗产的保护也有利于打造“宜居城市”“遗产城市”和“创意城市”。

第3章　基于工业发展和城市发展的工业遗产历史探源

从工业化和城市化发展的历程入手，考证工业遗产形成过程所承载的历史文化记忆，挖掘工业遗产所蕴含的历史价值和文化价值，是研究工业遗产的必然途径。本章首先分析了工业发展对城市发展的推动作用，然后追溯了太原晚清时期、民国时期、中华人民共和国成立初期三个历史时期的工业发展和城市发展，为研究工业遗产的构成类型做铺垫，试图建立工业遗产历史观体系，以更加深入全面的理解工业遗产的价值（见图3.1）。

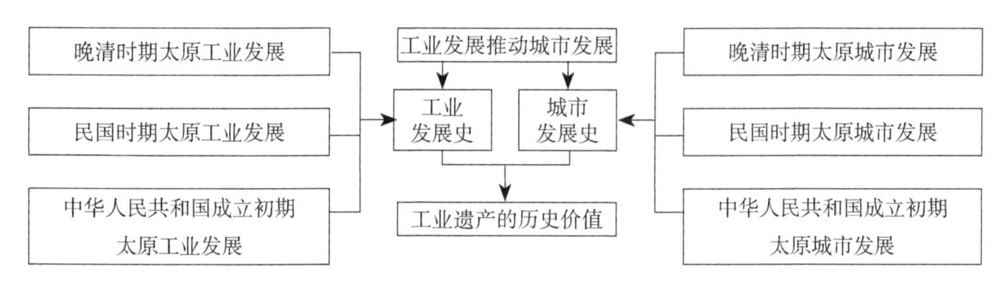

图3.1　工业遗产历史探源的研究思路

3.1 工业发展对城市发展的推动作用

工业发展促进了城市功能分区和近代城市规划思想的形成,“工业城市”“田园城市”等规划主张逐步确定了城市功能分区的基本原理，并影响了城市发展。下文将总结工业发展对城市发展的推动作用，目的在于追寻工业发展与城市发展给工业遗产带来的历史价值。

3.1.1 工业发展驱动城市工业区形成

1. 水运和铁路驱动的城市近代化

1840年以来，清政府连续开放了天津、上海、南京等诸多通商口岸，形成了近代我国最早的上海吴淞口岸、天津塘沽口岸、南京下关口岸等。京张铁路的开通，开启了北京的城市近代化，也开启了全国以京张铁路为范本的铁路修建浪潮。铁路的快速开通，不仅改变了城市的格局，也推动了城市的近代化发展。

2. 矿业和冶金驱动的城市近代化

我国近代工业发展是由资源属性的产业推动的，采矿、冶金、炼钢等产业的发展带动形成了第一批资源型城市。徐州、唐山、鞍山、太原等内陆工业城市都是以煤铁资源工业驱动走向近代化的城市。

3. 兵工和重工驱动的城市近代化

晚清洋务运动和民国制造产业救国的强国方针发展了兵工和大型装备制造业，这些工业的发展极大地促进了城市近代化。甲午战败后，清政府意识到兵工设置在内陆城市的重要性，命山西巡抚胡聘之承办山西机器局，这是太原军事工业发展的源头。阎锡山时期，山西机器局扩建为太原兵工厂，新建山西化学厂，创办西北炼钢厂、西北机车厂等大型工厂，这都极大地推动了太原城市近代化发展。中华人民共和国成立初期，在“一五”期间落户太原的“156 工程”项目中，江阳化工厂、新华化工厂、兴安化工厂、晋西机器厂、汾西机器厂、大众机械厂都是国防工厂，为太原当前的城市格局奠定了基础。像这样以国防工业带动城市发展的还有武汉、天津、南京等。

4. 轻工和商贸驱动的城市近代化

民族工业除投资煤炭等资源工业外，还投资面粉、纺织、火柴、卷烟等轻工产业，由此也促进了城市近代化。受工业和城市近代化发展影响，大量的人口进入城市，促进了城市的商贸和服务行业的发展。轻工和商贸驱动城市近代化的典型城市有上海、宁波、苏州、杭州等。

3.1.2　工业发展促进工人社区形成

工业发展给城市带来了大量的工业人口，工人社区逐步形成。工业的发展带动城市的快速扩张，随着工人社区的发展，医院、学校、俱乐部等配套设施也逐渐成熟，城市功能区发生变化。工人社区的形成给城市规划注入了新的内容，大量的规划理念应运而生。如霍华德的“田园城市”的理想，以及我国早期引进苏联的“公共卫生学”，将功能分区和规划定额指标的城市规划基本原理确立下来。民国时期，太原铁路的修筑和工业的发展，自发形成了工人居住区，但由于没有科学规划的引入和公共服务设施的建设，结果导致太原阶层分化问题凸显。如高级技术人员住宅分布在城内南华门、精营街一带，建筑在立面上多引入西方元素；而普通技工居住区建筑质量较差，多为平房。中华人民共和国成立后随着科学城市规划的引入，依据规划定额指标设置了工人住宅、俱乐部、食堂、中小学和工业学校，在建筑和空间布局上多讲究仪式感，建筑多为苏式风格。在城市规划的科学指导下，城市功能更加健全，工人社区更加完善，符合建设“生产城市”的要求，更好地促进了城市工业发展。

3.1.3 工业发展引发工业教育发展

近代以来，由于国家的落后和列强的入侵，爱国和强国思想一直以来都是民族复兴的重要思潮，工业救国、技术救国受到重视，因此教育得到了大力发展。在洋务运动的思潮下，清政府创办了京师大学堂、北洋大学堂、山西大学堂。从洋务运动兴办西学教育开始，就一直重视工业教育和技术教育，如中国矿业大学前身是创办于 1909 年的焦作路矿学堂。民国时期，随着社会开化，西学蔚然成风，这个时期著名的大学有清华大学、金陵大学、中央大学、辅仁大学、东吴大学、震旦大学，这些综合性大学都包含理工学科，注重工业教育，另外，各式专科类院校也逐步兴建，如西北农林科技大学就是原为 1934 年创立的“国立西北农林专科学校”。太原百年来的工业发展孕育出“211”名校——太原理工大学，大型装备制造业摇篮——太原科技大学，国防兵器名校——中北大学；也孕育出一代代杰出人才，中国科学院老一辈院士彭少逸原为中科院山西煤炭化学研究所所长，院士黄庆学原为太原科技大学校长，院士谢克昌原为太原理工大学校长。

3.1.4 工业发展带来宏伟工业景观

“十里钢城”“百亩油田”等词汇都是描述宏伟工业景观常用的词汇。虽然工业发展留下了诸多环境问题，但在工业城市中，宏伟的工业景观和先进的生产力一直被人们称颂。工业发展带来的工业景观有以下三种：① 在厂区和工业区，形成生产景观，包括厂房、烟囱、水塔、运输车管廊等。在民国时期，太原的工业发展已形成一定规模，在太原城北，形成 10 平方千米的工业区，在西山地区还有西北洋灰厂和西北煤炭第一厂，都备有运输铁路，一片工业繁荣的景象。② 由于长期生产而形成的其他景观，如取水池（湖）、堆放工业废料的堆场等。在西北炼钢厂（今为太钢公司），由于铁矿石炼钢后废渣废石的堆放，形成了最早的渣山。白家庄煤矿也由于机械化采煤，形成了煤矸石山。③ 工厂的自备运输系统也是独特的工业景观。中华人民共和国成立后，西山铁路支线延伸，连接了河西南、河西北工业区的各个工厂，这也是重要的工业景观。

从工业化和城市化发展的历程入手，考证太原工业遗产形成过程所承载的历史文化记忆，发现工业遗产所蕴含的历史价值和文化价值，是研究太原近现代工业遗产的必然途径。太原市一向有“煤铁之乡”的美誉，孙中山先生曾在《中华人民共和国成立方略》中评价“太原之煤铁资源，山西前途不可限量”，这样的资源优势使太原成为能源重工业基地。由表 3.1 汇总的太原工业化和城市近代化历程可以看出，太原近现代工业既不似哈尔滨、齐齐哈尔的中东铁路，有强烈的边塞贸易特征，又不像武汉汉阳兵工厂那样具有政治理想，更不像上海近代工业具有洋人买办和民族资本的性质，而是具有资源性工业和国防工业并存的特殊性，是我国重要的能源、钢铁、重型机械、化工产业基地，对我国能源工业发展和国防工业发展都具有重要的里程碑意义。本章研究晚清时期、民国时期、中华人民共和国成立初期三个历史时期工业发展与城市发展的相互关系，并指出在产业升级、城市转型、供给侧改革背景下工业遗存的初现。

表 3.1　太原近代工业发展简表

历史时期			大事记	工业发展与城市发展概况
晚清萌芽时期（1882—1911 年）	张之洞时期（1882—1884 年）		1883 年山西洋务局、桑棉局 1884 年令德书院	创办山西洋务局，未有实质工业建设和工业发展，有了工业的思想萌芽，同时有了“西式”学堂令德书院
	胡聘之时期（1884—1911 年）		1892 年太原火柴局 1898 年山西机器局、通省工艺局 1901 年大清太原邮政分局 1902 年山西大学堂 1903 年晋报印刷厂 1906 年西山庆成煤窑 1906 年晋新书社印刷厂 1907 年正太铁路通车 1908 的新记电灯公司	这个时期有了近代工业，工业发展没有影响城市布局，依然是农业社会城市。太原机器局，埋下了太原军事工业的种子，是后来太原的军事工业和近代职业教育发展的萌芽。山西大学堂的成立为民国时期山西发展储备了大量人才，大学堂内的电力等基础设施，也是太原最早的市政建设的影子。正太铁路的通车，让城市第一次突破了城墙的范围。民族资本工业也有了发展，尤其是在有了电力供应以后
民国繁盛发展与破坏衰退时期（1911—1949 年）	繁盛发展时期（1911—1937 年）	工业快速成长时期（1911—1931 年）	1912 年孙中山《中华人民共和国成立方略》太原演讲 1914 年山西机器局改称山西陆军修械所，1920 年改称山西军人工艺实习厂，后发展为山西火药厂（1926 年）和太原兵工厂（1927 年） 1918 年成立铜元局 1919 年《山西修路计划及办法》 1921 年太原市政公所 1922 年南沙河桥、北门军用机场 1924 年育才炼钢厂、机器厂 1928 年晋恒造纸厂、晋升染织厂 1929 年太原绥靖公署工程处	阎锡山提出了“保境安民”“厚生计划”的纲领，大力发展重工业，城市工业格局雏形显现。山西自辛亥革命之后便开始了阎锡山的军阀统治时期。不同于其他省份，阎锡山在“保境安民”的指导下制定“厚生计划”，使山西经济较少受到战争的破坏，阎锡山实业政策的有效执行以及政治有利因素促使太原近代工业获得了高速发展，形成了以军工为龙头，工业门类齐全的产业经济结构

续表

<table>
<tr><th colspan="3">历史时期历史分期</th><th>大事记</th><th>工业发展与城市发展概况</th></tr>
<tr><td rowspan="3">民国繁盛发展与破坏衰退时期1911—1949年</td><td>繁盛发展时期（1911—1937年）</td><td>西北实业公司时期（1932—1937年）</td><td>1932年《山西省政十年建设计划案》
1933年西北实业公司
1933年兰村电气分厂
1934年西北炼钢厂、西北机车厂
1935年西北电化厂、西北洋灰厂
1937年西北化学厂、西北机器厂、西北制造厂</td><td>1932年，《山西省政十年建设计划案》，太原为“建设研究区”，提出了“造产救国”的纲要，全面指导了以太原为核心的工业发展计划，这个时期的工业布局对后来城市工业形成了一定的影响。到1937年抗日战争爆发前，同蒲铁路的修建、金融政策的施行以及西北实业公司的创立使得太原工业水平达到了中华人民共和国成立前的顶峰</td></tr>
<tr><td rowspan="2">破坏衰退时期（1937—1949年）</td><td>日伪沦陷时期（1937—1945年）</td><td>1937年11月太原沦陷
1941年日本军部大楼、万国邮局、河洋灰桥
1943年《太原都市计划》
1945年8月日本战败</td><td>日寇侵占太原统治长达8年，工业建设基本停顿，遭到掠夺性的破坏，日伪当局编制《太原都市计划》，但在工业和城市建设方面没有实际实施</td></tr>
<tr><td>晚期军阀时期（1945—1949年）</td><td>1945年阎锡山返晋
1946年黑土巷铁路职工宿舍
1948年亲贤机场
1949年3月太原解放</td><td>解放在即，阎锡山当局政府放弃工业发展与城市建设</td></tr>
<tr><td rowspan="2">中华人民共和国成立初期工业新生时期1949—1958年</td><td colspan="2">恢复时期（1949—1952年）</td><td>1952年太原重型机械厂筹建</td><td>1949年《太原都市建设计划大纲草案》
1952年《太原市十年远景发展计划草案》</td></tr>
<tr><td colspan="2">“一五”计划时期（1953—1958年）</td><td>1953—1958年，11项“156”工程项目落地太原</td><td>1953年《太原发展初步规划和补充修正意见》
1954年《太原市城市初步规划》，城市工业格局基本成型</td></tr>
</table>

3.2 晚清时期太原工业发展与城市发展（1882—1911 年）

3.2.1 晚清时期太原社会背景

1840 年鸦片战争爆发，中国沿海地区开启了近代化序幕，也对内陆城市太原的经济与社会发展产生了重大影响，鸦片和外来商品涌入。山西巡抚在财政压力下居然出台“招商种烟”政策来饮鸩止渴，种植罂粟，熬制烟膏，获得暴利[102-104]。鸦片给太原人民带来了深重的灾难，白银大量外流。在山西的财政收入结构中，原为主体收入的田赋税收收入在逐年下降。在甲午战争之前，山西田赋收入是全年税赋的 88.57%，而 1895 年田赋收入下降到 56.9%[104,105]。自然经济的解体，伴随着商品经济逐步抬头。1907 年正太铁路开通，给太原带来了洋货，开启了近代资本主义的序幕，自给自足的农耕经济逐步瓦解。清末太原的经济生活发生了变化，为少数思想先进、受西方教育启蒙的民族资本家和进步人士埋下了发展工业的思想种子。

19 世纪末爱国主义成为晚清时期的强音，民主主义意识和民族自强意识深入人心，洋务运动“中学为体，西学为用”的思想深刻影响着社会进步力量。1882 年张之洞被任命为山西巡抚，太原近代工业化的进程就此展开。1902 年在令德书院的基础上创办山西大学堂（见图 3.2），是中国近代最早设立的西学大学之一，对开创中国新式教育产生了深远的影响。这个举措为太原工业发展培养了大量人才，为工业发展和思想解放运动奠定了基础。1905 年前后，山西大学堂选送出国留学生 60 人[106,107]，他们日后回国，为太原发展起了重大的推动作用。

图 3.2　山西大学堂历史老照片

图片来源 :《太原图志》。

3.2.2　晚清时期太原工业发展的萌芽时期

1882 年，洋务运动名臣张之洞调任山西，于 1884 年 4 月调离，在山西时间只有两年四个月。其间，张之洞为了改变丁戊奇荒，除清匪、肃贪、禁烟外，在“西学东渐”的洋务运动方面主要做了两件事。第一，招揽洋务人才。张之洞请英国传教士李提摩太为山西设计洋务方案，包括兴办工矿实业、西学学校等措施。第二，为推行洋务，在太原设立了洋务局，设桑棉科、木工科等[108-110]，请苏州工匠来太原讲习。张之洞在山西任职的时间虽然不长，对太原近代工业的影响十分有限，但他将洋务思想引入太原，对太原地方的经济、文化等诸多方面多有革新，为太原近代工业的发展奠定了思想基础。

胡聘之继张之洞之后主政山西巡抚，1891—1899 年在山西任职近八年内积极推行洋务运动，是山西近代工业的奠基者（见图 3.3）。1892 年胡聘之投资 2 万两白银创办太原火柴局，引进 5 台车床、1 台刨床、1 部 35 马力小型蒸汽机、日产双羊牌火柴500小筒，这是山西创办的第一个近代工业机构[111,112]。1895年中日甲午战争清政府战败，清政府意识到发展内陆工业的重要性[112，113]。1898年，光绪帝召谕“据荣禄奏：各省煤矿矿产以山西、河南、四川、湖南为最，筹款设立制造厂局，从速开办，以重军需”。根据这一指令，胡聘之预支4800两库银筹办太原机器局[108,113]。同年3月，在太原北门外柏树园（现山西机床厂）成立了太原机器局（见图3.4）。经过一年多筹备，1899年10月勉强开工生产，因为设备简陋，技术工人缺乏，仅能进行简单的机械修理。1895年中日甲午战败后，清政府命

图3.3　胡聘之

图片来源：《太原兵工》。

图3.4　太原机器局

图片来源：《太原兵工》。

令各省增容备战，为此，太原机器局加紧改造老式抬枪、抬炮，这是太原军事工业发展的源起[114]。

1907 年，山西省第一条铁路——正太铁路通车，连接河北正定和太原，全长 240 千米[115]，太原城市的近代化也由此拉开序幕。正太铁路的开通和帝国主义对太原商品的输入，引导了太原商人转向近代工业的投资，太原第一批民族近代工业也相继出现。1900 年，商人渠本翘用 5000 两白银收购官办火柴局，成立双福火柴公司。此后，太原民族工业在采矿、发电、机械和面粉加工等行业缓慢发展[108]。1907 年，渠本翘等投资 162 万两白银，创建保晋矿务有限公司，以半机械方式开采煤炭，揭开了太原大规模兴办采煤工业的序幕。1908 年，山西商会会长刘笃敬创建太原电灯公司，引进 60 千瓦直流发电机一部，所发电仅供太原城内主要商业街道、商馆照明使用[116]。这些民族近代工业进一步推动了太原近代工业的发展。图 3.5 是晚清时期太原的工厂分布图。

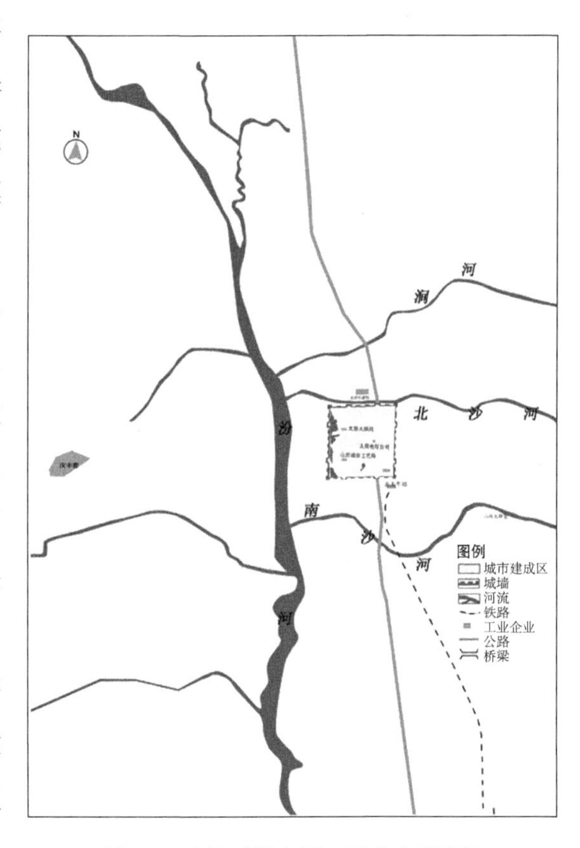

图 3.5　晚清时期太原工厂分布示意图

太原工业发展史研究中，多认为太原晚清的工业发展是封建的、腐朽的统治阶层的产物，但在资本有限、技术薄弱的情况下，太原近代工业迈出了从无到有的第一步。1898 年创办的太原机器局是新中国山西机床厂的前身，由英国福公司购得设备用于制造“二人抬”火枪（见图 3.6）[114]。新记电灯公司从美国慎昌洋行购买 300 千瓦交流电发电机。1894 年统计全国民族资本创办的 54 个新式采矿、制造企业，总资本 480 万两白银，平均每个企业资本金 8.8 万两白银 [112]。而太原电灯公司资本金仅为 3 万两白银，太原火柴公司资本金为 1.8 万两白银，远低于全国的平均水平。在这个历史时期，民族工业与官办工业一样，处于资金弱、技术差的艰难境地。

图 3.6　太原机器局生产“二人抬”火枪老照片

图片来源：《太原兵工 1898—1949》。

太原近代工业的萌芽时期，是中国社会急骤变革时期，清朝灭亡，中华民国建立。这一时期先后创办的现代企业有太原火柴局、太原机器局、保晋矿务有限公司、太原新记电灯公司等。太原近代工业的建立，从时间上看比沿海地区晚，但从目的性看，非常明确，秉承了洋务派“师夷长技以制夷”的思想。太原近代工业的发展带动了城市铁路、邮政、电报、银行、商贸流通业的发展，太原初步显现出工、商兼备的城市特色。表 3.2 是晚清时期太原兴办的各工厂详情。

表 3.2　晚清时期太原兴办工厂

厂名	年份	工厂位置	建设情况
太原火柴局	1892 年	三桥街	山西第一个近代工业企业，经历了官营、私营、官私合营、日占和公营等多个时期
山西机器局	1898 年	北门外柏树园	占地 38 亩，厂房 12 间，锅炉 2 座，1899 年正式投产
山西通省工艺局	1898 年	西羊市街	设织布、织带、木工三部门，用机器织布等。后又制造普通肥皂和玻璃制品
太原印刷局	1906 年	太原市	开设晋新书社，当时有石印、胶印，主要印有价证券书版、表册、书画、碑帖
保晋公司	1907 年	海子边	山西近代最大的采矿企业，也是近代史开办规模最大的民营企业
太原新记电灯公司	1908 年	南肖墙	刘笃敬兴办，负责商馆、府邸照明

数据来源：根据《太原工业百年回眸》整理。

3.2.3　晚清时期太原城市发展

晚清太原城市围绕着近代工业、铁路交通的出现而发展变化，使太原城市功能区在农耕城市功能的基础上进一步发展，初步呈现城市功能的集中化和专门化，为此后的太原城市功能区的发展演变奠定了基础，是太原近代城市的萌芽时期。

正太铁路是山西省第一条铁路，在打开与外界联系通道的同时，城市也开始突破城墙的限制而向外延伸，太原城市近代化就此开始，而且对城市空间格局的演变以及城市功能区的调整均产生了非常重要的影响。正太铁路由法国人主持设计、施工，于 1907 年 9 月通车，“正太火车站”在新南门外落成通车，洋灯、洋油、洋布等洋货不断涌入太原，洋货店大量出现[121]。因此，产生了自下而上的功能聚集区,“正太火车站”周边形成商贸区。城北太原机器局的设置,也是今天太原北城工业区发展的源头。受到铁路和工业的影响,外来的务工人员在城南门外和北门外形成了最早的工人棚户区。1907 年山西大学堂购置发电机 1 台,供应教学照明,这是太原首次使用电力,促使了太原市民追求先进文明。1908 年刘笃敬在南肖墙创办太原第一座发电厂新记电灯公司,供应城内主要商馆、官邸、街道照明,从城市物质空间开始了城市近代化的影子(见表 3.3)。近代工业的兴起,铁路、邮电、银行的建立,推动了城市的商品流通与商业发展,使得城市人口增加,市场繁荣活跃。1908 年太原城内有 3 万人口,经商者近 3000 人,占 15% 左右 [117,118]。当时太原的商业繁荣程度,远高于邻省省会郑州、石家庄、呼和浩特。以柳巷、开化寺为中心的商业贸易区,在晚清时期得到进一步发展。随着铁路的修通,承恩门附近也迅速成为商业繁荣地带 [121],从而使太原的商业活动区得以向外拓展。文教区以崇善寺、贡院为中心,设立了各级新式学堂。如 1902 年在令德堂的基础上建立首个近代西式大学——山西大学堂。后续创办了山西陆军小学堂(1905)、山西医学专门学堂(1906)、山西政法学堂(1907)、山西陆军测绘学堂(1908)[107,119,120]。图 3.7 是晚清时期城市功能聚集区的分部。

表 3.3　晚清时期太原电力系统变化

年份	电源数量(个)	电机数量(个)	装机容量(千瓦)	电源位置
1907 年	1	1	8~10	侯家巷
1908 年	2	2	60~70	南肖墙

数据来源:《太原供电志》。

图 3.7　太原晚清时期城市功能聚集示意图

晚清时期，因受外来经济的入侵，太原自然经济逐步解体，商品经济抬头，实现了近代工业“从无到有”。铁路的修建促进了工业的发展，太原近代工业进入萌芽期。工业的发展，带动太原城市格局发生了变化，不仅商贸发生演变，而且开始追求更先进的文明。

3.3 民国时期太原工业发展与城市发展（1911—1949 年）

3.3.1 民国时期太原社会背景

1911 年辛亥革命胜利，中华民国成立，孙中山《中华人民共和国成立方略》描述如何在三民主义、工业强国的思想下，建设一个民主独立富强的国家，“首先注重于铁路、道路之建筑……商港、市街之建设，盖此皆为实业之利器”[122]。此时，太原的工业在军阀势力和“实业救国”的政策下快速成长，并极大地促进了太原城市的近代化发展。

1912 年，阎锡山在山西构建军阀政权，确立“保境安民”的总策略，严守中立。1917 年，阎锡山出任山西省省长，政治上主张地方自治，军事上极力发展地方武装。在“保境安民”“厚生计划”的策略下，多次拒绝参加民国初年的军阀战争，使太原获得了和平与安定，也为太原近代工业发展创造了有利的客观条件[123-125]。“厚生计划”涵盖煤炭、炼钢、机械等多个工业大类，计划以太原为核心，形成山西完整的工业体系。民国时期太原鼓楼“造产救国”的牌匾，正是阎锡山为鼓励发展实业而悬挂（见图 3.8）。

图 3.8　民国时期太原鼓楼老照片

图片来源：《太原图志》。

阎锡山在军阀混战的环境中发展工业，最大的问题就是资金。1919 年创立山西省银行，设立发行货币的山西铜元局并颁布《发领铜元规则》，以期达到垄断山西金融的目的。阎锡山通过这样的方法完成了官僚资本的原始积累[114,125-127]，筹集到工业发展所需的资金。政策的顺利实施和官僚资本的积累为太原近代工业的发展提供了良好的资本条件，太原近代工业在此前薄弱的基础上有了长足的发展。

1932 年阎锡山政府编制《山西省政十年建设计划案》，在工业建设的同时，积极扩大官僚资本，成立晋绥兵工筑路总指挥部，自筹资金修筑同浦铁路[123,126]。太原至风陵渡铁路于 1935 年年底建成开通，太原至大同铁路于 1937 年 8 月修至距大同 8 千米的十里河桥。同浦铁路的开通，方便各官僚买办企业对外进行贸易往来，太原经济进一步走向军阀特征的官僚资本结构的深渊。

阎锡山自 1917 年全面掌握山西政权起，引进西方先进的教育理念，颁布《山西教育计划进行案》《山西省实施义务教育程序》等。到了 20 世纪 30 年代，山西高等教育也有了长足的进步，拥有省立高校 6 所，数量在全国省立高校排名第三[107,124,127]。阎锡山普及义务教育、发展高等教育、开办工业教育等兴教措施，不但为山西培养了大量人才，客观上也推动了太原近代工业的发展。

1937 年，日军侵华，太原沦陷，战争成为时代的主旋律，直到 1949 年太原解放。这段时期内无论是工业还是城市发展都处于衰落的状态。因此本研究对民国时期的工业发展都分为两个时间段来论述，分别为 1911—1937 年和 1937—1949 年。

3.3.2 民国时期太原工业发展的繁盛时期与衰落时期

1911—1937 年是太原工业发展的繁盛时期。在这个历史时间段内，又可以细分为两个时期，1911—1932 年是太原快速发展的时期，以 1932 年《省政十年发展纲要》的颁布为分界，1932—1937 年是西北实业公司垄断发展的时期。

1911 年中华民国成立，很快形成了军阀割据的局面。阎锡山为了巩固自己在山西的执政统治，一面避免与外省军阀交战，一面在太原大力发展军火生产。1920 年扩建山西陆军修械所，后将之建设为太原兵工厂和太原火药厂[111,112,129]。阎锡山深知煤炭、钢铁和机械的战略重要性，1926 年投资约 60 万元创办育才炼钢厂和育才机器厂。1928 年又在太原北门沙河附近建山西化学厂，引进设备 107 部，扩大火药生产，该厂占地 25 万平方米，建筑物 1260 间[126,130]。可以说民国初年，阎锡山利用山西铜元局所聚拢的资金大力发展兵工制造业，以官办为主的煤炭、钢铁、机械和兵工制造业已经是重工业城市的雏形。

在民国初年，民族资本工业在太原也有了长足发展。“一战”爆发迫使欧洲诸国陷入战争，英、德、法等国货物的输入量大为减少，内陆诸多省份工业产品供应严重不足；正太铁路通车和省内公路的修筑，初步改善了交通条件。在这样的背景下，太原民族资本得以较快发展起来。当时民族资本较为重视对煤矿、纺织、机械修理等产业的投资，因为这些产业投资少、获利快，如晋丰面粉公司、晋生染织厂、晋恒造纸厂、华北制绒厂、义成铁工厂、义聚铁工厂等[131]。图 3.9 是民国初期太原工业发展分布情况。

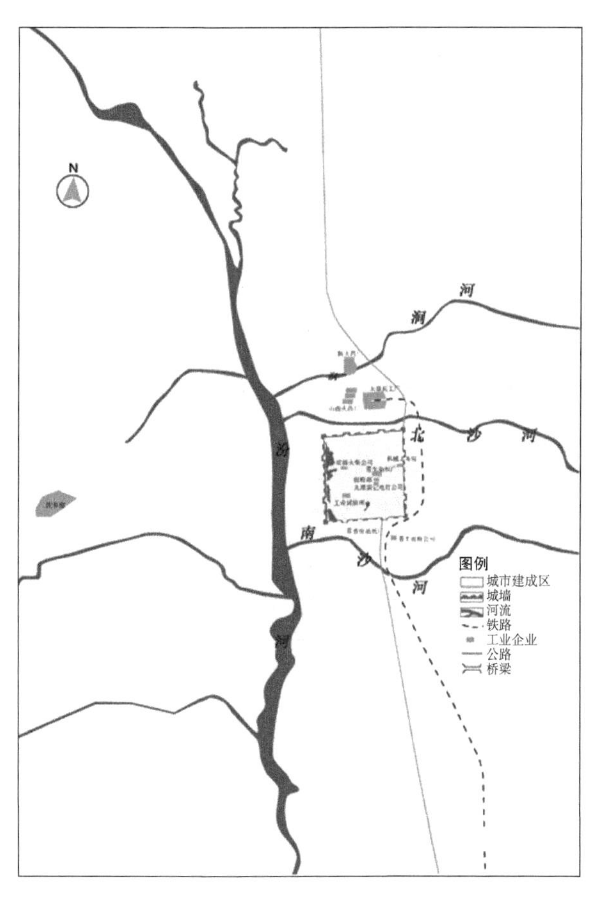

图 3.9　民国初年太原工厂分布情况示意图

1932 年阎锡山政府制定《省政十年发展纲要》，并计划建设西北实业公司，纲要的实施掀起了以太原为中心的工业建设高潮，很大程度上推动了山西经济的发展[123,132-134]。以“造产救国”为主要任务的省政建设，虽然在计划中经济、文化等无所不及，但主要实施的是公营事业即官僚资本工业的建设。客观地说，省政建设的实施对于太原近代工业的发展，有着不可忽视的意义。西北实业公司正是计划案中的主要内容。西北实业公司（见图 3.10）在短短的几年中迅速崛起，1932 年筹办，1933 年正式成立，包括西北煤矿一厂、西北洋灰厂、西北窑厂、西北造纸厂、西北机车厂、西北火柴厂、西北化学厂等。规模最大的西北炼钢厂于 1934 年 8 月正式动工兴建。阎锡山将独立经营的太原兵工厂及其所属的各分厂改组一并纳入西北实业公司 [124,131,135,136]。至 1937 年，西北实业公司发展成包括钢铁、煤炭、电力、机械、化学、建材、纺织、兵工、造纸、卷烟、皮革、面粉等轻重工业与国防工业在内的大型工业集团（见图 3.11）[137]。其中，不少产业门类在山西居于垄断地位，如化学工厂、洋灰厂等。自此，太原工业在全国处于领先水平。

图 3.10　西北实业公司大门

图片来源 :《太原图志》。

图 3.11　西北实业公司产业构成

图片来源 :《太原图志》。

西北实业公司工业不仅门类齐全，而且炼钢厂、洋灰厂、化学厂等还有较高的技术水平，其产品供应山西和周边各省。西北实业公司的成立形成了太原以重工业、机械工业为主的工业格局，“一五”期间太原作为我国重要的重工业城市，就是建立在西北实业公司时期所奠定的基础之上的。当今的太钢、机车、矿机等大型企业也都是由西北实业公司各厂演变而来的。到 1937 年日本发动侵华战争前，西北实业公司已经发展成为下属工矿企业 33 个，基建投资 3000 多万元的工业垄断集团[124,138]。西北实业公司自其成立到抗日战争全面爆发，无论是资本总额、职工数量，还是产品产量、质量，在山西工业中都居于龙头地位，在全国工业中也占有一席之地。这个时期是太原近代工业的繁荣高峰时期，全面促进了山西经济的发展。图 3.12 是 1937 年抗日战争爆发以前，太原的工业分布情况，表 3.4 是 1937 年以前太原各工厂概况。

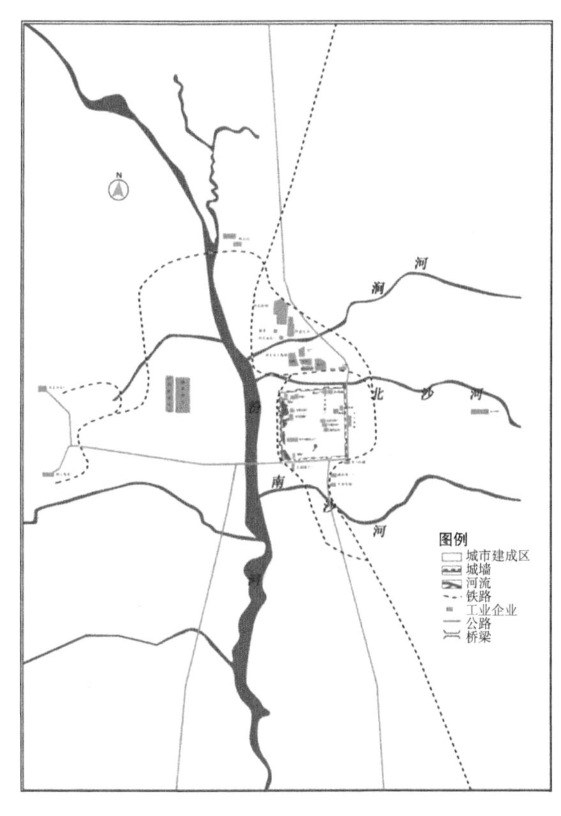

图 3.12　抗战前太原工厂分布情况示意图

1937—1949 年是太原工业发展的衰落时期，细分为两个历史时期，1937—1945 年是日伪沦陷时期，1945 年日本投降，1945—1949 年是抗战时期，这两个时期的主旋律是战争与破坏。

表 3.4　1937 年以前太原各工厂概况

厂名	年份	地址	建设情况
育才钢铁厂	1924	兵工路西侧	占地 70 亩，占地 200 平方米的主厂房，化验室 5 间，办公室 9 间，宿舍 20 间
育才机器厂	1924	兵工路西侧	占地 70 亩，厂房 200 余间，今矿机厂
山西火药厂	1926	北门外兵工路西区	由山西军人工艺实习厂划分出来，后又分为无烟药厂、酸厂、火工厂、炸药厂等
太原兵工厂	1927	北门外柏树园	以旅长商震兼总办，下设工务、核计、稽查、检验四处，其中工务处是全厂最大，如今仅存一栋办公楼及一间厂房
晋丰面粉公司	1920	南门外东岗村	占地 40 亩，是山西省当时最大的面粉厂，日产面粉 1500 袋，1929 年被省营公司吞并
协同机器工厂	1922	不详	由山西省督军副官李冠廷与协和五金行经理贾仁甫集资，规模较大
太原新记电灯有限公司	1923	南肖墙	300 千瓦发电机 1 部，1150 千瓦发电机 1 部，3000 千瓦发电机 1 部
晋恒造纸厂	1928	太原上兰村	占地面积 12 亩，房屋 210 间，职工 26 名，是山西第一家机器制纸厂，用地和建筑归中北大学
晋生染织厂	1929	太原大南门外	资本家徐子橙创办，设有织布机 240 台，纺纱机 6000 锭

1937 年，“九一八事变”后，11 月太原沦陷，进入日伪统治时期。太原的官办企业和私营企业完全沦于日军之手。1937 年 11 月至 1945 年 8 月在沦陷的 8 年里，在日军“以战养战”政策下，对太原各工矿实行“军管”，以掠夺本地资源来为其侵略战争服务。日军对工厂掠夺式的生产，工人奴隶式的劳动，致使太原工业经济遭受毁灭性破坏[138,139]。1942 年太平洋战争爆发，日伪政府进一步加快对太原煤铁资源的掠夺步伐。西北炼钢厂所产的钢铁物资，全部运往日本和东北，供军火生产之需。8 年时间，先后掠夺生铁近 20 万吨、钢材 8 万吨、冶金焦 13 万吨，但对各工矿生产设备很少维护，致使设备破损严重。到

1945 年年末，西北炼钢厂的 120 吨熔铁炉变形，产量仅为原生产能力的 30%；两座 30 吨平炉和轧钢设备受损，产量仅为原生产能力的 40%[140-142]。日军不仅对工矿企业的产品进行疯狂掠夺，而且将大批设备拆卸运至东北及日本。仅从原西北实业公司所属各厂拆走的机器设备就达 3000 多套 [111,141]。虽然日军在占领太原期间也曾新建过几个小工厂，如油脂厂、棉织厂等，但规模小，设备简单，对于太原工业的发展没有起到任何作用。

1945 年 8 月日本宣布投降，根据阎锡山的命令，西北实业公司经理彭士弘随军返回，接收公司原有各厂 26 个、日军强占的民营工厂 13 个、日军所建的厂矿 13 个，共计 52 个，各厂矿加紧维修设备，添置、补充、恢复与扩大生产。1947 年下半年，解放战争开始，太原陷入围困之中，生产停滞，工业品产量锐减，太原工业整体处于衰落中。以西北实业公司炼钢厂为例，该厂原日生产能力为焦炭 240 吨、生铁 200 吨、钢 120 吨、发电 15000 千瓦，但 1947 年实际日产量能力为焦炭 160 吨、铁 50 吨、钢 40 吨、电 7500 千瓦，仅是原日产能力的 66%、25%、33%、50%[142,143]。整个生产状况呈萎缩趋势，公司各厂矿的生产总形势江河日下。1948 年年末，太原变成一座孤城，太原的近代工业再未能回到抗战前的鼎盛时期。

纵观民国时期太原工业发展，虽有所建树却没有走向“国家自主”的工业化的道路。总结这一阶段的特点包括以下几点。

1. 官僚资本聚集，完成原始积累，居于垄断地位

以 1927 年太原兵工厂的设立为标志，是官僚资本的初步形成期，兵工厂总资本 300 万元，日产枪弹 7 万余发，日产步枪 800 余支 [114]，为晋绥军装备基地。以 1932 年创办西北实业公司为标志，官僚资本达到鼎盛期。西北实业公司总资

本2000万元，下辖26个工厂，职工1.3万人，除原有的军事工业外，还包括钢铁、煤炭、机械、纺织等工业，资本聚集达到空前程度。据1935年统计，官僚资本占全省近代工业总资本的79%，占职工人数的82.8%，占工业企业总数的59.6% [112]。

2. 重工业体系形成，达到一定规模

1934年是太原工业发展的第一个高峰，为太原成为重工业城市奠定了基础。西北实业公司26个工厂中，包括了采煤、炼钢、水泥、机电、军工、化工，还有纺织、食品等轻工产业，工业门类齐全。据1935年《中国近代工业资料》统计，全国煤炭产量为3580万吨、铁81万吨、钢41.4万吨，当时太原的钢产量达到4万吨，占全国产量的十分之一 [113]。

3. 民族资本工业成长壮大，形成一定规模

当时的民族工业主要集中在采煤、纺织、面粉、烟草、造纸等门类，拥有煤炭生产5万吨/年、机械加工近万吨/年、面粉加工1500袋/日、卷烟400标箱/曰、造纸3.6万令/年的可观生产能力。据1935年统计，太原商业企业2851家，餐饮业159家、银行近30家、外地同乡会馆54家，全市常年流动人口3万~4万人 [121]，这从另一个侧面反映了太原工业兴盛、经济发展的情况。

3.3.3 民国时期太原的城市发展

1. 民国太原城市的繁荣发展期

1920年设太原市政公所，1927年正式建市，辖区东起城东门外，西迄汾

河边；南起大营盘，北至北飞机场（今太钢厂内）。城市范围打破原有城墙区域，表现出近代城市规模扩大的趋势。这一时期是太原近代城市的形成时期，有较为明确的功能分区，在城市建设方面也有具体的职能部门，形成了完整意义上的近代城市。

正太铁路、同蒲铁路通车后，太原成为华北地区的商贸中心，大大刺激了太原商业的发展与繁荣。商业从柳巷一带，延伸至新南门、海子边、南肖墙周边街道。集市形式发生变化，大中市、共和市场、开化市等综合市场出现，柳巷、钟楼街一带成为当时太原的商业中心。这一时期，太原商业区开始逐渐由大南门一带向外扩展，且商业的类型大大增加了，新的百货商店、成衣店、鞋帽店、照相馆、澡堂、饭店等陆续出现[138,146]。山西省银行等现代金融机构的出现，使得太原新设钱庄、银行等金融机构集中于鼓楼一带，太原开始成为山西省的金融中心。

工业发展带动城市人口逐渐增加，相继形成一些工人居住区，如现胜利街一带的仁义里、兴安里、新源里等，南门正太车站附近的满洲里，东门外的享堂等地，这些工人住宅区内多是一些简易平房。城内新形成的住宅区主要有教场巷、精营街、南华门等地。教场巷一带修建的住宅多为修筑正太铁路和同蒲铁路的本籍和外籍工程技术人员宿舍，所以，当时教场巷有“工程师街”之称。以阎锡山为首的统治阶级及上层人士的公馆和高级住宅则修在精营街一带，如坝陵桥裕德西里、新民北街、南华门、东四条等阎氏家族的住宅，精营东边街徐永昌公馆、贾继英“退思斋”、王靖国公馆等。这时除少数达官富商的“洋房”采用西方建筑形式及材料、技术外，其余住宅均是传统四合院形式的砖木结构建筑，但在材料、制作方法及细部处理上多与西方建筑形式相融合[147-149]。

“五四运动”后，反帝、反封建的革命思潮波及全国，教育事业有了较大发展，阎锡山为培养人才和稳定统治，也有了兴办国民教育、职业教育等一系列举措，因而这一时期学校建筑在数量和规模上都有一定发展，如1919年创办的山西省立国民师范学校、1924年建的平民学校等也都是规模较大、校舍新颖的学校建筑[150,151]。

1928—1935年，太原各项建设方兴未艾，太原人口迅速增加，从7.79万人增长到14.36万人，增长84.34%[152]。可见随着当时城市各项事业的发展，对劳动力的需求增加，客观上促进了城市化的发展。

从整体来看，这一阶段太原的城市近代化进程已经开始呈现较快发展的趋势。首先，城市功能发生转变，近代工业和金融业等都已出现，并成为太原经济的主导，太原已是一个工业城市了。随着军火工业的畸形发展，以及阎氏官僚资本垄断经济的形成，工业建设有了较快的发展，工业建筑的数量及规模有了增长，工业建筑中结构和设备也较前有了进步，除砖木结构外，也逐渐采用了砖混结构、钢筋混凝土结构和钢结构。图3.13是民国时期太原城市功能聚集区分布图。

2. 民国太原城市的衰退停滞期

1937—1949年，是太原近代城市建设发展的衰退停滞期。在太原沦陷的8年里，太原的工业经济和城市建设遭到掠夺性的破坏。西北制造厂下属的10个兵工厂，有8个厂被彻底破坏，保留的工厂企业被迫为日军生产军火和军需品。学校几乎全部停办，不少校舍或毁于战火，或被日军占用[138,153-155]。为了殖民统治的需要，也新建了少量建筑，如日军军部大楼（今山西省军分区大楼）、原首义门内的邮局（今五一路邮局）。此外，为了满足运输的需要，还修建了少量的道路、桥梁等设施。1942年在汾河上修建了太原近代历史上第一座钢

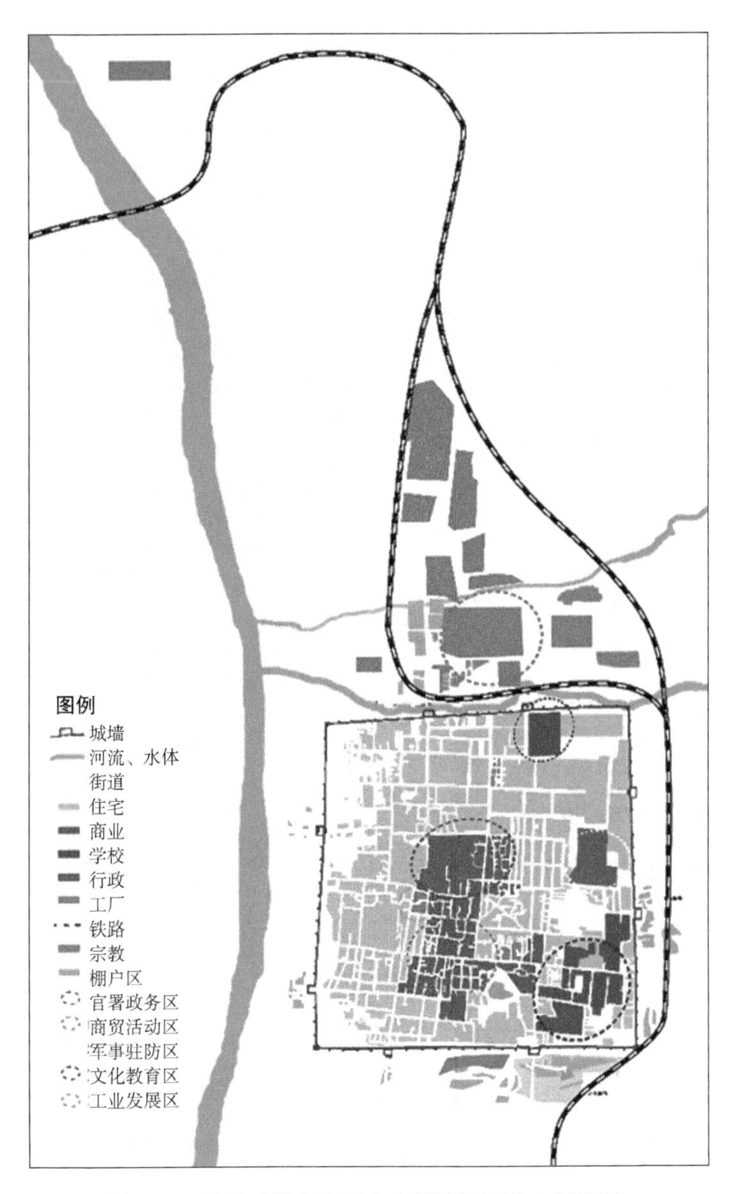

图 3.13　民国时期太原城市功能聚集区分布示意图

筋混凝土桥；1943 年 6 月建成下兰村铁桥，修建了小东门至新城飞机场、新南门至武宿飞机场长 18.8 千米的公路等 [138,156]。1943 年 4 月还绘制了一张《太原市都市计划要图》（见图 3.14），规划范围仅是汾河以东地区，北起飞机场，南到三营盘，西至汾河东岸，东至杨家峪。总规划面积 50 平方千米，由于战争原因未能实施。

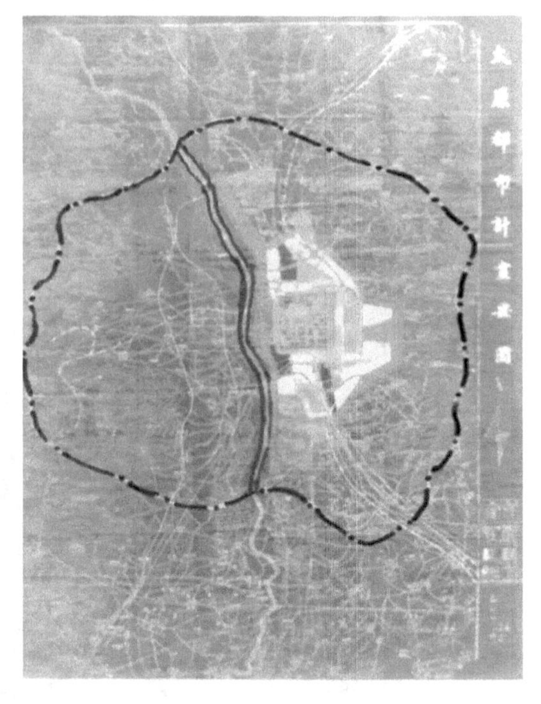

图 3.14　日伪政府《太原都市计划图》示意图

图片来源：太原市档案馆。

1945 年日寇投降后，阎锡山抢先回到太原，抗战期间迁走的工厂企业、机关、学校等也陆续返回太原，但由于 8 年的抗战，财力枯竭，对城市建设无力投入更多资金。在黑土巷一带逐步修建了铁路职工的宿舍区，这些房屋成行列式、兵营式排房，多为砖木结构的瓦顶平房。在新南门外满洲坟一带，形成了杂乱无章的一片贫民窟——棚户区，且多为拥挤的灰渣顶平房 [138,157]。1948 末，太原解放在即，阎锡山政府无暇顾及城市建设。

到 1949 年太原解放时，城市只有 21.5 万人，市域面积有 399 平方千米，建城区面积 30 平方千米，房屋建筑面积约 3 平方千米，其中住宅面积 1.64 平方千米，房屋建筑大部分为砖木结构平房，主要集中在 10.6 平方千米的旧城范围内 [152,158]。太原城中有结构路面的街巷共 39 条，长 38 千米，以土路为主。大小桥梁只有 5 座，城市下水道只有 4.5 千米，城市自来水供水能力每日仅 0.69 万吨，路灯 1000 余盏，仅有 1 个 11.9 公顷的海子边小公园[152,160]。由于中华人民共和国成立前太原没有一个合理的城市规划，城市建设各自为政，把有重污染源的工业区设置在城市上风区和汾河上游，与工人居住区混杂，亲贤机场和作战用的环城铁路伸入市区，这都为城市发展带来极大的隐患。图 3.15 是中华人民共和国成立前太原的建成区图。

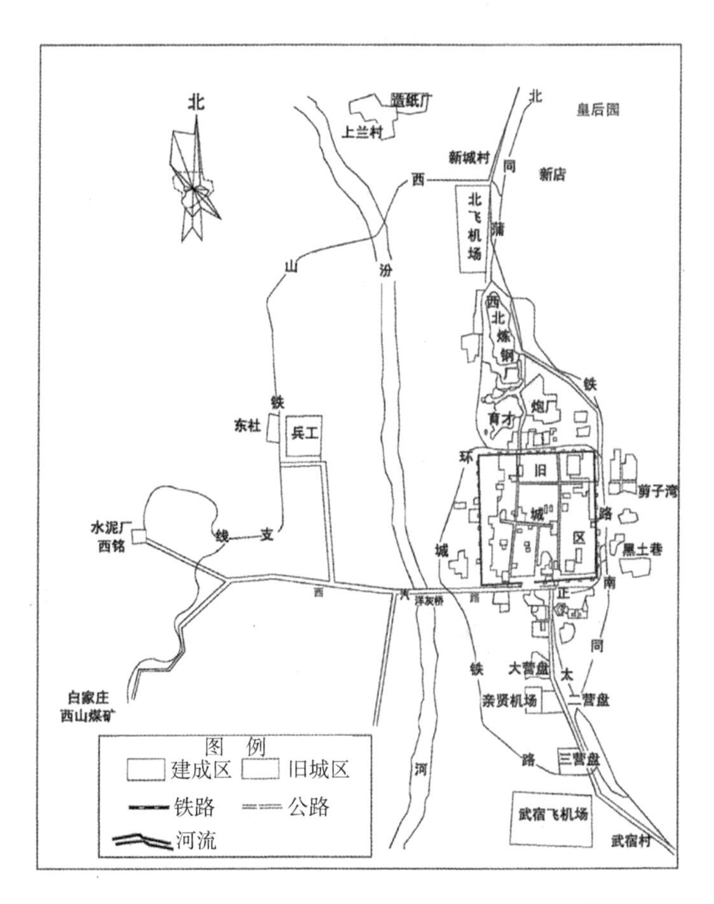

图 3.15　中华人民共和国成立前的太原建成区示意图

图片来源：《太原城市规划史话》。

辛亥革命的胜利与抗日战争的爆发，使得太原在民国时期经历了工业发展的繁荣期和衰退期，同时太原也呈现了现代城市的雏形，但并未得以充分发展。

3.4　中华人民共和国成立初期太原工业发展与城市发展（1949—1958 年）

3.4.1　中华人民共和国成立初期太原社会背景

1949 年 3 月党的七届三中全会提出“将消费城市变成生产城市”的论述，成为后来城市建设发展的基本方针。1949 年 10 月 1 日中华人民共和国成立，太原在新中国的人民政权领导下开展了新一轮的工业发展和城市建设工作。本研究将中华人民共和国成立初期细分为国民经济恢复时期（1949—1952 年）和“一五”计划时期（1953—1958 年）。中华人民共和国成立初期是太原近现代工业的新生时期，这个时期完成了太原现代工业的奠基。

3.4.2　中华人民共和国成立初期太原工业发展的新生时期

国民经济恢复时期（1949—1952 年），太原和全国一样百废待兴，迅速进行国民经济的恢复工作。根据中共七届二中全会精神，太原市军事管制委员会工业接管组接管官僚资本企业，工业企业性质发生根本变化。当时接管的官僚资本实业共有 47 个，1.4 万余名职工。没收官僚资本建立国营工厂，成为国有企业。截至 1952 年，全民所有制工业企业发展到 66 个，职工人数增加到 5.41 万，工业总产值由 3600 万元增加到 1.39 亿元[131,162]。表 3.5 是中华人民共和国成立后太原西北实业公司各主要厂矿。

表 3.5　中华人民共和国成立后西北实业公司各主要厂矿变化对照表

原　厂	地　址	改造后
西北炼钢厂	太原市北郊古城村	太原钢铁公司前身
西北铸造厂	太原市胜利街	山西机床厂
西北机车厂	太原市北兵工路	太原机车车辆修理厂
西北铁工厂	太原市胜利街	山西机床一部分
西北汽车修理厂	太原市亲贤街	山西汽车制造厂
西北熔化厂	太原市北兵工路	太原机车车辆修理厂
西北农工器具厂	太原市胜利街	山西机床厂一部分
西北水压机厂	太原市北兵工路	太原机车车辆制造厂内
西北机械厂	太原市胜利街	山西机床一部分
西北育才炼钢机器厂	太原享堂村	太原矿山机器厂
晋华卷烟厂	太原市东岗并州路 1 号	太原卷烟厂
西北制纸厂	太原上兰村	太原造纸厂
西北印刷厂	太原市城坊街 2 号	太原印刷厂
西北皮革厂	太原市享堂村	太原制革厂
西北毛织厂	太原市享堂村 86 号	太原毛织厂
西北洋灰厂	太原市西铭村	太原水泥厂
西北窑厂	太原市北郊兵工路	太原耐火材料厂
西北电化厂	太原市沙河北村	省电建修造厂北

续表

原 厂	地 址	改造后
西北化学厂（旧厂）	太原市北郊沙河北村	太原矿山机器厂
西北化学厂（新厂）	太原市三桥 1 号	晋安化工厂
西北煤矿一厂	太原市白家庄	山西矿务局
西北煤矿四厂	太原市杏花岭马道坡街	东山煤矿
太原纺织厂	太原市晋生路 8 号	山西针织厂
西北火柴厂	平遥顺城路	平遥火柴厂
西北城内发电厂	太原市南肖墙 10 号	山西省电力厅大院
西北电化厂	太原市北肖墙 13 号	山西化学厂
太原氧气厂	太原市北肖墙 13 号	山西化学厂
西北制造厂（南厂）	兴华街	汾西机器厂
西北制造厂（北厂）	兴华街	晋西机器厂

数据来源：《山西工业基本建设简况》。

太原市的生产关系发生了巨大变革。全民所有制工业占到全市工业总产值的 4/5 以上，居于太原工业的主导地位。此期间，主要通过两项措施来推进太原工业的发展并进行管理改革。一是清产核资，摸清企业家底。对太原工矿企业进行了两次核资工作，建立了固定资产登记、使用、保管等制度。二是实行定额管理，制订生产计划。1950 年 3 月，太原工矿企业开展了定额管理工作，对部分产品的产量、质量、劳动量和原材料消耗进行了初步的定标工作，促进了产品质量和劳动效率的提高。山西煤矿的煤炭单位成本降低 3.9%，太原化学厂的苛性钠、漂白粉、氧化铝、氧气单位成本分别降低 24.7%~41.8%，火柴公司的潜水艇火柴单位成本降低 16.7%。另外，太原工业部门在大力修复原有企业的生产设备，提高生产的同时，开始进行局部的基本建设，对太原钢铁厂、西山煤矿、太原洋灰厂等企业进行了改扩建。三年中，国家对太原工业的基本建设投资共达 7601 万元，新增工业固定资产 5547 万元，竣工厂房建筑面积 5.72 万平方米[163,164]。1952 年与 1949 年比较，全市工业总产值增长 2.9 倍，年均递增 56.9%；工业增加值增长 3.2 倍，年均递增 60.9%。太原工业高速增长，劳动生产率大幅提高，产品产量大大超过了中华人民共和国成立前的最高年产量（见表 3.6）。《巨变的太原》真实记载了太原在中华人民共和国成立初期工业建设中显示出的热情和高潮（见图 3.16）。

图 3.16 《巨变中的太原》封面

表 3.6 1952 年太原市主要工业产品产量与中华人民共和国成立前最高年产量对照表

产品名称	中华人民共和国成立前主要年产量		中华人民共和国成立后主要年产量		比 1949 年增长倍数
	年份	产量	1949 年	1952 年	
钢	1947	0.66（万吨）	1.22（万吨）	9.19（万吨）	6.5
生铁	1947	1.94（万吨）	1.59（万吨）	12.89（万吨）	7.2
原煤	1946	27（万吨）	40（万吨）	120（万吨）	2.0
焦炭	1947	4.89（万吨）	6.16（万吨）	26.71（万吨）	3.3
发电量	1947	4400（万千瓦时）	6062（万千瓦时）	14470（万千瓦时）	1.4
水泥	1946	2.48（万吨）	1.44（万吨）	9.6（万吨）	5.6
机制纸	1947	644（吨）	731（万吨）	3246（万吨）	3.4

数据来源：《太原工业百年回眸》。

“一五”时期（1953—1958 后）是太原工业发展奠基时期。1953 年，国家实施了“一五”计划，计划完成对农业、手工业和私营工商业社会主义改造任务的同时，进行较大规模的以重工业为中心的经济建设。“一五”计划提出，在合理利用东北、上海和其他城市已有的工业基础的同时，在内陆地区建立新的工业基地，改变原来工业地区分布不合理的状态。“一五”计划对国家工业建设的地区布局作了比较合理的部署，积极地进行华北、西北、华中等地新的工业地区的建设，侧重于把苏联援建的 156 项重点工程向内地靠拢。太原地处内陆，符合“一五”计划改变不合理工业布局的要求[165,166]。太原有比较雄厚的工业基础，符合“一五”计划发挥已有工业基础以加速工业建设的要求。同时，太原自然资源丰富，能够有效为重点工程项目提供资源支持。综合考虑多方面因素，太原被确定为国家建设的重要工业城市。1953 年 1 月 1 日，《人民日报》发表《迎接 1953 年的伟大任务》的社论指出：“国家发展国民经济的第一个五年计划，确定太原新兴工业城市。”太原市在此战略部署下制订了第一个五年计划。

在苏联援建中国的“156 项目”中，最终落户太原的达到 11 项（见表 3.7），即为太原第一热电厂、太原化工厂、太原化肥厂，太原制药厂、太原第二热电厂、晋西机器厂、江阳化工厂、新华化工厂、汾西机器厂、兴安化学材料厂、大众机械厂[167]。围绕“156 项目”中的 11 项重点工程，国家还在太原新改扩建了太原钢铁厂、矿山机器厂、西山煤矿、太原机车厂、西山煤矿、山西机床厂等大型企业[153-168,169]，工业建设的热潮在太原掀起。到“一五”期末，太原南北纵横 40 千米的工业棋局基本形成（见图 3.17）。太原“156”工业项目，见证了太原作为能源重化工业基地的历史，留下了中华人民共和国成立初期太原劳动者艰苦创业的卓越贡献。

表 3.7　太原一五期间 11 个“156”工业项目

项目名称	投资额（万元）	建设年限	产品名称	设计产量
太原一电厂	9603	1952—1957 年	装机容量	4.9 万千瓦时
太原化工厂	11670	1952—1960 年	硫酸	4 万吨
			农药	3.5 万吨
			染料	500 吨
			烧碱	1.5 万吨
太原化肥厂	19500	1953—1958 年	合成氨	5.2 万吨
			硝酸铵	9.8 万吨
太原制药厂	1916	1954—1958 年	磺胺	1200 吨
太原二电厂	4558	1953—1957 年	装机容量	5 万千瓦时
743 晋西机器厂	14491	1953—1958 年	大口径炮弹	
763 江阳化工厂	5982	1953—1958 年	炮弹及炸药	
908 新华化工厂	6499	1953—1958 年	防化武器	
884 汾西机械厂	2447	1953—1959 年	水雷	
245 兴安化工厂	13830	1953—1959 年	双基发射炮弹	
785 大众机械厂	7221	1955—1959 年	高射炮指挥仪	

数据来源：《奠基太原工业——156 项目在太原》。

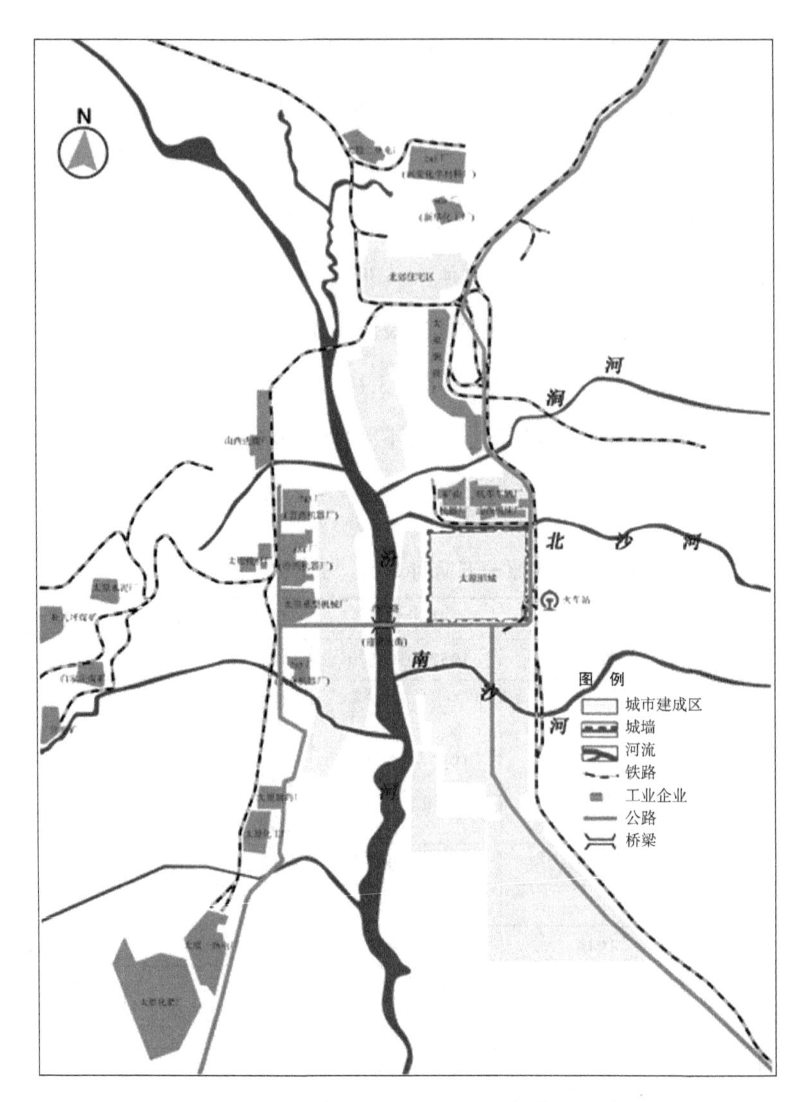

图 3.17 “一五”期末太原工业分布情况示意图

“一五”时期，太原市工业所有制结构发生了根本性变化，工业基本建设投资成倍增长，工业经济快速发展。一是全民和集体所有制企业数及工业总产值成倍增加，在全市工业经济中所占比重显著上升；二是私营企业和个体工业数及工业总产值急剧减少。“一五”时期，太原工业完成固定资产投资总额达 78405 万元，占固定资产投资总额的 66.6%，年平均投资 15681 万元，比恢复时年平均投资增长 5.2 倍。其中，重工业投资 75033 万元，占全部工业的 95.7%；轻工业投资 3372 万元，占全部工业投资的 4.3%（见表 3.8）[131,154,163,171]。

表 3.8 “一五”时期太原市工业新增固定资产年平均数增长倍数

指标名称	恢复时期（万元）	“一五”时期（万元）	增长倍数
工业总计	1849	9630	4.2
重工业	1744	9294	4.3
轻工业	105	336	2.2

数据来源：《太原工业百年回眸》。

“一五”时期，一批重点工业建设项目竣工投产，重要工业生产能力主要有：炼铁 0.92 万吨 / 年，炼钢 1.71 万吨 / 年，煤炭开采 109.31 万吨 / 年，发电机装机容量 7.7 万千瓦，重型机械制造 7437 吨 / 年，农药 6920 吨 / 年，水泥 6.6 万吨 / 年；竣工厂房建筑面积 55.7 万平方米；工业产品成倍增加，产质量明显提高，工业总产值快速增长（见表 3.9）。1957 年与 1952 年比较，全市工业总产值增长 2.3 倍，年均递增 27.0%，达到 5.32 亿元。其中，重工业年均递增 30.4%，轻工业年均递增 19.9%[139,154,172]。到 1957 年，全市工业总产值比计划超额 16.9%，全民所有工业企业劳动生产率 4423 元 / 人，比 1952 年增长 51.1%，年均递增 8.6%[139,154,172]。

表 3.9 “一五”时期太原市工业总产值增长速度（单位：%）

按轻重工业分			按工业行业分		
指标名称	总增长	年均增长	指标名称	总增长	年均增长
全市总计	230.6	27．0	冶金工业	189.7	23.7
重工业	277.6	30.4	电力工业	310.3	32.6
采掘工业	221.1	26.3	燃料工业	451.2	40.7
原材料工业	243.5	28．0	化学工业	304.0	32.2
制造工业	365.7	36．0	机械工业	328.7	33.8
轻工业	14 7.2	19.9	建材工业	297.7	31.8
以农产品为原料	135.3	18.7	森林工业	462.1	41.2
以非农产品为原料	327.5	33.7	食品工业	109.2	15.9

数据来源：《太原工业百年回眸》。

“一五”期间的工业建设以苏联援建的156项重点工程为核心，优先发展基础工业和重工业，是我国社会主义工业化的初步阶段。虽然这一目标任务远未达到[152.a69]，但是太原的“156项目”重点工程和“一五”期间的工业建设，的确建立了华北地区的能源基地，我国特种钢及重型装备制造和基础化工的基地。1958年磷酸钙的副产品硅酸钠投产成功，并研制成功电力工业急需的软水剂。此后化肥厂、化工厂长期是我国基础化工领域的领跑者，参与制定了多项行业标准[173,174]。1957年太原制药厂建成投产（见图3.18）。太钢在“一五”期间完成由普通钢厂向特殊钢厂的转变，生产不锈钢、硅钢等国家战略特种钢材[142,143]。在“一五”时期，太原被列为国家建设的重点工业城市之一，156项重点工程中，安排在太原的项目达11项，在国内各城市中位列第三。太原大规模进行工业经济建设，重工业比重大幅提高，奠定了太原工业发展的基础，带动了农业、轻工业、城市建设、文化教育等各项事业的快速发展，对太原城市发展产生了深远影响。

图 3.18　太原制药厂全景老照片

图片来源：《太原图志》。

3.4.3　中华人民共和国成立初期太原的城市发展

1949—1952 年，是城市发展的恢复阶段，城市规划工作也逐步成为城市建设的重要工作。1949 年太原解放时，太原碉堡林立、工厂倒闭、商业萧条，城市基础设施十分薄弱，是一个衰微破败的城市。太原市政府十分重视太原的城市规划与建设，遵循党的七届二中全会精神，“必须用极大的努力去学习管理城市和建设城市”，确定了在市辖区范围内不受城墙的约束，依托旧城，向外发展的方针。1949 年 6 月市政府就责令太原市建设局尽快组织技术人员，草拟《太原市都市建设计划大纲草案》，8 月报送华北人民政府审批。华北人民政府于当年批复，其要点有二：① 人口按百万人较宜；② 建设重点应以重工业为目标。1950 年梁思成来太原考察，并对《大纲草案》提出意见：“旧城沿着汾河东岸，在发展上隔河向西合理布局；沿河两岸自成绿带，如大公园，在设计上示为良好条件；但如由南至北仅有三座桥梁，相隔过远，交通实有不便。”1950 年 3

月山西省第一届人民代表大会上就决议对太原北门外的工业区进行市政建设的计划。这是新中国太原最早的城市规划措施。1951 年，太原市政府为了发展城市，决定拆除城墙和新南门外的劳工棚户区，开辟五一广场。由于国家还处于战后恢复阶段，这一时期的规划属于方案阶段，但为后来的太原城市总体规划的编制作了良好的铺垫。

“一五”期间是城市规划的引入与调整阶段。经过三年的国民经济恢复，进行了第一个五年计划。为保证 156 项重点工程的实施，以苏联城市规划为蓝本，积极开展了城市规划与建设工作，形成了新中国的第一次城市规划工作的高潮。在这一短暂的五年时间，苏联规划被全面引入。“苏联模式”的城市规划主要特征是以工业项目建设为先导的城市空间布局，市政建设和住宅建设同步配套开展。为配合 156 项重点建设项目的需要，及时地对重点城市进行了总体规划和工业区的修建性详细规划，正确地解决了工业、交通运输、生活居住用地的合理布置，城市道路系统、各项工程管网和绿化系统的合理安排，保证了工业发展和城市建设的进行（见图 3.19）。苏联模式是一种理想蓝图式的规划，对“一五”计划的实施起到保障作用，带有强烈的工业文化的理性主义色彩。

1952 年全国 156 项工业项目中在太原选址建厂的有 11 项，国家把太原列为“一五”时期重点建设的城市之一。为了积极配合工业建设和加强省城太原的规划建设，于 1952 年后半年成立了太原市城市建设委员会，1953 年市城建委又拟出了《太原市发展初步规划和补充修正意见》。1954 年规划工作组在国家建委苏联顾问克拉夫秋克和中建部顾问巴拉金专家的指导下完成了规划初稿，市城建委将《山西省太原市城市初步规划说明书及附图》呈报国家建委审查定案。于 1955 年 1 月正式完成了中华人民共和国成立后太原市

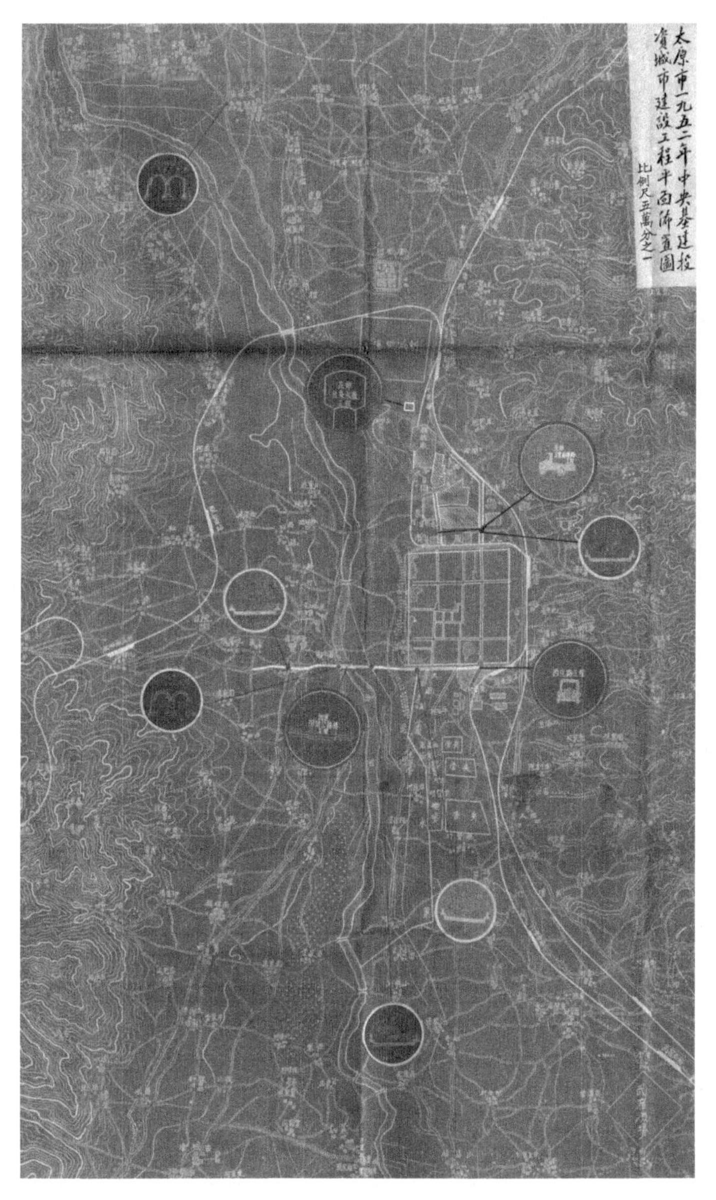

图3.19　1952年太原市政规划蓝图示意图

图片来源：太原市档案馆。

第一份城市总体规划蓝图和说明书，并报国家建委批准，同时向国务院备案。这次规划的主要内容和成果包括以下方面。

（1）太原市城市规划建设遵循“为工业生产服务，为劳动人民生活服务”和“进可战，退可守”的方针。

（2）城市性质：太原市是山西省的工业中心，是全省政治、经济、文化、交通的中心城市。

（3）规划期限和城市规模：第一期为66万人（大约到1958年）；第二期为80万人（大约到1974年）；远景为80万人，远景城市规划总用地为157.4平方千米。

（4）绘制了万分之一的城市规划总图及说明书，吸纳了梁思成“汾河两岸自成绿带”的意见，规划了以汾河带状公园为城市的南北轴线；汾河河床水面宽200米，连同两岸绿化和滨河路总宽为800米，给治理和美化汾河预留了建设空间；确定了依托旧城向外伸展的中国传统棋盘式加环路的城市道路网规划，并把迎泽大街定为路网的主轴线，新建路定为路网的副轴线；画出了1个市中心（今省人大一带），10个副中心；提出了将旧火车站改为通过式，并布置在干道主轴线迎泽大街东端，成为城市的大门；安排了铁路编组站、技术站、汾河站、义井站等站场；还提出了把深入市区的亲贤飞机场尽早迁往武宿机场的意见。

（5）功能分区：规划了北郊、城北、河西北部、河西中部、河西南部五个新工业区及相应的生活居住区；为适应重点建设项目的顺利建设，在作总体规划的同时还对上述新工业区职工的生活居住区和以汾河为轴线的城市主要生活居住区都进行了详细规划；规划了对外交通运输用地、仓库用地等。各个分区之间还规划了卫生防护绿化带。

（6）规划了近期建设范围。

（7）拟定了城市规划用地类型和用地定额。

1954 年太原第一版城市总体规划，有效地指导了当时大规模的城市建设和工业建设，为以后的城市发展奠定了良好的基础。到规划期末，太原城市规模快速发展（见表 3.10），城市道路等市政设施快速建设（见表 3.11），形成了太原城市主要轮廓和道路基本框架。

表 3.10　恢复时期与“一五”期间城市用地与人口密度表

时期	时期	土地面积（平方千米）		人口密度（人 / 千米 ^{2}）	
		全市	市区	全市	市区
恢复时期	1949 年	399	399	681	681
	1950 年	463	463	629	629
	1951 年	1171	1171	386	386
	1952 年	1171	1171	478	478
“一五”时期	1953 年	1379	1379	470	470
	1954 年	1413	1413	520	520
	1955 年	1413	1413	575	575
	1956 年	1413	1413	690	690
	1957 年	1413	1413	733	733

数据来源：《太原市城市建设基础资料汇编》。

表 3.11　恢复时期与“一五”期间城市道路增长情况

时期	时期	道路长度（千米）			道路面积（万平方米）		
		合计	高级道路	普通道路	合计	高级道路	普通道路
恢复时期	1949 年	62.73	32.64	30.09	34.94	18.53	16.41
	1950 年	64.31	32.88	31.43	36.24	19.07	17.17

续表

时期	时期	道路长度（千米）			道路面积（万平方米）		
		合计	高级道路	普通道路	合计	高级道路	普通道路
恢复时期	1951 年	73.56	32.88	40.68	43.20	19.07	24.13
	1952 年	87.23	32.88	54.35	60.48	19.19	41.29
"一五"时期	1953 年	98.75	31.48	67.27	70.36	17.51	52.85
	1954 年	129.87	27.45	102.42	90.18	12.87	77.31
	1955 年	171.95	24.70	147.25	120.04	10.48	109.56
	1956 年	181.04	24.70	156.33	127.38	10.50	116.88
	1957 年	193.96	27.26	166.70	152.89	16.48	136.41

数据来源：《太原市城市建设基础资资料汇编》。

3.5 工业城市转型与工业遗产初现

1958 年，我国进入“二五”计划时期，迅速掀起了“大跃进”运动和人民公社运动，规模过大的工业建设和不切合实际的城市发展，让城市发展与国家财力失衡，导致压缩基本建设，城市发展也随之走向低潮。1960 年 11 月在全国计划会议的报告中，批评了城市规划中出现的“四过”问题，又极端地宣布“三年不搞城市规划”。此后，太原同全国其他城市一样，在继续工业建设的同时没有发展城市建设，这种情况一直到 1966 年。1966—1976 年，太原工业发展在“一五”工业建筑的基础上，缓慢前行。1976 年之后，随着改革开放，太原工业与城市发展才在“一五”工业建筑的基础上，有了新的突破发展。也正是考虑到以上时代因素，本研究所指的太原近代工业遗产研究的时间范围截止于“一五”期间的太原工业遗产。

2016 年在太原“十三五”规划中，将冶金、化工基地迁移至古交、清徐、阳曲等远郊市镇，在城市建成区主要发展现代服务业、商贸和物流产业、金融和保险产业、旅游业等。可见城市发展的内生动力回归到商贸、流通、服务的功能，同时加强城市的文化建设和生态建设，城市化的发展摆脱了工业化的牵制，城市旧工业区逐渐与城市发展脱节。不能再为城市发展提供源动力的工业区走下历史舞台，有的企业正常生产，更多的企业停产、闲置，甚至拆除。这些或生产或停产的企业，包含着工业和城市发展的重要信息，随着时代变迁，这些工业场所将转化为工业遗产。综合来看，工业遗产的初现归结为以下四点。

1. 资源枯竭与环境压力

太原是我国中部地区重要的煤炭能源工业基地，随着百余年来的开采，资源储量日渐匮乏，煤矿关停转产提上日程。与此同时，资源工业受到环保压力，而被迫关停。习近平总书记在党的十九大和 2018 新年电视讲话中多次提到“绿水青山就是金山银山”，“我们既要绿水青山，也要金山银山”。这表示建设环境友好型社会在未来城市发展中是至关重要的，在国家政策中提升到实现中国梦的重要地位。太原化肥厂于 2014 年全面关停，西山白家庄煤矿 2016 年关闭，太原一电厂在 2017 年最后一台发电机组关闭，都是希望在去产能的同时，重建良好的生态环境。与此同时，沉淀了资源型、高污染生产企业的工业遗存。

2. 淘汰落后产能与供给侧改革

自 2017 年 3 月李克强总理在政府工作报告中强调了去产能的重要性后，每年政府工作报告都明确去产能的目标。太原是能源重工业城市，钢铁、火电、水泥等高消耗、高排放企业都在去产能之列。当前经济下行压力明显，供给侧改革成为创新驱动发展的突破口，“释放新需求，创造新供给”被写入十八届五中全会决议，成为“大众创业、万众创新”的重要举措。供给侧改革，给经济发展更多的可能，去产能后的企业在供给侧改革的思潮中都在积极寻找新的方向。

3. 宜居城市与城市更新

从过去的“生产城市”到现在所提倡的“宜居城市”，这是每个城市政府努力的方向。“宜居城市”不仅包括良好的生态环境、上行的经济环境，还包括多样的就业机会、更多的创业可能。随着工厂的外迁，许多工业土地要被纳入城市建设发展用地的储备计划，这就意味着工业用地上的工业遗存和设备设施将被拆除。但在已有城市更新实践中，工业遗产与文创、艺术等产业对其的再利用需求，为打造“宜居城市”提供了更多的可能。

4. 文化塑造与遗产保护

当今城市都在塑造自己的城市性格和城市名片，都试图寻找和使用城市的历史文化资源，为城市文化打造一张世界名片。因此，许多学者和文保人士都投身城市文化遗产的保护，先有阮仪山“刀下救城”保护平遥古城，后有王军著《城记》追忆北京城市肌理和胡同文化，这都为城市文化遗产的保护和城市文化塑造创立了丰碑。著名市长耿彦波在太原任期，也主持推动了太化工业遗址公园，为太原这座重工业城市留下历史记忆。

3.6　本章小结

工业发展对城市发展的作用是多方面的，本章首先对其推动作用进行了总结：第一，工业发展驱动城市工业区形成；第二，工业发展促进工人社区形成；第三，工业发展引发工业教育发展；第四，工业发展带来宏伟工业景观。工业发展和城市发展的关系，可以为工业遗产的价值认知提供依据。接着本章以太原为例，进行了工业发展和城市发展的历史探源分析，从而找出工业对城市发展的推动作用。太原近代经历了两次工业的快速发展和城市发展。晚清时期，太原工业只是近代工业的雏形，没有对地方社会经济造成巨大影响，这一时期的工业发展没有推动城市化进程。民国初年，太原的工业发展带动了第一次城市化发展，在阎锡山“三省六政”和“厚生计划”的政策下，创建的西北实业公司形成了数量众多的厂矿和工人聚集区，这些厂区和聚集区直接带动了太原市北部的城市发展。中华人民共和国成立初期，工业发展带动了太原的第二次城市化发展。在“消费城市”变“生产城市”的指导思想下，“一五”期间改造了民国时期的工厂，建设了 11 项“156 工程”，配套建设了若干大型省属和市属工业项目。在“一五”期间形成了城北工业区、北郊工业区、河西南工业区、河西北工业区、西山工业区。这些工业的发展，极大地改变了城市面貌，基本形成了太原今天的工业布局和城市轮廓。在工业带动城市化的过程中，使得城市的功能需求更加多元复杂，多类型工业区的布局改变了城市的面貌，工人居住区、工业教育、工业景观随工业发展而形成，进而影响了城市的功能单元和空间布局。本章研究了工业发展对城市社会、现代化、物质空间的影响，从而确定了工业遗产的历史价值。通过对工业遗产的历史探源，可以更科学、全面地认知工业遗产的价值，从而在城市转型发展中，科学和理性地对待工业遗产。

第 4 章　工业遗产的构成类型与内容组织

本研究团队对太原近现代工业遗产进行了长期实地调研，结合工业遗产的历史探源，发现工业遗产内容丰富、种类繁多、构成复杂。以此为基础，本章将归纳太原近现代工业遗产现状，导出工业遗产的构成类型，建立工业遗产内涵研究的理论范式，并确定出本书进行太原近现代工业遗产价值评价的对象。

4.1　太原近现代工业遗产现状

4.1.1　晚清时期的工业遗产及其特征

晚清工业遗产保留较少，目前保留下来的只有 2 处（见表 4.1）。虽然这些遗产在工业发展史上的贡献是薄弱的，却佐证了太原近代工业发展的起源。在三桥街保留的太原火柴局旧址是一处传统两进民居四合院（见图 4.1），院落形制规整，典型的北方民居，双坡硬山顶，正房五间，附有三间卷棚顶抱厦，柱建有木雕雀替，门窗立面为民国西洋风格装饰，该院落现作为山西广誉远国医馆的形象店

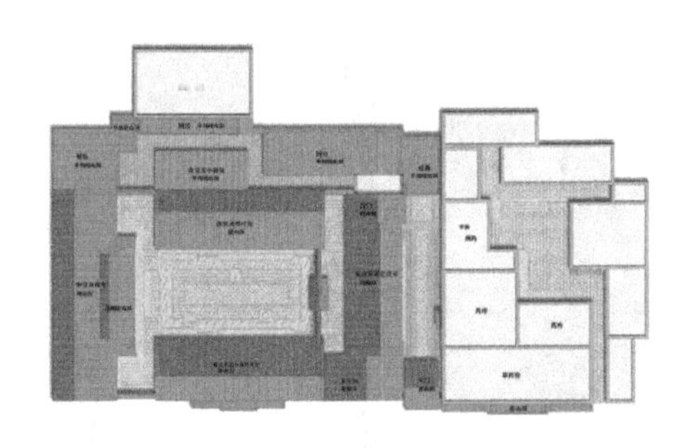

图 4.1　太原火柴局旧址平面图

图 4.2　太原火柴局旧址改造的广誉远国医馆现状

铺使用，现状良好（见图 4.2）。南肖墙保留的太原新记电灯公司旧址是太原近代史上最早的工业建筑，保留的老厂房及烟囱是太原清末民族工业发展的实物遗产，山西省电力工业开创的例证，目前为山西省省级文物保护单位。其发电车间（见图 4.3）始建于 1908 年，近年来有加固修缮，现作为集中供热加热站使用。新记电灯公司电力车间烟囱（图 4.4）上有太原解放战争的炮痕，与电力车间一样于 1908 年建成投产使用。

图 4.3　太原新记电灯公司旧址发电车间

表 4.1　晚清时期的工业遗产

遗产名称	始建年份	现有遗产
太原火柴局旧址	1892 年	民居院落
新记电灯公司旧址	1908 年	烟囱，发电车间

晚清时期的工业遗产数量少，保留建筑只能体现晚清的工业特征。晚清时期的工业选址因素较为简单，只是为了满足生产需求，工业生产多在民居建筑、

寺庙建筑等内进行。太原火柴局旧址和新记电灯公司旧址位于城市腹地，反映了这一工业选址的特征。太原火柴局旧址的民居四合院虽然经过修葺后保留下来，并作为广誉远国医馆在使用（见图4.2），但其早期工业思想萌芽的物化特征并不明显。新记电灯公司旧址是太原最早的电力工业的物质遗产，同时也是太原民族资本的探索与尝试。遗憾的是，这2处工业遗产与其周边建筑环境反差巨大，只是保留了建筑遗产单体，没有保留周边历史环境。

图4.4　新记电灯公司旧址烟囱

4.1.2　民国时期的工业遗产及其特征

民国时期，在太原北门外形成了以钢铁和机械制造为主的工业区，有大量的工业建筑和工业设施，但是由于中华人民共和国成立后城北工业区几经更迭，以及城市的快速发展，太原保留的民国工业遗产数量并不丰富。现存的太原兵工厂旧址位于山西机床厂内，保留了民国时期建造的厂房、办公楼等。挂有“太原兵工厂旧址总部”牌匾的太原兵工厂办公楼（见图4.5）坐北朝南，“人”字形坡屋顶，南立面设3个拱券式砖柱外廊，门洞、线脚处均有砖砌装饰，是中西建筑风格元素融合的建筑。在西山白家庄煤矿，保留了日伪政府军事管理的相关建筑，包括日军变电所、碉堡、日军军官住宅、慰安所、行人井和窄轨机车等（见

（a）老照片

（b）平面图

图 4.5　太原兵工厂旧址办公总部

（a）西山日军住宅

（b）西山日军碉堡

（c）白家庄煤矿行人井

（d）白家庄石头窑

图 4.6　西山白家庄煤矿

（a）老照片

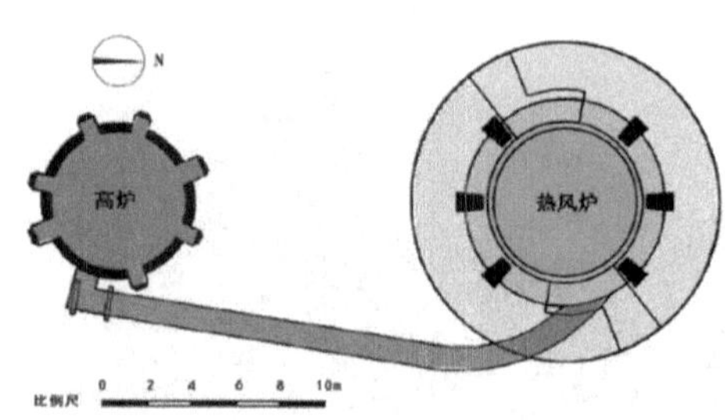

（b）平面图

图 4.7　太钢公司保留的 2 号炼钢高炉

图 4.6），这些历史遗产虽作为“太原市历史建筑”被保护起来，但保护现状一般。太原西山国家矿山公园的建设，将以白家庄煤矿为核心区展开，依托矿山公园的开发，对白家庄煤矿的民国历史遗存实现更为有效的保护和利用。太钢公司保留的民国时期西北炼钢厂的工业遗产，包括窄轨机车、2 号高炉、北飞机场飞机库、碉堡（见图 4.7）。同蒲铁路旧址的历史遗存包括同蒲饭店和工程师住宅两处。同蒲饭店现为太原铁路局办公楼，该建筑体现了西方近代建筑技术和早期国际主义风格，中部 4 层，两侧 3 层，占地 1580 平方米。钢筋混凝土框架结构，墙体厚，“工”字平面，中轴线对称布局，建筑立面（见图

（a）老照片

（b）结构图

（c）平面图

图 4.8　同蒲铁路旧址同蒲饭店大楼

4.8）由垂直的宽、窄壁柱与条窗户组合而成，受早期国际主义风格影响，立面竖向划分形式感强。西北洋灰厂是现在的太原水泥厂旧厂区，有 3 处民国时期的工业建筑和生产设施于 2014 年拆除，在水泥厂 52 号宿舍只保留了 2 座民国时期的碉堡（见图 4.9）。表 4.2 罗列了民国时期的工业遗产。

图 4.9　太原水泥厂保留日伪碉堡

表 4.2　民国时期的工业遗产

遗产名称	始建年份	现有遗产
太原兵工厂	1927 年	太原兵工厂办公楼、晋造火炮工坊、大量军工机械文物
白家庄煤矿	1928 年	日军变电所、碉堡、日军军官住宅、慰安所、行人井、窄轨机车
西北炼钢厂	1933 年	军事碉堡 2 座、飞机库 4 座、2 号高炉、窄轨蒸汽机车
同蒲饭店旧址	1933 年	原为同蒲饭店，现为太原铁路局办公楼，以及工程师住宅 1 座
晋绥铁路银行	1929 年	位于帽儿巷，保存 2 层西式建筑风格办公楼 1 座
同蒲铁路工程师住宅	1932 年	位于南华门，保留同蒲铁路高级工程师住宅 1 处
西北洋灰厂	1935 年	碉堡 2 座

民国时期工业遗产相比晚清时期的工业遗产，保存数量有了较大提升，其特征总结为以下 4 点。

（1）工业建筑专业化、多样化。民国时期的工业建筑遗产类型多样，主要包括办公建筑、工厂厂房、军事建筑、仓储货站。虽然保留的民国工业遗产难以反映民国太原北部的工业区盛况，但能够反映当时建筑设计和施工技术的专业化。这个时期的建筑多引进西方近代工业的形式、结构、材料及施工技术。如太原兵工厂旧址办公总部在建筑外部增设的外廊（见图4.5）、晋造火炮工坊的"人"字双跨屋顶（见图4.10）、太钢保留的民国时期飞机库（见图4.11）、白家庄煤矿保留的行人井（见图4.6c）等，可以说明大跨度结构、混凝土浇筑等现代建筑技术的大量使用。

（a）老照片

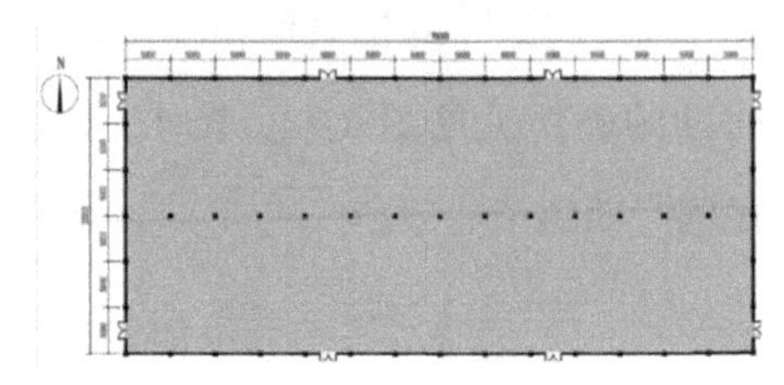

（b）平面图

图4.10　太原兵工厂旧址晋造火炮工坊

（2）体现出强烈的军事工业特征。民国时期太原的工业伴随着战争和官僚资本的发展而发展，因此，这个时期的工业遗产中有许多与军事相关的建筑。太钢、太原水泥厂、白家庄煤矿都保留有军事碉堡，反映了军事工业遗产的防御性。另外还有，白家庄煤矿保留的日伪政府的军官住宅、慰安所旧址、发电站等，晋西机器厂内的窑洞兵营。

（3）工业设备遗产保留较少。这个时期工业发展不同于晚清时期，由于官僚资本的注入，以及"造产救国"的初衷，工业的机械化程度大大提高。西北洋灰厂、西北化学厂、西北炼钢厂等许多工厂的设备都是从日本、德国引进的当时行业较为先进的机械设备。如太钢公司保留的西北炼钢厂时期的2号高炉就是从德国克虏伯钢铁公司引进的[155]。

图4.11　太钢公司保留的民国时期飞机库

除此之外，在太原兵工厂旧址“晋造火炮工坊”内保留了一部分民国时期的机械设备（见图 4.12）。遗憾的是，太原机车厂于 2016 年拆除搬迁时，拆毁了保留的部分民国时期机械设备。总体来看，这个时期的工业设备保留不多。

图 4.12　太原兵工厂旧址保留的民国时期机械设备

（4）与工业有关的其他建筑遗产类型多样。除同蒲饭店旧址，还有晋绥铁路银行旧址（见图 4.13）、同蒲铁路工程师住宅（见图 4.14），这也反映了近代工业发展对城市发展的催化作用。

图 4.13　晋绥铁路银行

太原民国时期工业遗产数量不多。西北育才炼钢厂旧址、太原兵工厂旧址等处结合企业文化建设做了有效保护，白家庄煤矿的历史遗存随着西山国家矿

（a）老照片

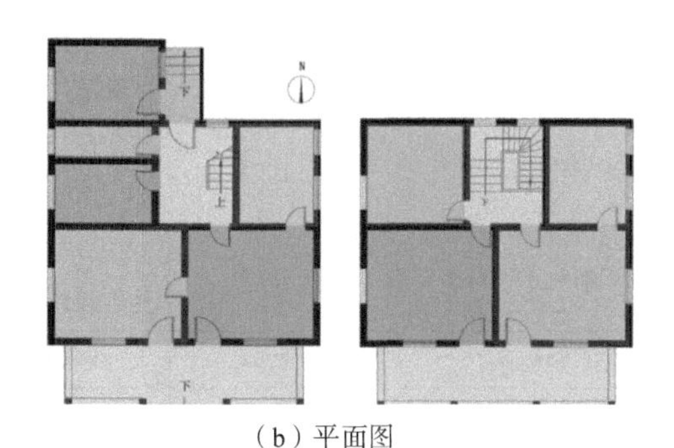

（b）平面图

图 4.14　同蒲铁路工程师楼住宅

山公园的建设，正在进行更为有效的保护，只有位于太原水泥厂保留的民国时期军事碉堡一座没有有效的保护措施。整体而言，太原民国时期的工业遗产目前保留状态较好，能够反映出民国时期工业发展的官僚资本和军事工业特征，但对于技术发展的贡献和当时的工业规模，只能从历史文献中寻找了。

4.1.3 中华人民共和国成立初期的工业遗产及其特征

中华人民共和国成立初期发展的工业企业，目前机械制造企业多数在正常生产，停产闲置的多为化工企业，如江阳化工厂、太原化工厂、太原化肥厂、太原制药厂。由于这些工厂建厂早期的规划和工业生产的连贯性，工业遗产保留较为完整且类型丰富。除了办公建筑、工业建筑、工业设备的历史遗存外，还存在工人住宅、工人俱乐部，以及医疗、教育、食堂等公共服务的历史遗存，详见表 4.3。

表 4.3 中华人民共和国成立初期的工业遗产

遗产名称	始建年份	现有遗产
太原化肥厂及生活区	1953	太原化肥厂车间工业遗产保护区、化肥厂生活区建筑群
太原化工厂及生活区	1952	太原化工厂生产车间、厂区办公楼、实验楼、太原化工厂生活区建（构）筑物群
新华化工厂	1953	新华化工厂福利生活区建筑群、新华化工厂区建（构）筑物群
江阳化工厂及生活区	1953	江阳化工厂 101 工房、江阳化工厂办公楼、江阳化工厂苏式住宅建筑物群
太原制药厂	1954	太原制药厂生产区建（构）筑物群
兴安化工厂	1953	兴安化学材料厂办公区建筑群、兴安俱乐部、兴安社区
太原一电厂	1952	太原一电厂冷却塔、发电车间

续表

遗产名称	始建年份	现有遗产
太原二电厂	1953	太原二电厂凉水塔
晋西机器厂及生活区	1953	晋西机器厂行政办公楼、机修车间、西宫
汾西机器厂	1953	汾西俱乐部、5 号办公楼、风电工房、电机工房、和平村工人社区
迎新街工人居住区	1953	迎新俱乐部、苏式工人住宅楼、太原工业学院
矿机宿舍	1952	矿机俱乐部、矿机苏式职工楼
太重及苏联专家楼	1952	太重苏联专家楼、太重一金工、二金工厂房、太重厂部办公楼
大众机械厂	1955	国营大众机械厂办公楼、厂房建筑群
太钢集团	1952	太钢苏联专家楼（8 栋）、太钢渣山公园
太原科技大学	1952	办公楼东西配楼、校前区
太原工业学院	1954	旧图书馆、旧区校园
太原面粉二厂	1956	运输装车库、粉仓、制粉车间、5 号仓库
太原锅炉厂	1958	太原锅炉厂管子分厂
杜儿坪矿	1956	杜儿坪文化长廊、办公楼、机修车间、杜儿坪办公楼、1954 集体宿舍、七里沟进口遗址
官地矿	1952	一号井口、坑口福利楼、坑口食堂
晋阳湖	1956	晋阳湖

这个时期的工业遗产不仅建筑类型多样、数量丰富，更为明显的特征是在工业区和工人社区的形成过程中表现出更多的信息和历史价值。以下将从 4 个方面来阐述这个时期工业遗产的特征和历史意义。

1. 具有苏联范型身影与启发的规划建设

中华人民共和国成立初期，在“变消费城市为生产城市”的号召下，全国各城市都开展了以服务工业建设为核心的城市规划工作[178]。太原的城市规划借鉴苏联模式，以“劳动平衡法”推算城市近、中、远期人口规模（见表4.4），以人口预测为基础来确定城市各类用地定额指标（见表4.5）。围绕工业区，对工人居住区进行合理布局，分期规划，有重点、有组织地建设。这些城市规划技术手段的引入，为我国城市规划体系的形成奠定了基础。

表 4.4　太原市中央直属工厂职工第一期人口增加情况预测（单位：人）

地区或单位	现有基本人口	基本人口增加数	应有居民数	现有居民数	应增加居民数
北郊工业区	0	20 942	52 355	0	52 355
河西北工业区	9 729	21 910	54 775	18 200	36 575
河西南部化工区	0	13 000	32 500	0	32 500
纺织工业区	0	7 600	19 000	0	19 000
城北工业区	23 063	25 000	62 500	53 600	8 900
城北其他工业	10 000	11 000	—	—	2 500
合计	42 792	99 452	22 1130	71 800	151 830

数据来源：《奠基太原工业：156 项目在太原》。

表 4.5　太原市第一次城市总体规划生活居住用地平衡表（1954 年）

规划期		住宅建筑	公共建筑	公共绿地	街道广场	合计
第一期 1958 年	总面积（hm^2）	288	144	144	168	744
	比重（%）	39	19.5	19.5	22	100
	人均指标（m^2/人）	12	6	6	7	31
第二期 15~20 年	总面积（hm^2）	1 600	640	640	800	3 680
	比重（%）	44	17	17	22	100
	人均指标（m^2/人）	20	8	8	10	46
第三期 远景	总面积（hm^2）	2 970	1 080	1 080	1 440	6 570
	比重（%）	45.2	16.4	16.4	22	100
	人均指标（m^2/人）	33	12	12	16	73

数据来源：《八大重点城市规划》。

2. 建筑风貌与空间组织发生了明显变化

恢复时期和“一五”期间工业项目的详细规划和建筑设计表现出苏联规划中所体现的功能主义规划特征，总图以道路、广场、重要建筑物等为重点，展开空间和建筑的规划和建设，在建筑群空间组织方面，强调中轴对称、规整有序。以校前区、厂前区、俱乐部为中心的前区礼仪广场的设计均是如此，形成了仪式感强烈的空间。如太原科技大学办公主楼和前区广场的规划设计（见图 4.15）。

图 4.15　太原科技大学苏式主楼与校前区老照片

在建筑风貌上也吸纳甚至复制了部分苏联建筑风格，建筑设计往往也是在苏联设计师的指导下完成的。如太原化工厂实验楼是典型的苏式建筑风格，其山墙上还有放射状五角星的建筑装饰。这个时期的建筑也有很多早期的折中主义风格，如江阳化工厂厂前区主楼苏式歇山顶（见图 4.16）、新华化工厂厂前区二道门（见图 4.17），这些建筑都具有苏式风格和少数中式元素。这些建筑遗产与中国传统古建筑形式和殖民风格建筑形式的建筑完全不同，给国家的“工业化”烙下新时代的印记，成为一个时代的记忆。

（a）老照片

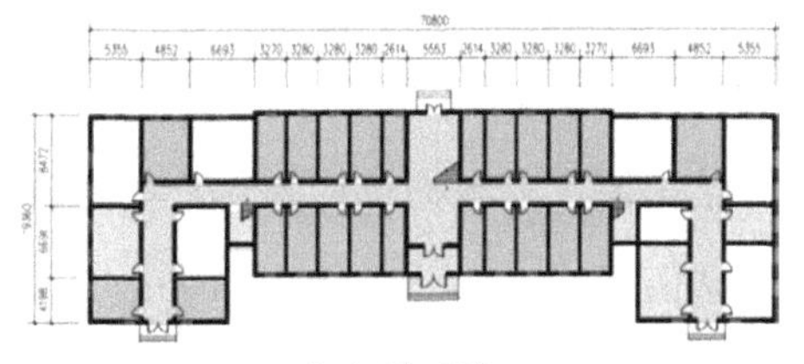

（b）平面图

图 4.16　江阳化工厂厂前区主楼

（a）老照片

（b）平面图

图 4.17　新华化工厂厂前区二道门

3. 工业生产中先进工艺技术的典范

“一五”期间，国家依据太原在中华人民共和国成立以前的工业状况，确定太原的城市性质为我国重要的能源重化工业城市。在苏联技术援助下，11 项“156 工程”落户太原，建立了先进的技术体系，为国家战略、经济和工业体系做出了杰出贡献。

太原一电厂 1955 年投产，1956 年劳动生产率为 49912 元 / 人 [180]。二电厂 1954 建设，1958 年投产，装机容量 25 万千瓦，占全省发电的 20.44%。两座电厂给太原工业电力供应提供充足保障的同时，也培养了一支业务精湛的电力建设队伍 [183,189]。太原化肥厂 1958 年投产合成氨 62700 吨（见图 4.18），太原化工厂是以氯碱产品为核心的化工厂，1965 年工业总产值就突破亿元，是我国三大化工基地之一，是我国化工行业多项标准制定和计划定价的单位 [186,187]。新华化工厂针对抗美援朝中的化学武器，专业生产防毒面具，1956 年生产出我国第一炉活性炭，是我国重要的防化器具研究和生产基地（见图 4.19）。因此，恢复时期和“一五”期间工业项目的技术水平在当时是具有先进和战略意义的，是我国现代工业史中辉煌的一章。

图 4.18　太原化肥厂保留的压缩车间

图 4.19　新华化工厂保留的早期活性炭发生炉

4. 工人社区中的邻里关系

计划经济时代，工人居住区有较为齐备的公共服务设施（包括工人俱乐部、食堂、澡堂、医院、供销社），居民构成基本“同质”，是一个或者少数几个相关厂矿的职工。由此产生的居民社会网络和社区邻里关系具有一定的稳定性，邻里之间相互熟识，形成了公众认同的社区文化。这种社区文化可以窥见国家对工人群体的重视程度，这在我国当前也具有积极正面的意义。图 4.20 是兴安化工厂职工社区。时过境迁，社区内居住情况已经发生变化，包括大量外来人员的租住，居民构成多样，工人居住区也产生了分异现象。

图 4.20　兴安化工厂职工社区

4.1.4　太原近现代工业遗产特征与现存问题

本节对晚清时期、民国时期、中华人民共和国成立初期的太原工业遗产进行了盘点，并结合历史背景阐述了时代特征，总结见表 4.6。

表 4.6　太原近现代工业遗产比较分析

对比内容	晚清时期工业遗产	民国时期工业遗产	中华人民共和国成立初期工业遗产
代表内容	太原火柴局、新记点灯公司烟囱	太钢旧址、白家庄煤矿、西北洋灰厂等	太原化肥厂、江阳化工厂、晋西机器厂、汾西重工等
规划	农耕时代的城市格局，没有城市规划的介入	只有厂区规划，没有城市工业区规划，没有工业生产和生活区的规划	作为全国八大重点城市，完整的城市规划
建筑	利用既有民居建筑组织工业生产	官僚资本和军工企业引入工业建筑形式的厂房	突出新中国“社会主义”在建筑上的表达
工艺	相对初级的手工艺生产技术	初步形成科学的生产工艺，有专门的技术人员和科室，但工艺技术相对简单	引进先进工艺，通过技术教育，保持技术的先进工艺，为良好发展奠定基础
社区	没有形成职业工人阶层，半工半农，无工人居住区	少量驻兵营的居住区，形成大量工人自建房，没有专门规划的工人居住区，没有公共服务设施	通过生活区的工人新村的规划，建立单位大院的生活社区概念，设置了俱乐部、食堂、医院、中小学

不同于沿海地区的口岸城市，太原的近现代工业化历程先有张之洞、胡聘之引进近代工业，后有阎锡山为其强权而建立的钢铁、军工、建材产业，兼有民族企业家刘笃敬等创办的电力、面粉等民生工业。太原近代以来的工业发展一直是在国家富强的思路下，主动引进先进的工业技术，最后形成官僚军事工

业主导，并存民族工业的工业经济格局。中华人民共和国成立后，在原有工业基础上，依靠苏联的技术援助，发展了能源重化工业，奠定了现代工业的基础。太原近现代工业发展是从以技术引入为基础的工业文化植入走向追求创新发展的历史。太原近现代工业遗产的整体特征可归纳为以下五点。

1. 近代工业遗产少，现代工业遗产多

晚清时期，太原处于近代工业的萌芽时期，工业刚刚起步，相对应的工业遗产也十分少。民国初期，太原工业迅速发展，工厂集中于城市北部，今北大街、胜利街、恒山路一带。中华人民共和国成立后，太原工业在民国工业的基础上有了突破性发展，因此中华人民共和国成立初期工业遗产十分丰富。现存遗产大多建于民国时期和中华人民共和国成立后。中华人民共和国成立以前工业遗产有 8 项，占本次工业遗产调研的 25.6%。

2. 工业遗产空间分布广、类型多样

太原的近现代城市发展，基本都是以工业发展来带动的。在本研究的时间范围内，受工业发展的影响，太原出现了两次城市化的阶段。第一次是民国时期，以太原北门外的太原兵工厂为中心，形成了 5 平方千米左右的工业区，加上同蒲铁路的通车，太原涌入大量工商业人口，城关内进一步发展出多种类型的功能聚集区。第二次就是中华人民共和国成立后“一五”计划和第一次城市规划的实施给太原带来巨变，形成五大工业区，由此而形成大量的工人社区，同时也建设了工业院校。于是，太原的工业遗产覆盖了城市的不同区域，且出现多类型的工业遗产。

3. 重工业遗产为主，国防工业色彩浓重

现存工业遗产涉及行业较多，有冶金、机械、化工、医药、建材、电力、仓储、煤炭六个行业，多为重型工业，占地较大，其中国防工业占有较大比重。从民国时期的工业遗产到中华人民共和国成立初期的工业遗产，都延续了太原军事工业的特征，从最早太原成立山西机器局，到中华人民共和国成立初期的山西机床厂、晋西机器厂、汾西机器厂、江阳化工厂、兴安化工厂、新华化工厂都是国防工业企业。这些企业有大量的工业遗产，厂区空间也大都延续了建厂时期的布局，在建筑和空间布局上多有防御和封闭特征。

4. 活态工业遗产较多

太原活态工业遗产较多，主要包括以下三种类型。第一，正常生产的工厂。这些工厂有的发展迅速，有的逐渐减产或勉强维持生产，为了企业发展而进行技术升级时，会对工业遗产造成一些破坏。通过调研太原近现代工业遗产得知，该类活态工业遗产多为机械制造企业。第二，工人社区。一些工人社区保存或更新较好，但一些工人社区缺乏必要的管理和维护，私搭乱建现象严重，对工人社区风貌的破坏较大。第三，工业学院。中华人民共和国成立后，太原在发展工业的同时，也大力发展了工业教育，这些工业院校在城市区位、建筑风貌、技术贡献上都与工业发展有着密切联系。

5. 厂前区与工人社区苏式风貌突出

本研究所涉及的太原近现代工业遗产多为中华人民共和国成立初期工业化奠基时期的工业建设，与苏联援建中国相关，因此苏式风貌突出。大部分工厂、

工人社区、工业学校都有仪式感强烈的厂前区、校前区，这种布局时代特征鲜明，注意对称布局并突出建筑中轴线，气势磅礴，有的建筑还保留早期的政治口号标语，有一定政治色彩，时代痕迹突出。

总结太原近现代工业遗产特征，在当前历史阶段，工业遗产亟待保护，对太原近现代工业遗产所存在的问题总结如下。

第一，工业遗产占地大，存在管理壁垒，遗产的公众认知形成困难。

由于工业遗产的特殊性，重要的单体工业遗产处于厂区内部，同时太原市“活态”工业遗产较多，正处于正常的生产状态，因此工业遗产的特色和价值不易被社会公众所认知。如晋造火炮工坊和太原兵工厂旧址，位于山西机床厂内部，社会公众对此历史遗产知之甚少。太原一电厂虽然已经停产，但并没有对全社会开放。太原化肥厂虽然将厂区内的建筑和设备保留起来了，但作为遗产依然没有走进社会公众的日常生活。因此工业遗产的保护更新和日常管理仍是未来的重点工作。

第二，环境问题不容忽视，仍需加强绿化。

在国家淘汰落后产能的背景下，太原关闭了西山煤电集团坑口电厂、太原一电厂，市内火电厂只保留了太原二电厂。化工方面，太化集团的太原化肥厂和太原化工厂于 2014 年全面关停。冶金方面，太原铜厂、铝厂在 20 世纪 90 年代已经停产，只有大型国企太钢集团正常生产，近年来太钢十分注重“三废”的排放改造。其他企业多为机械制造企业、电子制造和国防兵工企业，这些企业本身的污染有限，加之环保理念深入人心，因此环境破坏也十分有限。由上可见，太原虽然是能源重化工城市，但作为转型中的工业城市，工业带来的环境污染已经得到较好的治理。2017 年采暖季的空气质量数据显示，PM2.5 平均浓度为 $78\mu g/m^3$，同比 2016 年采暖季下降 26.0%；SO_2 平均浓度为 $54\mu g/m^3$，同比 2016 年采暖季下降 55.4%；重污染天数为 12 天，同比下降 74.3%[190]。在 2018 年 8 月，达到二级以上空气质量的天数为 26 天[191]。环保方面取得的成绩与城市转型对环境治理所做出的努力有密切关系。目前环境质量问题并不突出，但工业遗产的“生态修复”仍然需要受到重视，可利用工业次生景观和厂区绿化，在城市更新中加强软质景观营造；利用海绵城市技术，为城市提供绿色基础设施。

第三，遗产现状堪忧、保护紧迫。

太原工业遗产数量丰富，但现状良莠不齐，有的正在消失，工业遗产的保护工作迫在眉睫。山西铜厂于 2007 年将土地拍卖并开发为合生御龙庭，太原矿机（原西北修造厂）于 2010 年拍卖给富力地产，太原锅炉厂（“一五”期间新建工厂）于 2011 年开发为万科蓝山，2015 年太原机车（原西北车辆）拍卖于中车置业，“一五”期间新建投产的新中国四大制药基地之一的太原制药厂也于 2016 年开始房地产开发。这些工业遗产已经遭到破坏而消失，还有大量的工业遗产即将遭到破坏。太原化工厂保留的两座苏式车间长期闲置，太钢、晋西等厂区内的苏式专家楼，由于三代住户的使用，原建筑风貌正在消失。因此，需要尽快研究对工业遗产造成“威胁”的具体原因，构建价值评价体系，发布遗产名录，给出保护工业遗产的具体措施和规划方案。

第四，自发保护、步履艰辛。

随着政府、企业、公众对工业遗产关注的热度上升，个别企业也自发地开展了工业遗产的保护工作。西山白家庄煤矿在 2010 年申请成为“国家矿山公园”，旨在对白家庄煤矿的历史建筑、生产遗迹、地址风貌进行保护，遗憾的是，西山国家矿山公园的规划方案实施缓慢。太原化肥厂是国家“一五”期间建设的全国三大化工基地之一，随着经济和城市的不断发展，不再适合在市区内大力发展。2010 年市政府决定逐步关停，2015 年全面停产，并对太原化肥厂部分有代表性的化工设备进行保护保留，开发“太化工业遗址公园”，并在园内举办“太原国际青年金属雕塑展”。这些工业遗产的保护和利用是从企业层级开始的，缺乏政府层级自上而下的政策支持，也缺乏管理模式和融资模式的创新。这些自发的工业遗产保护和开发步履艰难。

4.2　工业遗产的构成类型

在遗产化的过程中，工业遗产伴随工业发展和城市发展而生，形成复杂的工业遗产系统，割裂地认识这些遗产的空间关系和历史成因，会导致认识片面，进而造成对遗产价值的忽视和对遗产不可挽回的破坏。因此，以前文历史探源研究为基础，以下将研究太原近现代工业遗产的构成类型，以及这些类型的状态特征，进而获得对工业遗产更为全面的认知。

目前工业遗产的研究主要包括工业建筑遗产、工人居住区历史街区、交通廊道工业遗产等，然而单独的工业厂房或是工业构建物并不能说明工业发展给城市带来的深刻变化。近现代工业遗产随着城市发展而形成，也以城市形式而存在，是城市现代化发展的物化象征，也是其最为重要的历史意义。根据世界文化遗产登录地平遥的遗产内容和构成，罗列出太原近现代工业遗产的情况（见表 4.7），可以看出，以城市状态而存在的工业遗产不仅包括厂房等工业建筑本身，还包括代表工业发展历史的设备、生产工艺等其他物质遗产，如与工业发展密切相关的工人居住区、工业技术教育等。

表 4.7　历史城镇与工业遗产的构成类型比较

历史城镇的遗产构成	世界文化遗产登录地——平遥	工业遗产的遗产构成	太原近现代工业遗产
寺庙、衙门等	平遥县衙、文庙、清虚观、城隍庙	工厂和厂房	山西机床厂、太原水泥厂、11 项“156 工程”工厂
民居、商号、作坊	民居院落、商号、钱庄、前店后坊的作坊	工人俱乐部、学校、医院、工人住宅	工人居住区、工人俱乐部、食堂、医院、厂办中小学、附属学院
街巷、农耕景观	街巷布局、城墙外的建设控制地带	工业景观与工业次生景观	烟囱、高塔、运输管廊、塌陷地、矸石山
城墙、防御系统	城墙、护城河、瓮城	车站和交通运输系统	西山支线、同蒲铁路大厦、工厂货运站

依据本书第 1 章有关工业遗产研究学科前沿所述结论，工业遗产的研究需要加强工业遗产内容之间逻辑关系的分析，参照第 3 章中工业遗产的历史探源研究，结合《实施保护世界文化与自然遗产公约操作指南》中对遗产内容和价值的理解[192-195]，本研究从城市系统去分析，将太原近现代工业遗产分为 5 种构成类型——工厂厂房工业遗产、生产设备工业遗产、次生景观工业遗产、工人社区工业遗产、工业教育工业遗产（见图 4.21）；并将各类型构成的种类要素及太原工业遗产单体详细列于表 4.8。这 5 种工业遗产构成类型在历史发展过程中互相推进。在工业发展的过程中，工厂厂房和生产设备发挥着技术引进和工业生产的龙头作用。在生产发展的过程中形成了工业次生景观和工人社区，其中工人社区所居住的职工和家眷为工业发展提供劳动力和劳动力储备，所以工人社区和工业发展具有相互促进的作用。工业教育推动工业发展，而工业发展也促进工业教育的提高与创新。这样的相互作用直接形成了城市工业区，也为工业城市夯实了产业基础，体现了我国计划经济时代工业城市的发展机制。而改

革开放后，随着工业的改革和住房体制的改革，这样的城市工业区形态随着城市更新消失。作者认为在已有的工业遗产研究中忽视了对工业教育工业遗产和次生景观工业遗产的研究。

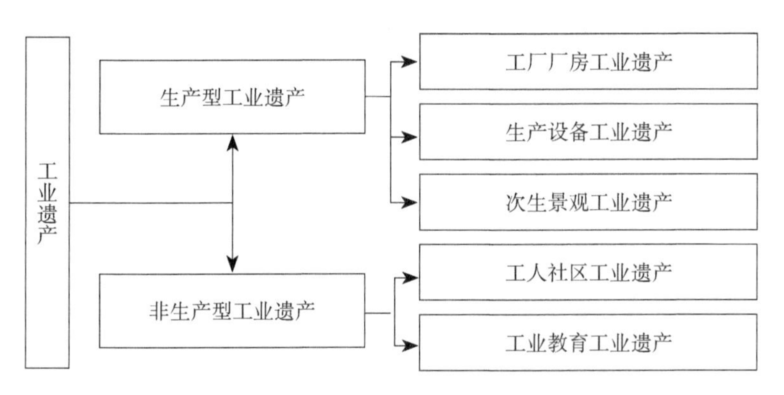

图 4.21　工业遗产的构成类型

表 4.8　工业遗产的构成类型细分表

构成类型	种类要素	遗产单体
工厂厂房工业遗产	煤电能源产业	新记电灯公司旧址，太原一电厂、太原二电厂的各类厂房和工业建筑，白家庄煤矿、杜儿坪煤矿等煤矿的各类巷道、井口和工业建筑
	冶金产业	太钢公司、太原铝厂、太原线材厂等厂的各类厂房和工业建筑
	化工建材产业	太原化肥厂、太原化工厂、江阳化工厂、新华化工厂、太原水泥厂等厂的各类厂房和工业建筑
	机械制造产业	太原重机厂、山西机床厂、汾西机器厂、晋西机器厂、太原矿机厂等厂的各类厂房和工业建筑
	交通产业	同蒲铁路旧址等
	轻工产业	太原面粉二厂、山西针织厂、山西毛纺厂等厂的各类厂房和工业建筑

续表

构成类型	种类要素	遗产单体
生产设备工业遗产	生产设备	太钢2号高炉、太原化肥厂铜洗等各车间生产设备、山西机床厂晋造火炮工坊保存设备等
	生产材料及产品	矿石、原钢、化工材料等类生产材料，太钢1956年第一炉不锈钢，山西机床厂民国时期生产的装备武器等产品
	文献档案	厂史、厂志、生产档案等
次生景观工业遗产	有害工业次生景观	太钢渣山公园、白家庄矿矸石山、杜儿坪矿矸石山、西山采空区等
	无害工业次生景观	晋阳湖
	堆场、自备运输景观	堆场、仓库、自备铁路及站台、汽运货站
工人社区工业遗产	居住建筑	集体宿舍、单元式住宅楼、苏式住宅楼、专家公寓等
	社区配套建筑	职工俱乐部、食堂、学校、幼儿园、澡堂、招待所等
工业教育工业遗产	高等教育	太原科技大学、中北大学、太原工业学院、太原理工大学等院校的早期建筑
	高职高专	一电厂技校、职工夜大、中专、高职高专等学校的早期建筑

4.2.1 工厂厂房工业遗产

工厂厂房工业遗产是指某一生产企业的生产厂房、车间等生产空间，包括仓库、试验与研发和管理用房等。从太原第四次城市总体规划中对城市性质的界定可以看出太原工业以能源、机械制造、化工产业为主，同时有少量轻工业。作为工业城市，便利的交通运输也是重工业发展的必备条件。因此，本书从以下产业类型对太原的工厂厂房工业遗产进行梳理。

1. 煤炭能源产业

煤炭能源产业工业遗产以太原西山地区为主，主要有白家庄矿、杜儿坪矿、官地矿以及太原一电厂（见图 4.22）、二电厂，其中白家庄以日伪政府军事遗迹、坑口、地质构造等内容已经成功申请国家矿山公园。另外，太原西山万亩生态园也将这几座煤矿工业遗产纳入到规划范围。太原一电厂、二电厂都是新中国为配合“一五”项目而建造的大型火电厂。

图 4.22　太原一电厂 2 号机组

2. 冶金产业

以太钢为代表的冶金产业工业遗产，直接代表了太原重工业城市的性质，它百年的企业历史记载了西北实业公司的发展，也承载了新中国特种钢的发展历史，同时以太钢为核心，形成了城北工业区。

3. 化工产业

太原的化工产业集聚在河西南工业区，是基础化工业。化工产业的升级和淘汰，造成了太原化工企业整体萧条。化工产业工业遗产集中在太原市西南部和正北部位，其中太原化肥厂、太原制药厂（见图 4.23）、太原氯碱厂等位于太原西南晋阳湖片区，这些工业企业是基础化工，是最早受到市场经济冲击的企业，这些企业从 20 世纪 90 年代开始陆续关停；太原北部分布着兴安化工厂、

图 4.23　太原制药厂

江阳化工厂、新华化工厂（见图 4.24），这些企业多为军工化学企业，生产国防武器、化学炸药等。太原的化工工业遗产代表着中华人民共和国成立到 20 世纪 90 年代的化学工业发展，其中最具代表意义的太原化肥厂，是当时新中国三大化工基地之一，曾是化工产品国标制定的参与企业，直到 20 世纪 90 年代市场经济初期，太原化肥厂对全国化工产品依然有定价指导的功能。

（a）老照片

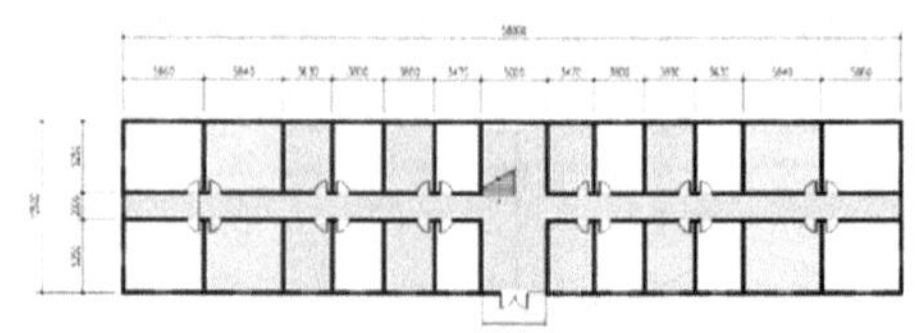

（b）平面图

图 4.24　新华化工厂办公楼

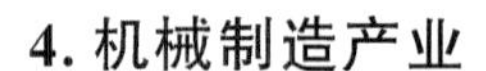

4. 机械制造产业

以民国遗留发展而来的太原机车厂、太原矿机厂、山西机床厂和中华人民共和国成立后“一五”期间创办的太原重型机械厂、晋西机器厂、汾西机器厂（见图 4.25）为代表构成了太原市的机械制造产业工业遗产。太原重机厂、山西机床厂代表着国际大型装备制造行业的领先水平。除太原机车厂整体外迁，其他企业都在正常生产，对这些活态工业遗产的保护形式十分值得研究。

图 4.25　汾西机器厂办公楼

5. 运输产业

太原于 1907 年和 1935 年分别开通了正太铁路和同蒲铁路，早期都是窄轨铁路，这两条铁路的修建真正的意义在于为太原的近代工业发展铺平了道路，将外界的技术和本省的资源汇集于太原。另外，在建设西北洋灰厂时，还建设了西山铁路支线，中华人民共和国成立后为配合“156 工程”的建设，西山铁路支线将太原各厂连接，是河西工业带的重要货运支线。正太铁路、同蒲铁路、西山支线在建设之初，由于节省建造经费，全部为窄轨铁路；在日伪沦陷期，日伪政府为了方便掠夺，将其全部改造为准轨铁路[130]。遗憾的是，20 世纪 80 年代，这些铁路干线、支线全部进行了电气化改造，虽然这两条铁路目前还在正常运行，但作为历史遗产，窄轨铁路和蒸汽机车已经不复存在，只有原同蒲饭店建筑保留，目前作为太原铁路局使用。

6. 轻工业产业

太原作为省会城市和能源重化工业城市，轻工企业规模虽小，但也是太原工业发展必不可少的组成部分，这些企业门类多、分布广，为城市生活提供物质供给。太原面粉二厂是轻工产业工业遗产的代表（见图 4.26）。

结合前文太原近现代工业遗产历史研究，笔者共调研 32 处工厂，并按产业进行分类（见表 4.9），绘制分布图（见图 4.27）。由于西山铁路支线作为运输工业遗产，屡次升级改造，并且与其他类型的遗产状态存在较大差异，故在调研中排除。但西山铁路支线作为带状工业遗产，在连接工业遗产，展现工业遗产城市属性时，还有其重要作用。

（a）老照片外景

（b）老照片内景

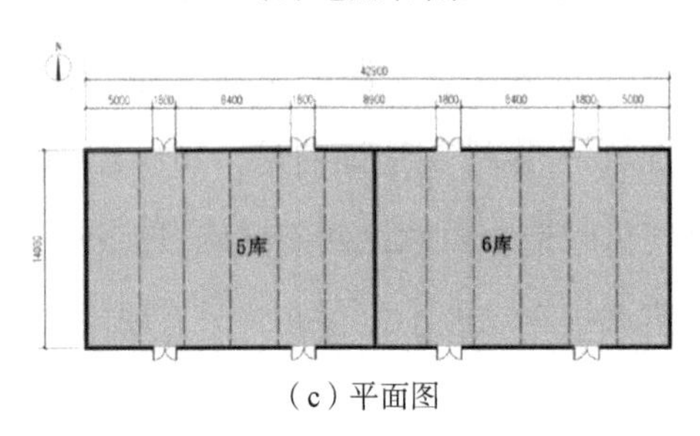

（c）平面图

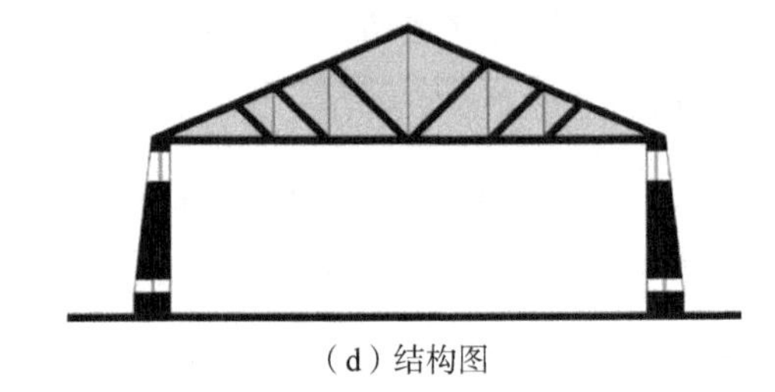

（d）结构图

图 4.26　太原面粉二厂 5 号、6 号仓库

表 4.9　工厂厂房工业遗产的调研对象

产业类型	调研工厂
煤电能源产业	新记电灯公司、白家庄煤矿、杜儿坪煤矿、官地煤矿、太原二电厂、太原一电厂
冶金产业	太钢公司、太原铝厂、太原电解铜厂、太原线材厂
化工建材产业	太原火柴局、太原化肥厂、太原化工厂、太原平板玻璃厂、江阳化工厂、新华化工厂、兴安化工厂、太原制药厂、太原水泥厂
机械制造产业	晋西机器厂、大众机械厂、太原矿机厂、太原重机厂、太原锅炉厂、太原机车厂、汾西机器厂、山西机床厂
交通运输产业	同蒲铁路旧址
轻工产业	太原面粉二厂、山西纺织厂、太原卷烟厂、山西针织厂

图 4.27　太原近现代工业遗产的工厂厂房工业遗产分布图示意图

太原工厂厂房工业遗产具有较为明显的特征。在空间规划上，厂区占地大，是“一五”期间苏联提供技术支持所建设的，厂区多有规整的矩形道路，在厂前区有仪式感较强的轴线与厂前区广场，建筑上也具有苏式建筑风格，厂区还有较为宽阔的绿化隔离带。因此，工厂厂房工业遗产在未来的保护与更新中，不仅要注意对厂区建筑遗产的保护和空间修补，突出工业遗产的文化内涵，还需要注意配合原厂区的绿化隔离带，将其纳入城市绿化系统，为城市生态环境的改善提供绿色基础设施。另外一个值得注意的问题就是，作为工业遗产的工厂厂房，由于厂区尺度巨大，以及厂区管理机制，对工厂厂房这样的主要工业遗产，公众的认知严重不足，在“城市修补”的保护与更新中，应当打破这种规划局限。

4.2.2 生产设备工业遗产

生产设备工业遗产从种类要素来看，主要包括生产设备、生产材料及产品、文献档案三个亚类。生产设备工业遗产承载着技术迭代的进步意义。自 1889 年开始，太原工业逐渐加入了工业全球化的行列。1898 年创办的太原机器局是山西机床厂的前身，由英国福公司购得设备制造“二人抬”火枪，民国初期即可生产 37 毫米和 57 毫米火炮、18 毫米单发步枪，后发展为武器制造的太原兵工厂，在今日的山西机床厂内依然保留着民国时期的机器设备（见图 4.28）。新记电灯公司从美国慎昌洋行购买 300

图 4.28　太原兵工厂旧址内保留的设备

千瓦交流电发电机。太钢公司前身西北炼钢厂于 1926 年创建，全厂总图由德国克虏伯公司工程师恩格巴赫编制[155]，目前保留的 2 号高炉就是民国时期引入的克虏伯公司的生产技术。而克虏伯公司也是德国鲁尔区重要的工业遗产[196-198]。西北洋灰厂创建于 1934 年，其创建的目的是满足阎锡山主持修建的同蒲铁路所需的水泥，从日本引进了大阪粟本铁工和三菱的水泥生产设备。本研究的诸多史料来自《太原工业史料》（见图 4.29），其作者曹焕文早年留学日本东京大学，回国后在 1928 年创建山西新火药厂，是山西化学工业奠基人。整体而言，太原的工业设备在中华人民共和国成立以前从欧洲工业国家引进，也有通过日本和天津、上海等地的技术引进，通过这样引进的技术，太原进入了工业全球化的末端。

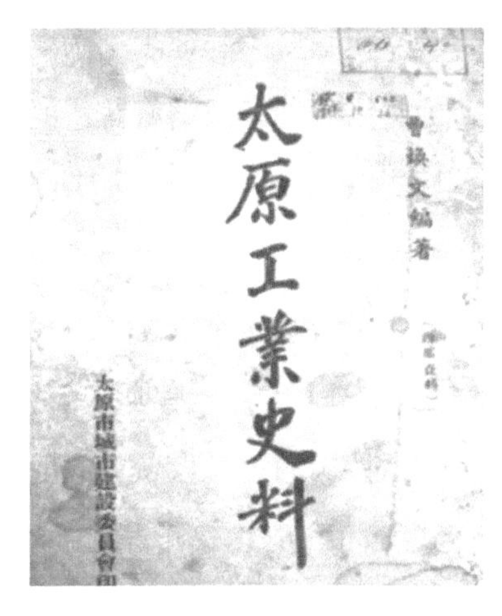

图 4.29 《太原工业史料》封面

1949 年中华人民共和国成立，国家开始建设自己的工业体系，实施了“一五”计划。苏联援助的“156 工程”项目建立了先进的技术标准，为国家工业体系做出了杰出贡献。江阳化工厂是“156 工程”中重要的国防工厂，厂内除了保留着建厂初期的厂房和办公楼，还保留着初期的水塔（见图 4.30）和其他生产设备。太原化肥厂同样在厂内保留了大量建厂早期设备，其中造粒塔就是引进苏联设备并由苏联援助设计的，造粒塔可以说

图 4.30　江阳化工厂保留的水塔

是太原化肥厂的象征（见图 4.31）。太钢保留了新中国第一炉不锈钢所铸造的太原双塔工艺品，这标志着太钢在“一五”期间正式成为我国的特种钢战略企业。新华化工厂是“一五”期间苏联援助建设的防化武器生产基地，是我国最早的防毒面具生产基地，目前保留着新中国第一炉活性炭的生产设备。太原一电厂于 2017 年正式关闭，虽然建厂早期的发电机组在 20 世纪 80 年代就已经拆除，但是保留着此后 3 号、4 号、5 号、6 号、7 号发电机组，完整地反映了 20 世纪火电技术的发展过程。二电厂于 1958 年投产，1968 年装机容量达到 25 万千瓦，占全省发电的 20.44%，厂内保留的散热塔当时是亚洲最大的火电厂散热塔，至今仍是新兰街的地标之一。可以说，这些“156 工程”项目奠定了我国化工、机械制造行业的技术基础。

图 4.31 太原化肥厂造粒塔

太原的生产设备工业遗产表现出工业化早期的技术引进和在技术引进基础上的技术探索与创新。因此，生产设备工业遗产拥有诸多“第一”——新中国第一炉不锈钢，新中国第一炉活性炭等。这些生产设备工业遗产应配合工厂厂房工业遗产，在保护和更新中，塑造好太原工业文化的特色名片。

4.2.3 次生景观工业遗产

次生景观工业遗产指的是由于工业生产，而给周边地区带来的景观变化，多是由于原材料的获取、废弃物的堆积等原因产生，也包括配合工业生产的对外交通运输。最为典型的次生景观为西山煤电白家庄煤矿矸石山（见图 4.32）、杜儿坪煤矿矸石山，以及煤田范围的采空塌陷区。太钢渣山是大量的废矿石的堆场，大炼钢铁时期，国家劳模李双良走出了一条“以渣养渣、以渣治渣”的治渣新路子。现在太钢只保留局部渣山，用作弘扬以李双良为代表的“太钢精神”。晋阳湖是一电厂人工开挖的蓄水池，水域面积 5.1 平方千米，是当时华北最大的人工湖（见图 4.33）。可见，这些工业次生景观不仅是城市“生态修复”的主要对象，也具有工业发展时期特殊的人文价值（见表 4.10）。

图 4.32　白家庄煤矿鸟瞰

图 4.33　晋阳湖与太原一电厂

表 4.10　太原次生景观工业遗产一览表

遗存名称	始建年代	现状
晋阳湖	开挖于 1953 年	晋阳湖周边生态良好
太钢渣山公园	渣山堆积于 20 世纪 30 年代 综合治理于 20 世纪 80 年代	目前保留局部渣山，渣山上部修建了李双良精神展览馆，塑有李双良塑像
白家庄煤矿昌旺林	矸石山形成于 20 世纪 30 年代 矸石山复垦于 20 世纪 90 年代	劳模傅昌旺退休后义务植树，将白家庄矸石山绿化，因此被当地人称为昌旺林

太原次生景观工业遗产由工业而生，却没有因为工业的衰退而更加破败。表 4.10 中所列的次生景观工业遗产，多数已经对其环境破坏问题进行了治理，并且很多都是一种自发的治理，这反映了“劳动光荣”的精神深深植入公众心中，以厂为家、厂就是家，体现了一种自觉的群体智慧和环保意识。虽然大部分工业次生景观的环境问题已做了修复和治理，但西山地区百余年的采煤活动所造成的环境影响，依然需要“生态修复”的手段来改善。

4.2.4　工人社区工业遗产

工人社区工业遗产指的是由于工业生产而带来的大量人口聚集而形成的工人社区，其中包括工人住宅、工人俱乐部、附属中小学、食堂等。太原 1954 年第一版城市规划计划到 1960 年实现人口 30 万的目标，但实际在“一五”期末，太原就突破了 30 万人的人口规模，形成了大量的工人社区。表 4.11 是调研的 8 处工人社区工业遗产。

表 4.11　太原工人社区工业遗产一览表

工人社区名称	社区内容
迎新街工人居住区	迎新俱乐部、太原工业学院、太钢医院、太钢宿舍、十三冶宿舍、新华化工宿舍等
兴安厂工人社区	兴安俱乐部、兴安体育场、太原市第九人民医院（原兴安医院）、兴安工人住宅
江阳化工厂工人社区	苏式工人住宅、江阳俱乐部、江阳幼儿园
山西机床厂工人社区	星火俱乐部、苏式专家楼
西宫与和平村工人居住区	西宫、晋机宿舍、汾机宿舍等
新钢苑苏联专家楼	太钢苏联专家楼
太重苏式住宅与工人社区	太重苏式住宅、太重医院、太重宿舍等
矿机宿舍	矿机俱乐部、矿机宿舍等

迎新街工人居住区，是新中国太原第一个由苏联专家指导规划的工人社区（见图 4.34），包括俱乐部、医院、商场、学校和住宅区。迎新街居住区位于尖草坪区的新城村西，太钢以北，该区因新城村得名。该区规划用地 2.5 平方千米，当时规划了 30 块街坊；平面布置学习苏联经验，采用围合布置；建筑结构以砖木结构楼房为主，四坡屋面。区中心规划了一个俱乐部，东端两个街坊规划为技术学校，另外中小学校和其他公共建筑等都按规定定额进行了安排，还规划了一个太钢医院。1958 年后，根据实际情况对原规划做了局部修改，迎新街工人居住区实际建成了 12 块街坊，多数还是照原规划建成的。目前保留有俱乐部、部分住宅区，整个规划格局依然保留，如果按照以往大拆大建的方式更新工人住宅区，将抹去公众对工人社区生活的记忆（见图 4.35、图 4.36、图 4.37、图 4.38）。

图 4.34　迎新街 20 世纪 50 年代规划平面

图片来源：《太原城市规划史话》。

图 4.35　迎新街建筑年代分析

图 4.36　迎新街现状肌理

图 4.37　迎新街工人住宅沿街风貌

图 4.38　迎新街工人住宅庭院风貌

工人社区工业遗产体现了苏联模式城市规划的特征，包括规划中的建筑风格、定额分配等。由于这种规划形式并不适合我国北方地区，因此在此后的发展中并没有沿袭下来，也正因如此，工人社区体现了这个时代的文化特色。这种文化特色值得被记忆和保护，需要通过“城市修补”来对工人社区进行渐进式的城市更新。

4.2.5　工业教育工业遗产

工业教育工业遗产指的是与工业发展直接有关的工业教育院校，包括理工科高等院校、工业中等职业院校等。从民国开始，太原在抓国民基础教育的同时，就成立了一些工业教育机构，如 1919 年成立了山西公立工业专科学校，1922 年山西大学增设了工学院，1931 年创办了太原铁路学院。中华人民共和国成立以后，伴随着“建设国家工业体系”的梦想，太原成为重要的后方国防工业基地，太原的工业教育也发展起来。表 4.12 是太原工业教育高等院校遗产的列表，包括六所院校。太原科技大学 1952 年建校，第一任校长是我国内燃机先驱支秉渊[199]，机械装备制造专业经过 60 余年已经发展成具有一级学科专业博士授予的专业，2017 年机械工程研究中心主任黄庆学教授当选中国工程院院士。1954 年第一版城市规划中规划在迎新街东端建设一所工业学校，于是有了太原工业学校（2009 年正式更名为“太原工业学院”），处于太钢、新华化工厂、江阳化工厂等位置的中间。太原科技大学华科学院（原太原化工学校），处于“一五”期间重点项目太原化肥厂、太原化工厂 1.5 千米范围内。山西矿业学院（今合并入太原理工大学），坐落于通往矿务局的西矿街上。显然，这些院校创建之初就为企业发展培养人才，也形成了太原庞大的工业教育遗产。

表 4.12　太原工业高等院校遗产一览表

学校名称	始建年代	原名	典型遗产	位置及与工业区关系
太原科技大学	1952	太原重型机械学院	校前区、办公主楼	位于西中环北段，与晋机、汾机及太重等企业毗邻，是我国机械工业名校
太原理工大学	1953	太原工学院	办公主楼、配楼	1953 年从山西大学工学部脱离，独立办学。位于西汽路中段，今迎泽西大街，在河西工业带的中部
太原理工大学成教学院	1958	山西矿业学院	办公主楼	位于西矿街东端，是去往西山煤矿工业区的必经之处
太原工业学院	1954	太原工业学校	图书馆、西区学生公寓	位于迎新街东端，是原 1954 年迎新街工人居住区规划中的工业学校
太原科技大学华科学院	1958	太原化工学校	1 号教学楼、图书馆	在新晋祠路南堰村附近，原规划学校人才为太原河西南化工区企业服务
中北大学	1941	华北工学院	德怀楼、进山中学旧址、外籍专家公寓	位于太原北郊上兰村，邻近太原北郊国防武器工业区，是我国国防武器名校

除此之外，国有大中型企业，多有厂办技校、厂办职工夜大等。许多厂矿子弟在初中毕业后，进入厂办技校学习，最终子承父业进入工厂工作；成为正

式职工后，还能进入厂办职工夜大深造，这无论是对职工个人，还是对企业和社会而言都具有积极正面意义。但随着社会发展，厂办技校、职工夜大逐步退出了历史舞台。

图 4.39　太原近现代工业遗产非工厂厂房工业遗产构成类型分布示意图

这些工业教育院校是活态工业遗产，是太原工业遗产的重要体系构成和价值佐证，并且它们的发展，可以有力地保证重机、汾机、晋机等工业遗产的活态延续。因此，在工业升级的同时，需要注重这个工业遗产类型档案文献的汇编整理。

太原近现代工业遗产分为五种构成类型：工厂厂房工业遗产、生产设备工业遗产、次生景观工业遗产、工人社区工业遗产、工业教育工业遗产。图 4.27 为太原近现代工业遗产的工厂厂房工业遗产分布图，图 4.39 是次生景观、工人社区、工业教育工业遗产的分布图。

4.3　工业遗产的内容组织

4.3.1　评价对象的筛选确定

综上所述，太原的近现代工业遗产众多且情况有所差异，其中部分工业遗产，或名称、权属、厂址多次变更，或本身没有物质遗存，或已被大量拆除等。作者通过调研分析整理，将部分工业遗产排除到本书的评价研究范围之外，具体情况见表 4.13。

表 4.13　太原近现代工业遗产评价排除列表

厂名	排除评价原因
太原火柴局	虽为晚清工业遗产，但是在民居院落内进行生产，民国时代遗存没有保留，中华人民共和国成立后搬迁至晋中平遥，为“平遥火柴厂”，2001 年实行破产，全员下岗。太原市内只保留民居院落一处，只是当时火柴院的一部分，现为广誉远国医馆使用，早期工业萌芽的物化象征不显著

续表

厂名	排除评价原因
太原铜厂	筹建于1956年，“二五”期间建成投产，已于2003年宣布破产，现已开发为住宅楼盘
太原线材厂	前身是1945年日军修建的太原钢业厂，已于2000年宣布破产，全员下岗，一部分开发为住宅楼盘，一部分为太原科技大学新校区
山西纺织厂	1954年筹建，1958年投产，位于河西南工业区，规划是为了平衡工业区男女职工比例。由于改革开放后经营不善，厂区早已另作他用，没有物质遗存
太原锅炉厂	1956年筹建，配合河西南工业区，隶属太原第一工业局，计划生产锅炉、油罐车、化肥设备等，1959年建成投产。目前只保留了厂大门、办公楼，其余已经开发为住宅楼盘
太原玻璃厂	“一五”期间筹建，随后国家计委停止该工厂审批，1965年才继续建设，1967年正式投产，不属于本书研究范围
太原卷烟厂	始建于1930年，为晋记烟草公司，厂址没有大的变迁，厂内屡次升级改造，2008年规划新建联合厂房，2009年投产使用，厂内已无有价值的物质遗存
山西针织厂	始建于1929年，原为晋生纺织厂，1945年为西北实业太原纺织厂，1953年拆迁至榆次晋华，1958年又迁入太原南郊黄陵村。多次搬迁，物质遗存已经荡然无存
太原铝厂	2006年停业，厂址现为钢材市场，少量办公建筑于2013年修筑西中环快速路时拆除，只保留铝厂宿舍和铝厂俱乐部
太原机车厂	始建于1933年，原为西北实业公司西北车辆厂，中华人民共和国成立后改名为太原机车厂，后并入中车集团。太原机车厂于2015年全厂搬迁至太原北郊阳曲，并由中车集团总公司在原址开发“中车广场”项目，包括120万平方米住宅地产和35万平方米商业地产

4.3.2 评价对象的内容组织

结合本章对工业遗产构成的分析，将工业遗产价值评价对象整理为某一企业主体下的工业遗产，共计22项近现代工业遗产（见表4.14、图4.40）。22项近现代工业遗产的历史名称整理于表4.15，历史分期分布如图4.41所示。

表 4.14　太原近现代工业遗产评价对象表

序号	厂名	工厂厂房工业遗产	生产设备工业遗产	工人社区工业遗产	工业教育工业遗产	次生景观工业遗产
1	太钢公司	太钢博物园、太钢厂史馆、飞机库、碉堡	2 号高炉、窄轨机车头、特种钢产品	新钢苑小区苏联专家楼、太钢医院	太钢技校、山西冶金职业技术学院	渣山公园、十里钢城、自备铁路运输线
2	江阳化工厂	101 工房	—	苏式工人住宅、招待所、消防楼、职工医院	太原工业学院、中北大学	自备铁路运输线
3	新华化工厂	厂前区五栋办公楼、厂二道门、柱状炭分厂	活性炭工艺炉	迎新俱乐部、新华化工厂宿舍楼	太原工业学院、新华厂技校	自备铁路运输线
4	兴安化工厂	办公楼、消防楼、第一分厂、第八实验厂	橡胶生产车间	食堂、迎新街	兴安厂技校、太原工业学院、职工夜大	自备铁路运输线
5	太原二电厂	1 号、2 号、3 号凉水塔	凉水塔设备设施	电厂宿舍	电力技校	自备铁路运输线
6	太原矿机厂	金工车间、焊工车间	—	矿机俱乐部、苏式住宅	矿机技校	自备铁路运输线
7	山西机床厂	太原兵工厂旧址及车间、厂部展览馆、联合车间、研发楼	太原兵工厂设备与产品	星火俱乐部、苏式住宅	中北大学、职工夜大	自备铁路运输线
8	太原化肥厂	压缩车间、铜洗车间、硝酸车间、合成车间、脱硫车间、造粒塔、办公楼	压缩设备、造粒设备、铜洗设备等	宿舍区住宅、医院、体育场	太原化工学校、山西化学研究所	自备铁路、化工工业景观

续表

序号	厂名	工厂厂房工业遗产	生产设备工业遗产	工人社区工业遗产	工业教育工业遗产	次生景观工业遗产
9	太原化工厂	酮塔、苯酚车间、工分车间、8号车间、引发剂车间、9号车间、烟囱	酮塔车间工艺设备、苯酚车间工艺设备	宿舍、医院	太原化工学校、山西化学研究所、化工厂技校	自备铁路、化工工业景观
10	太原制药厂	厂门、研究所、环保办公楼、蒸馏塔、硝氧化车间、厂办公楼	五车间1、五车间2、五车间3、五车间4	药厂宿舍	太原化工学校、山西化学研究所、药厂技校、职工夜大	自备铁路运输线
11	太原一电厂	2处工业冷却塔	4、5、6期发电炉	小区及职工医院	电力职业技术学校	自备铁路、晋阳湖
12	白家庄煤矿	日伪政府办公旧址、变电所、碉堡等	一号井、二号斜井及生产设备	日军军官住宅、慰安所旧址、工人社区	太原理工大学（矿院）	自备铁路、矸石山、塌陷地、煤矿工业景观
13	杜儿坪煤矿	办公楼、文化长廊	绞车	单身公寓、浴室、工人社区	太原理工大学（矿院）	自备铁路、矸石山、塌陷地、
14	官地煤矿	坑口办公楼、七号楼	一号平峒井口	坑口食堂、坑口福利楼	太原理工大学（矿院）	自备铁路、矸石山、塌陷地、
15	晋西机器厂	工具制造车间、行政办公楼	军工生产机械与产品	和平村、西宫、职工宿舍（原阎锡山驻兵营8栋）	太原科技大学、中北大学、晋机技校	太原西站、自备铁路运输线

续表

序号	厂名	工厂厂房工业遗产	生产设备工业遗产	工人社区工业遗产	工业教育工业遗产	次生景观工业遗产
16	汾西机器厂	5 号办公楼、风电工房、电机工房	船舶与军工产品生产设备	和平村、汾西俱乐部	太原科技大学、中北大学、汾西技校	太原西站、自备铁路运输线
17	大众机械厂	行政办公楼（1 处）、5 处厂房建筑	电子生产设备、高基炮电子控制元件	三益俱乐部、和平南路工人社区	太原科技大学、中北大学	—
18	太原重机厂	一金工、二金工厂房（2 处）、厂部办公楼（1 处）	一金工、二金工车间金工设备、吊车	太重宾馆、太重医院、苏联专家楼（10 处）	太原科技大学	自备铁路
19	太原水泥厂	转炉车间、卸货平台、厂房、老厂门、狮头苑碉堡等	转炉生产线	碉堡与窑洞、52 宿舍、53 宿舍、58 宿舍	—	自备铁路、新厂区工业景观
20	面粉二厂	筒仓、粮库、运输站台	制粉设备	面粉二厂宿舍	—	自备铁路
21	同蒲铁路旧址	同蒲饭店旧址	蒸汽机车	铁路工程队宿舍、工程师住宅	铁路技校	西山铁路支线
22	新记电灯公司	烟囱、发电车间	—	—	—	—

备注：“—”表示“无”。

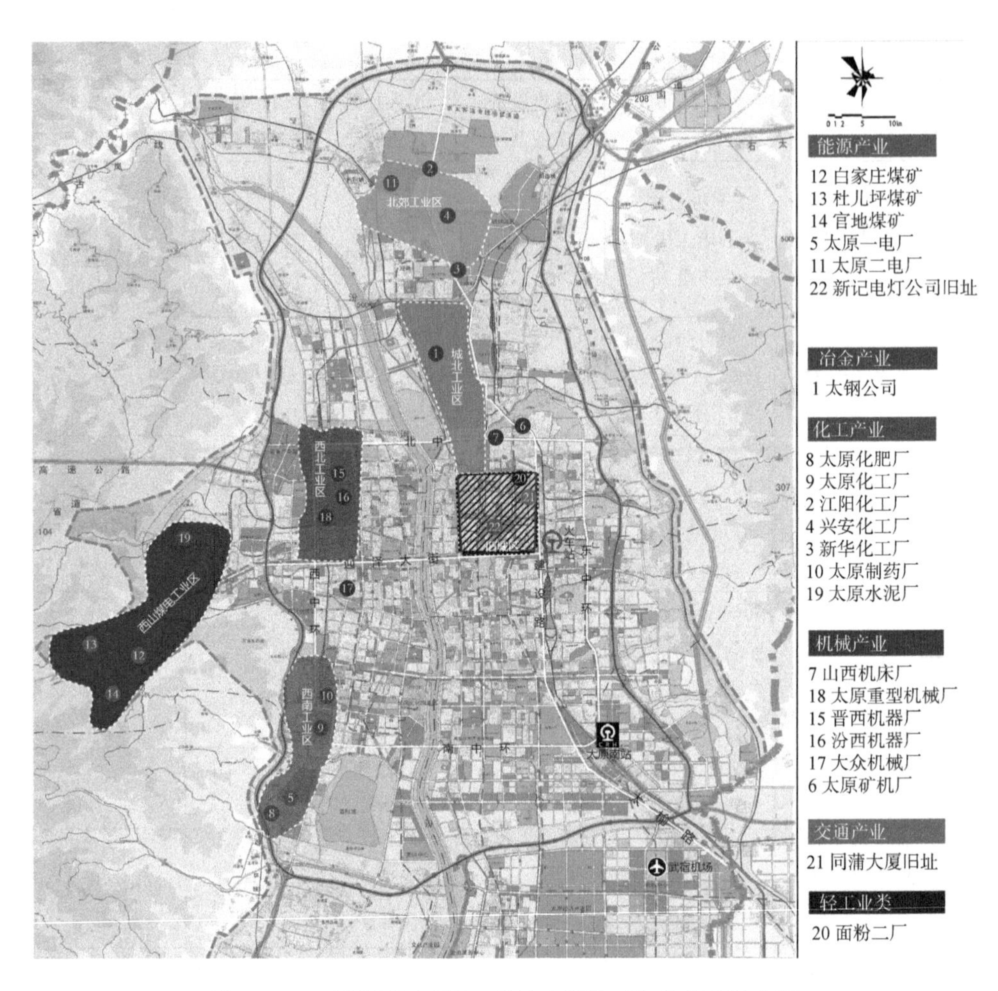

图 4.40　22 项太原近现代工业遗产评价对象分布图示意图

表 4.15　22 项工业遗产的形成时期与历史名称

晚清时期名称	民国时期名称	中华人民共和国成立初期名称	现用名称
新记电灯公司	城内发电厂	太原供电局	新记电灯公司旧址
太原机器局	太原兵工厂	山西机床厂	山西机床厂
	西北炼钢厂	太原钢铁厂	太钢公司
庆丰窑	西北煤矿第一厂	白家庄煤矿	白家庄煤矿
	西北洋灰厂	太原水泥厂	太原水泥厂
	同蒲饭店	太原铁路局	同蒲铁路旧址
	新记电灯公司面粉分厂	面粉二厂	面粉二厂
		杜儿坪煤矿	杜儿坪煤矿
		官地煤矿	官地煤矿
		太原一电厂	太原一电厂
		太原二电厂	太原二电厂
		太原重型机械厂	太原重型机械厂
		晋西机器厂	晋西机器厂
		汾西机器厂	汾西机器厂
		大众机械厂	大众机械厂
		太原化肥厂	太原化肥厂
		江阳化肥厂	江阳化肥厂
		兴安化工厂	兴安化工厂
		太原化工厂	太原化工厂
		新华化工厂	新华化工厂
		太原制药厂	太原制药厂

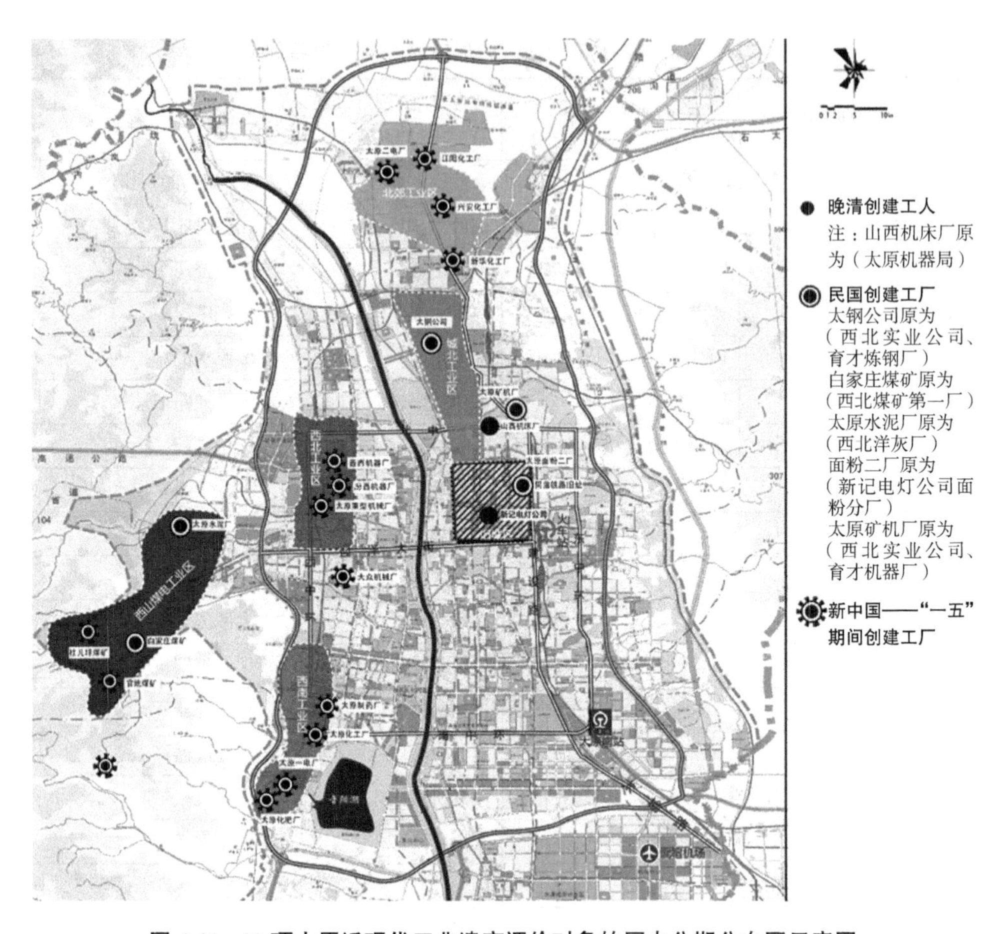

图 4.41　22 项太原近现代工业遗产评价对象的历史分期分布图示意图

参考1954年太原的第一版城市总体规划，将22项工业遗产归于旧城内片区、城北工业区、北郊工业区、河西北工业区、河西南工业区、西山煤电工业区（见表4.16）。

表4.16 22项评价工业遗产的工业区分布表

工业区名称	工业遗产项目名称
旧城内片区	面粉二厂、同蒲铁路旧址、新记电灯公司旧址
城北工业区	太钢公司、山西机床厂、太原矿机厂
北郊工业区	江阳化工厂、兴安化工、新华化工厂、太原二电厂
河西南工业区	太原化肥厂、太原化工厂、太原一电厂、太原制药厂
河西北工业区	太原重型机械厂、晋西机器厂、汾西机械厂、大众机械厂
西山煤电工业区	白家庄煤矿、杜儿坪煤矿、官地煤矿

根据22处工业遗产的现状，按照其使用状态分为停产再利用、停产闲置、停产废弃、逐年减产、萧条生产、正常生产六种。

1. 停产再利用状态的工业遗产

停产再利用状态的工业遗产，是停产年代久远、遗留的工业建筑和工业设施已经被改作他用，并且目前使用状态较为稳定。

2. 停产闲置的工业遗产

停产闲置的工业遗产，由于并未确定后续的使用功能，企业主体将这些厂房闲置下来，无意中进行了简单的保护；也有的企业通过简单维护，改作他用，但停产闲置状态的工业遗产多未发生较大的拆除和破坏。

3. 停产废弃状态的工业遗产

停产废弃状态的工业遗产，企业主体将其废弃，多伴随拆除或者毁坏。

4. 逐年减产状态的工业遗产

逐年减产状态的工业遗产，企业主体受到市场和政策的影响逐年减产，并伴随有停产计划，这种状态的工业遗产一般没有遭受较为严重的破坏。

5. 萧条生产状态的工业遗产

萧条生产状态的工业遗产，企业主体因市场等因素，艰难维持生产，在维持生产的同时，多对效率不高的生产线和厂房设备进行改造，在错误意识引导下，对一些价值重大的工业遗产造成了不可修复的破坏。

6. 正常生产状态的工业遗产

正常生产状态的工业遗产，是活态的工业遗产，企业主体市场生存状态好，对工业遗产的保护和生命延续有良好作用。表 4.17 是 22 项工业遗产的使用状态，图 4.42 是 22 项工业遗产的工业区分布及使用状态。

表 4.17　22 项评价工业遗产的运行状态一览表

工业遗产使用状态		工业遗产名称
已经停产状态	停产再利用	新记电灯公司旧址、同蒲铁路大厦旧址
	停产闲置	面粉二厂、白家庄煤矿、太原化肥厂、太原一电厂
	停产废弃	太原化工厂、太原制药厂
正在生产状态	逐年减产	官地煤矿、杜儿坪煤矿
	萧条生产	兴安化工厂、江阳化工厂、太原水泥厂
	正常生产	新华化工厂、晋西机器厂、汾西机器厂、太原重型机械厂、大众机械厂、太原矿机厂、山西机床厂、太钢公司、太原二电厂

图 4.42　22 项评价工业遗产的工业区分布及运行状态示意图

4.4　本章小结

本章对近现代太原工业遗产进行了盘点及特征总结，解析了构成类型，最终确定了 22 个评价对象，并分析了现状。在工业遗产现状调研的基础上，结合工业遗产的历史探源，本书认为工业遗产有五种构成类型：工厂厂房工业遗产、生产设备工业遗产、次生景观工业遗产、工人社区工业遗产、工业教育工业遗产。根据《下塔吉尔宪章》中对工业遗产的界定，以工厂为主体重新组织，筛选出 22 项太原近现代工业遗产作为价值评价对象，将“构成类型—内容组织”确立为工业遗产内涵研究的理论范式。

太原工业发展有百年历程，曾经是太原城市发展的主要动力，因此，太原近现代工业遗产类型全面。遗憾的是，太原的工业遗产有的遭到破坏，现状堪忧；有的处于被动保护阶段，需要加强对工业遗产的保护。究其原因，是工业遗产的遗产价值没有被认知。以史为鉴，过去的错误不能再犯，要用发展的眼光看待工业遗产的价值，找到切实合理的利用方式，使其生命延续，将遗产价值发挥到最大。面对太原工业遗产的现状，需要健全工业遗产的认定和名录管理，构建适用于太原工业遗产的评价体系，编制太原工业遗产保护和再利用规划，这对太原“国家级历史文化名城”的文脉延续具有重要意义。

第 5 章　基于构成类型的工业遗产价值评价指标体系与评价方法

在遗产化过程中，对工业遗产的认知包括“价值认知”和“价值评估”，是遗产价值重塑或夯实的过程。工业遗产价值评价的结果直接关乎遗产自身的命运——保留还是消逝，因此必须认真研究工业遗产的价值。本章将在第 4 章工业遗产构成类型的基础上构建工业遗产价值的评价指标体系，筛选合适的评价方法，完善工业遗产价值量化评分方法，对结果进行合理分析并提出建议，从而完成阐释工业遗产价值的核心任务。研究思路如图 5.1 所示。

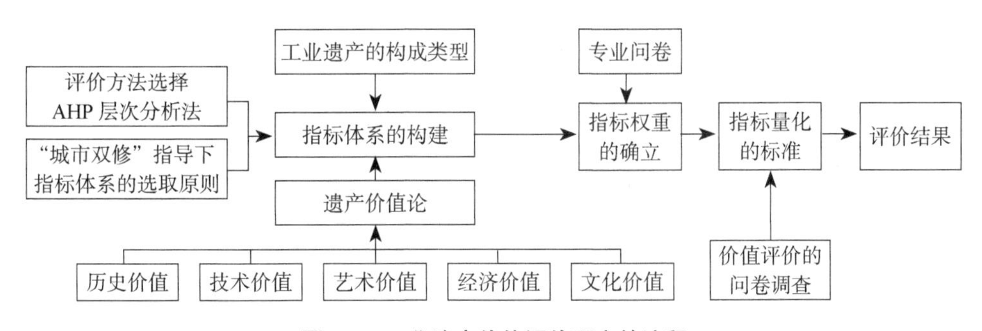

图 5.1　工业遗产价值评价研究的流程

5.1 工业遗产价值评价方法的比较与选择

工业遗产要成为“认知遗产”，不可避免地要对工业遗产的现状进行价值评价。关于工业遗产的价值研究，英国和欧洲国家研究起步早，并逐渐形成了一套工业遗产调查、评价到登记的完善机制[19,200,201]。各国的评价认定标准似乎大同小异，微细之处略有不同，参见表5.1所列的英国、加拿大、美国的标准[58,202-205]。国内尚无有关工业遗产价值认定的标准，但国内的相关研究也随着对工业遗产的重视而摸索前行。

表5.1 不同国家的工业遗产价值认定标准

国家	价值类型	要点
英国《保护准则：历史环境可持续管理的政策与导则》	物证价值	过去人类活动的物质遗留
	历史价值	场所能够将现在与过去的人、时间和生活相关联
	美学价值	场所可以给人们感官和智慧上的激发和启迪
	共有价值	场所在集体经验或记忆中扮演重要角色
加拿大《文化资源管理政策》	美学价值	机器美学与建筑美学价值
	科学价值	技术史价值与意义
	历史价值	历史过程与事件的承载
	文化价值	社会大众与社会文化的选择和代表
	精神价值	历史遗存所代表的工匠精神
美国《管理政策：国家公园系统管理导则》	第一准则	代表风貌、大师作品、历史事件的工业遗存
	第二准则	历史遗存的历史和文化价值
	第三准则	历史遗存中的有关群体对美学和记忆的价值
	第四准则	历史遗存中的潜在价值

笔者从历史价值、技术价值、艺术价值、文化价值和经济价值五个方面分

析了工业遗产价值的表现，并与传统历史遗产进行了比较，见表 5.2。不难发现，工业遗产与传统历史遗产在价值表现上有诸多不同，所以在价值评价的过程中，可以借鉴但不能完全套用已经比较成熟的传统历史遗产评价体系，需要构建一套新的工业遗产价值评价评价体系。

表 5.2　工业遗产与传统文化遗产价值表现的比较

价值表现	传统历史遗产价值表现	工业遗产价值表现
历史价值	一般而言，是历史越久远价值越高	因为其形成时代较晚，历史价值并不以时间衡量
技术价值	往往在建造上以其用材、建造技术、场地条件而营造出建筑奇观	科技与工业技术发展的技术史
艺术价值	在时代审美的基础上，达到顶峰的代表，又或者是具有开创意义的代表	以机械美学、工业美学为基础的艺术价值
文化价值	代表着皇权文化、地域文化、宗教文化，是传统文化的物化载体和精神文献	主要代表了机械时代以来的工业文化和工业文明，是集体精神和科学精神的浓缩
经济价值	主要在于博物馆或旅游开发等，同时也有适宜的其他模式的再利用，如民居民宿等	有开发博物馆的经济价值，但主要在于其他模式的再利用经济价值，如会展、文创产业孵化、主题商业开发等

上文虽然从历史价值、技术价值、艺术价值、文化价值、经济价值 5 个方面对工业遗产价值表现进行了分析，但以此作为标准进行价值评价，存在以下 4 个缺点。

缺点 1：不能够系统地体现工业遗产所包含的内容，不能够表现工业遗产的内部关系，不利于工业遗产的档案管理。

缺点 2:突出了工业遗产本身的技术价值、历史价值、文化价值、艺术价值、经济价值，但是以此来评价工业遗产，不能够反映工业发展给社会、地方经济带来的连续变化。

缺点 3：不能够体现工业发展中的负面影响，如生态问题、产业升级中的淘汰落后产能问题、工人居住区的公共服务设施配套问题等，而这些问题又是“城市双修”中的主要内容。

缺点 4：在评价过程中指标的量化赋值有一定的操作困难。

工业遗产的价值研究文献成果较丰富[206-208]。工业遗产价值研究主要有工业遗产价值的定量研究、工业遗产的史学价值研究、工业遗产与社会文化价值研究等。林涛、胡佳凌以上海为研究案例，采用多元回归的方法对工业遗产原真性感知进行了量化分析[209]。张健对工业遗产的价值标准及其再利用模式做了相应的探索，很好地将工业遗产价值评估标准与再利用模式联系起来[210]。这些工业遗产价值定量研究一定程度上解决了工业遗产评判标准的问题。遗憾的是，关于工业遗产开发适宜性评价研究文献、工业遗产开发效果评价研究文献的报道很少。在工业遗产的史学价值研究方面，以同济大学朱晓明教授为代表的建筑学研究者从历史的角度分析了工业遗产的形成以及其背后的珍贵文化价值，在时间的轴线上窥见工业遗产的珍贵[211,248]。此外，部分地理学者研究了历史上工业遗产的分布特征[212-214]，以说明工业遗产在区域发展方面的重要性。崔卫华等[215-217]连续多年对中东铁路工业遗产进行研究，总结了中东铁路遗产的空间分布特征，应该说他的研究具有里程碑的意义。工业遗产作为文化遗产的一个类型，社会学也开始关注工业遗产的研究。社会学研究者将工业遗产纳入城市文脉，来思考工业遗产和城市的关系[218,219]，这类研究从社会学的角度，补充了建筑学、地理学等研究者视角的缺陷。而更多的建筑学者从现状特征入手，总结工业遗产的价值[220]。

国内工业遗产的研究始于建筑学和城市规划专业对工业遗产的调研[206]，并延伸至工业遗产综合信息的分析评价研究。将工业遗产纳入工业旅游目的地进行 SWOT 分析是较为常用的一种研究方法[221-224]。层次分析法（AHP）被应用于大连、长沙、玉门等研究区的工业遗产价值评价体系的构建[26,225-226]，是较为主流的评价方法。随着研究的深入，灰色综合评价、模糊分析法、CVM 等评价方法也都应用于工业遗产价值评估的研究[227-229]。此外，张毅杉等借鉴了生态因子评价方法建立城市工业遗产价值评价体系[230]。近年来，计算机和信息技术在工业遗产领域的应用也与时俱进。BIM 技术应用于工业建筑遗产历史信息的采集[231]，有助于对工业建筑遗产全周期信息的记录和模拟；遗憾的是 BIM 技术在此后的研究中没有广泛应用，未来研究中有待于 BIM 技术的成本降低和进一步普及。徐飞飞等基于 Adobe 研发的 Flex 平台，采用模糊综合评价模型开发出矿山工业遗迹景观评价系统[232]。天津市、南京市应用 GIS 平台构建了工业遗产数据库[233,234]，工业遗产数据库的建立使得对其的保护、管理以及空间分析更为便捷。在第七届工业遗产学术研讨会中，同济大学夏福君使用 GIS 软件，对嘉兴老工业区进行了 TGEP（威胁—目标）方法的评价因子分析图的绘制，并进一步指导了该区的规划编制。可见使用 GIS 软件、Flex 平台协同评价方法，也是工业遗产研究方法的新趋势。目前而言，工业遗产价值评价作为价值分析的量化研究，缺乏更为细致的研究，应深化对评价因子的选择论证、对评价结果的再评价等，进一步佐证评价因子、评价结果的科学性。

工业遗产以城市状态存在，价值客观存在于多样而复杂的系统中，又需要主观认可，为了更好地进行评价，需要将系统分为若干相关的子系统，并进行定性和定量相结合的分析。层次分析法（AHP）是一种对复杂系统进行多层次决策的分析方法，能够将人的主观判断用数量形式表达和处理，适用于多目标、多属性的系统决策问题。该方法由美国匹兹堡大学运筹学家 A. L. Saaty 教授在 20 世纪 70 年代提出，在评价体系中的应用已经成熟。层次分析法具体是指将一个多目标的研究任务作为一个系统，将总目标分为多项子目标，并进一步分解成若干层次的指标体系，通过两两指标比较，模糊量化，计算权重，确定各指标相对重要性的排序。本研究旨在对工业城市中所存在的众多工业遗产的价值高低进行研究，选择层次分析法便于操作和应用。综上分析，本书选取层次分析法（AHP）进行太原22项近现代工业遗产的价值评价。

5.2 工业遗产价值评价指标体系的构建与权重计算

5.2.1 指标体系的构建

层次分析法（AHP）的层次结构关系如图5.2所示，可以分为目标层、准则层（一级指标）、因子层（二级指标）、子因子层（三级指标）。本研究参考国际工业遗产价值评价指标，考虑到上文提出的工业遗产价值评价存在的缺点，结合本研究调研和评价实践中的现实问题，在"城市双修"的视角下，提出工业遗产价值评价指标选取的原则。

（1）工业遗产价值评价的指标应选取能够体现其构成类型涵盖的内容。如工厂厂房工业遗产选择生产区规模、厂区规划、典型厂房、建筑风格与艺术价值等指标；生产设备工业遗产选择工艺水平发展情况、生产设备和生产流线保留情况等指标。

（2）在"城市修补、生态修复"的"城市双修"启示下，分析在城市更新中需要解决的问题，将工业遗产的正面价值和负面价值因素全面考虑进来，尤其是工业发展对生态环境所造成的负面影响，如工业次生景观的类型和危害程度等。

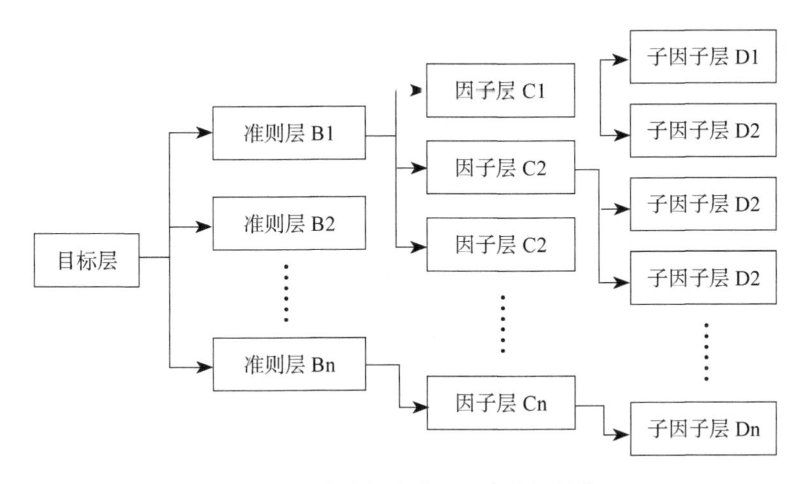

图 5.2　层次分析法（AHP）指标结构

（3）从工业遗产档案管理的角度和工业遗产自身所代表的技术性出发，将技术史的因素纳入评价指标。如技术转移所代表的技术水平、技术成长中的高峰技术水平、生产线和工业建筑结合情况、整体生产流线保留情况、生产档案保留情况等。

（4）为了增加评价指标的全面性，也符合《亚洲工业遗产台北宣言（2012）》对亚洲工业遗产的理解，将历史事件、历史人物、社区文化等因素纳入评价指标体系。

（5）在确立工业遗产价值评价指标时，尽量选择便于量化的指标，以便于评价指标量化中的操作。

基于以上原则，结合本书第 4 章所提出的工业遗产的 5 个构成类型和遗产价值论，本书构建了工业遗产价值评价指标体系，将准则层（一级指标）分为五项指标：概况与市域经济价值、工厂与工业建筑价值、工艺与工业技术价值、设施与工业景观价值、民生与工人社区价值，如图 5.3 所示，详细论述如下。

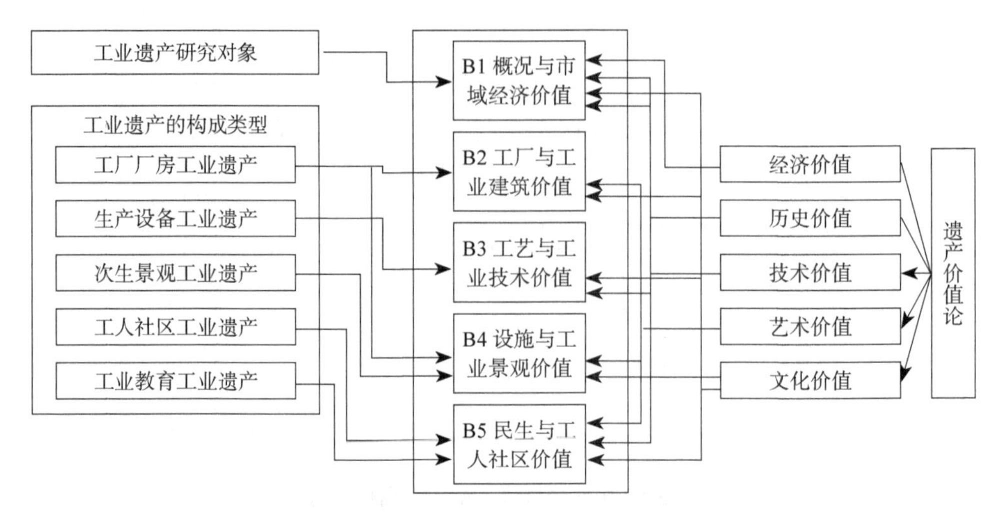

图 5.3 工业遗产价值指标体系准则层（一级指标）指标选取分析

B1 概况与市域经济价值：是指该企业的整体概况，在城市中所处的区位，周边经济发展水平等，分析该企业在技术历史中的意义和城市发展历史中的意义，分析该企业工业遗产所隐藏的经济价值。

B2 工厂与工业建筑价值：是指针对工厂区的建筑和规划的价值评判，包括生产车间、配套用房、修理用房等的价值，包括建筑的技术价值、艺术价值等诸多方面，也包括工业建筑的加建改造、遗产保护情况等。

B3 工艺与工业技术价值：是围绕企业生产设备和生产工艺的技术价值。包括建厂早期的技术引进、设备的进口与安装调试等，也包括建立在技术引进基础上的科技创新与应用，人才和科技队伍的培养，核心技术掌握程度。除了生产流线与工业设备，也包括原材料、工业产品、生产档案、技术标准等。

B4 设施与工业景观价值：主要是指工业生产区中工业景观和工业次生景观的价值。工业景观是指生产区中的有关原材料和生产过程中的运输设备，以及配套的加压降温等用途的高塔、烟囱等。工业次生景观是指由于工业生产而带来的次生景观，包括矸石山、取水池、塌陷地等。这些工业景观和工业次生景观连在一起，能够说明工业景观的特殊文化符号，以及更多富有个性的改造再利用的可能。

B5 民生与工人社区价值：主要是指工人社区及社区配套，包括工人住宅、俱乐部、医院、学校等，当然也包括工业学校等。工人及工人社区其他人口是工业城市人口的重要组成部分，生活于此的市民是工人文化的表现，社区人口和工业教育是保证工业持续发展的重要因素。

这 5 个一级指标反映了工业遗产的内容涵盖，有利于遗产的档案管理，体现出包括历史事件、历史人物、技术升级等重要的历史信息，为将来工业遗产作为文物保护和遗产申报提供有力的支持。

在图 5.2 的研究思路下，进一步将准则层（一级指标）细分为 27 个因子层（二级指标），如图 5.4 所示。为了能使评价更加客观，在因子层（二级指标）

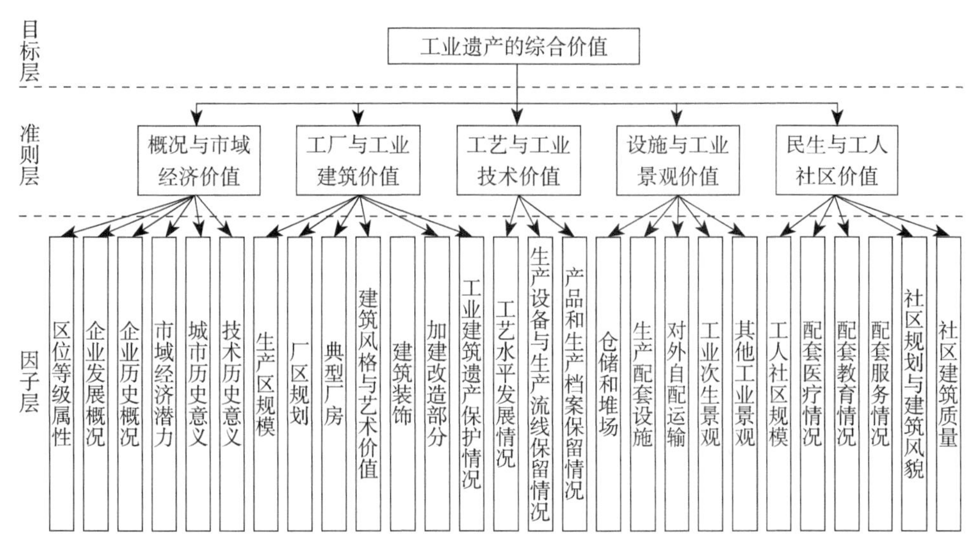

图 5.4　工业遗产价值评价指标体系

下创建了子因子层（三级指标），提出了59个子因子指标（见表5.3）。该工业遗产价值评价指标体系是针对工业城市近现代工业遗产提出的，本研究认为该指标体系既考虑了保护的要求，也体现了利用的需要，符合在城市规划决策中对近现代工业遗产进行综合评价的目的与需求。

表5.3　工业遗产价值评价的指标体系

准则层一级指标	因子层二级指标	子因子层三级指标
B1 概况与市域经济价值	C1 区位等级属性	D1 城市中的区位等级
		D2 区位的特征与重要性
	C2 企业发展概况	D3 企业权属
		D4 工业类型与企业规模
		D5 企业生产现状发展预测
	C3 企业历史概况	D6 企业历史时代的基本情况
		D7 企业历史人物与历史事件
	C4 市域经济潜力	D8 城市区域商贸服务经济潜力
		D9 城市区域旅游经济发展
		D10 城市区域会展经济发展
		D11 城市区域文创产业经济发展
	C5 城市历史意义	D12 对城市性质、城市名片的定位
		D13 在城市发展历史中的作用
	C6 技术历史意义	D14 技术史发展的代表性
		D15 在技术史发展中的作用
B2 工厂与工业建筑价值	C7 生产区规模	D16 厂区建筑规模
		D17 厂区占地规模
	C8 厂区规划	D18 建厂初期规划
		D19 规划修改与原初期规划的变化程度

续表

准则层一级指标	因子层二级指标	子因子层三级指标
B2 工厂与工业建筑价值	C9 典型厂房	D20 典型厂房的生产用途
		D21 典型厂房的使用现状和质量状况
	C10 建筑风格与艺术价值	D22 建筑风格与风貌
		D23 厂区风貌完整程度
	C11 建筑装饰	D24 门、窗、屋面、檐口等建筑细部的装饰
		D25 建筑装饰细部的现状
	C12 加建改造部分	D26 加建改造的次数与原因
		D27 加建改造部分与原貌的衔接程度
	C13 工业建筑遗产保护情况	D28 工业建筑遗产保护措施
		D29 工业建筑遗产保护实施
B3 工艺与工业技术价值	C14 工艺水平发展情况	D30 技术转移所代表的技术水平
		D31 技术成长中的高峰技术水平
	C15 生产设备和生产流线保留情况	D32 生产线和工业建筑结合情况
		D33 整体生产流线保留情况
	C16 产品和生产档案保留情况	D34 产品与原材料成品与样品
		D35 生产档案保留情况
B4 设施与工业景观价值	C17 仓库和堆场	D36 仓库和堆场现状
		D37 仓库和堆场使用情况
	C18 生产配套设施	D38 厂内动力、消防、安全等辅助设施保留情况
		D39 管线、廊架、吊车等生产运输设施保留情况
	C19 对外自配运输	D40 自配汽运站场等
		D41 自配铁路运输站场等
	C20 工业次生景观	D42 次生景观的类型、危害程度
		D43 次生景观处置措施
	C21 其他工业景观	D44 路灯、座椅等厂区景观设施
		D45 工业文化标语、文化长廊

续表

准则层一级指标	因子层二级指标	子因子层三级指标
B5 民生与工人社区价值	C22 工人社区规模	D46 工人面积
		D47 工人社区概况
	C23 配套医疗	D48 医院等级、科室、床位
		D49 社区药店、便民医疗机构
	C24 配套教育	D50 幼儿园、小学教育状况
		D51 初中、高中教学
		D52 工业技术教育
	C25 配套服务	D53 食堂、澡堂、商店面积
		D54 俱乐部、体育场馆面积
	C26 社区规划与建筑风貌	D55 社区规划手法
		D56 居住建筑风格
		D57 公共建筑风格
	C27 建筑质量	D58 居住建筑质量
		D59 公共建筑质量

5.2.2 指标体系的权重计算

建立工业遗产评价指标体系后，需要对各层元素进行两两比较，将每一层次中各因素的相对重要性转化为合适的标度并用数值表示出来，从而，构建出判断矩阵。本书使用 1~9 的标度 a_{ji} 进行量化，详见表 5.4，采用专家打分咨询形成判断矩阵。在构造出比较判断矩阵后，还需要进行一致性检验，不至于出现互相矛盾的结果。工业遗产价值评价指标体系具体权重计算办法，参见参考文献[24,235]。表 5.5 至表 5.37 分别列出准则层、因子层各指标的判断矩阵及权重计算结果。

表 5.4　判断矩阵标度及其含义

标度 a_{ji}	定义
1	同等重要
2	介于 1 与 3 之间
3	略微重要
4	介于 3 与 5 之间
5	明显重要
6	介于 5 与 7 之间
7	强烈重要
8	介于 7 与 9 之间
9	极端重要

倒数：因素 i 与 j 比较的标度为 a_{ji}，则因素 j 与 i 比较的标度为 $a_{ij} = 1/a_{ij}$。

表 5.5　准则层判断矩阵及其权重结果

工业遗产价值体系	**B1** 概况与市域经济价值	**B2** 工厂与工业建筑价值	**B3** 工艺与工业技术价值	**B4** 设施与工业景观价值	**B5** 民生与工人社区价值	权重 ***Wi***
B1 概况与市域经济价值	1.0000	0.5000	1.0000	1.0000	0.5000	0.1432
B2 工厂与工业建筑价值	2.0000	1.0000	2.0000	3.0000	1.0000	0.3107
B3 工艺与工业技术价值	1.0000	0.5000	1.0000	2.0000	0.5000	0.1645
B4 设施与工业景观价值	1.0000	0.3333	0.5000	2.0000	0.5000	0.1321
B5 民生与工人社区价值	2.0000	0.5000	2.0000	2.0000	1.0000	0.2494

判断矩阵一致性比例：0.0040；对总目标权重：1.0000；最大特征值：5.0178。

表 5.6 B1 概况与市域经济价值判断矩阵及其权重结果

B1 概况与市域经济价值	C1 区位等级属性	C2 企业发展概况	C3 企业历史概况	C4 市域经济潜力	C5 城市历史意义	C6 技术历史意义	权重 *Wi*
C1 区位等级属性	1.0000	2.0000	3.0000	1.0000	2.0000	3.0000	0.2637
C2 企业发展概况	0.5000	1.0000	2.0000	0.5000	0.3333	0.3333	0.0896
C3 企业历史概况	0.3333	0.5000	1.0000	0.3333	0.5000	1.0000	0.0798
C4 市域经济潜力	1.0000	2.0000	3.0000	1.0000	3.0000	2.0000	0.2637
C5 城市历史意义	1.0000	3.0000	2.0000	0.3333	1.0000	3.0000	0.1956
C6 技术历史意义	0.3333	3.0000	1.0000	0.5000	0.3333	1.0000	0.1076

判断矩阵一致性比例：0.0979；对总目标权重：0.0610；最大特征值：6.6067。

表 5.7 B2 工厂与工业建筑价值判断矩阵及其权重结果

B2 工厂与工业建筑价值	C7 生产区规模	C8 厂区规划	C9 典型厂房	C10 建筑风格与艺术价值	C11 建筑装饰	C12 加建改造部分	C13 工业建筑遗产保护情况	权重 W_i
C7 生产区规模	1.0000	0.2000	0.3333	0.2500	0.5000	1.0000	0.2000	0.0471
C8 厂区规划	5.0000	1.0000	2.0000	1.0000	2.0000	4.0000	4.0000	0.2677
C9 典型厂房	3.0000	0.5000	1.0000	1.0000	2.0000	4.0000	3.0000	0.1960
C10 建筑风格与艺术价值	4.0000	1.0000	1.0000	1.0000	3.0000	4.0000	1.0000	0.2042
C11 建筑装饰	2.0000	0.5000	0.5000	0.3333	1.0000	2.0000	0.3333	0.0858
C12 加建改造部分	1.0000	0.2500	0.2500	0.2500	0.5000	1.0000	0.2000	0.0467
C13 工业建筑遗产保护情况	5.0000	0.2500	0.3333	1.0000	3.0000	5.0000	1.0000	0.1526

判断矩阵一致性比例：0.0542；对总目标权重：0.3137；最大特征值：7.4294。

表 5.8　B3 工艺与工业技术价值判断矩阵及其权重结果

B3 工艺与工业技术价值	C14 工艺水平发展情况	C15 生产设备和生产流线保留情况	C16 产品和生产档案保留情况	权重 W_i
C14 工艺水平发展情况	1.0000	1.0000	3.0000	0.4286
C15 生产设备和生产流线保留情况	1.0000	1.0000	3.0000	0.4286
C16 产品和生产档案保留情况	0.3333	0.3333	1.0000	0.1429

判断矩阵一致性比例：0；对总目标权重：0.1627；最大特征值：3。

表 5.9　B4 设施与工业景观价值判断矩阵及其权重结果

B4 设施与工业景观价值	C17 仓库和堆场	C18 生产配套设施	C19 对外自配运输	C20 工业次生景观	C21 其他工业景观	权重 W_i
C17 仓库和堆场	1.0000	0.3333	1.0000	0.2500	1.0000	0.1147
C18 生产配套设施	3.0000	1.0000	1.0000	0.5000	1.0000	0.2044
C19 对外自配运输	1.0000	1.0000	1.0000	0.5000	1.0000	0.1641
C20 工业次生景观	4.0000	2.0000	2.0000	1.0000	1.0000	0.3282
C21 其他工业景观	1.0000	1.0000	1.0000	1.0000	1.0000	0.1885

判断矩阵一致性比例：0.0540；对总目标权重：0.1627；最大特征值：5.2421。

表 5.10　B5 民生与工人社区价值判断矩阵及其权重结果

B5 民生与工人社区价值	C22 工人社区规模	C23 配套医疗	C24 配套教育	C25 配套服务	C26 社区规划与建筑风貌	C27 建筑质量	权重 W_i
C22 工人社区规模	1.0000	2.0000	2.0000	3.0000	1.0000	2.0000	0.2492
C23 配套医疗	0.5000	1.0000	0.5000	1.0000	0.2500	0.5000	0.0823
C24 配套教育	0.5000	2.0000	1.0000	3.0000	0.5000	0.5000	0.1398
C25 配套服务	0.3333	1.0000	0.3333	1.0000	0.3333	0.5000	0.0755
C26 社区规划与建筑风貌	1.0000	4.0000	2.0000	3.0000	1.0000	3.0000	0.2992
C27 建筑质量	0.5000	2.0000	2.0000	2.0000	0.3333	1.0000	0.1539

判断矩阵一致性比例：0.0323；对总目标权重：0.3000；最大特征值：6.2003。

表 5.11　C1 区位等级属性判断矩阵及其权重结果

C1 区位等级属性	D1 城市中的区位等级	D2 区位的特征与重要性	权重 W_i
D1 城市中的区位等级	1.0000	1.0000	0.5000
D2 区位的特征与重要性	1.0000	1.0000	0.5000

对 B1 权重：0.2637。

表 5.12　C2 企业发展概况判断矩阵及其权重结果

C2 企业发展概况	D3 企业权属	D4 工业类型与企业规模	D5 企业生产现状发展预测	权重 W_i
D3 企业权属	1.0000	0.3333	0.2000	0.3287
D4 工业类型与企业规模	3.0000	1.0000	0.5000	0.9281
D5 企业生产现状发展预测	5.0000	2.0000	1.0000	1.7468

判断矩阵一致性比例：0.0032；对 B1 权重：0.0896；最大特征值：3.0037。

表 5.13　C3 企业历史概况判断矩阵及其权重结果

C3 企业历史概况	D6 企业历史时代的基本情况	D7 企业历史人物与历史事件	权重 W_i
D6 企业历史时代的基本情况	1.0000	1.0000	0.5000
D7 企业历史人物与历史事件	1.0000	1.0000	0.5000

对 B1 权重：0.0798 。

表 5.14　C4 市域经济潜力判断矩阵及其权重结果

C4 市域经济潜力	D8 城市区域商贸服务经济潜力	D9 城市区域旅游经济发展	D10 城市区域会展经济发展	D11 城市区域文创产业经济发展	权重 W_i
D8 城市区域商贸服务经济潜力	1.0000	1.0000	1.0000	1.0000	0.2500
D9 城市区域旅游经济发展	1.0000	1.0000	1.0000	1.0000	0.2500
D10 城市区域会展经济发展	1.0000	1.0000	1.0000	1.0000	0.2500
D11 城市区域文创产业经济发展	1.0000	1.0000	1.0000	1.0000	0.2500

判断矩阵一致性比例：0；对 B1 权重：0.2637；最大特征值：4。

表 5.15　C5 城市历史意义概况判断矩阵及其权重结果

C5 城市历史意义	D12 对城市性质、城市名片的定位	D13 在城市发展历史中的作用	权重 W_i
D12 对城市性质、城市名片的地位	1.0000	1.0000	0.5000
D13 在城市发展历史中的作用	1.0000	1.0000	0.5000

对 B1 权重：0.1956。

表 5.16　C6 技术历史意义判断矩阵及其权重结果

C6 技术历史意义	D14 技术史发展的代表性	D15 在技术史发展中的作用	权重 W_i
D14 技术史发展的代表性	1.0000	1.0000	0.5000
D15 在技术史发展中的作用	1.0000	1.0000	0.5000

对 B1 权重：0.1076。

表 5.17　C7 生产区规模判断矩阵及其权重结果

C7 生产区规模	D16 厂区建筑规模	D17 厂区占地规模	权重 W_i
D16 厂区建筑规模	1.0000	1.0000	0.5000
D17 厂区占地规模	1.0000	1.0000	0.5000

对 B2 权重：0.0471。

表 5.18　C8 厂区规划判断矩阵及其权重结果

C8 厂区规划	D18 建厂初期规划	D19 规划修改与原初期规划的变化程度	权重 W_i
D18 建厂初期规划	1.0000	4.0000	0.8000
D19 规划修改与原初期规划的变化程度	0.2500	1.0000	0.2000

对 B2 权重：0.2677。

表 5.19　C9 典型厂房判断矩阵及其权重结果

C9 典型厂房	D20 典型厂房的生产用途	D21 典型厂房的使用现状和质量状况	权重 W_i
D20 典型厂房的生产用途	1.0000	0.2500	0.2000
D21 典型厂房的使用现状和质量状况	4.0000	1.0000	0.8000

对 B2 权重：0.1960。

表 5.20　C10 建筑风格与艺术价值判断矩阵及其权重结果

C10 建筑风格与艺术价值	D22 建筑风格与风貌	D23 厂区风貌完整程度	权重 W_i
D22 建筑风格与风貌	1.0000	1.0000	0.5000
D23 厂区风貌完整程度	1.0000	1.0000	0.5000

对 B2 权重：0.2042。

表 5.21　C11 建筑装饰判断矩阵及其权重结果

C11 建筑装饰	D24 门、窗、屋面、檐口等建筑细部的装饰	D25 建筑装饰细部的现状	权重 W_i
D24 门、窗、屋面、檐口等建筑细部的装饰	1.0000	1.0000	0.5000
D25 建筑装饰细部的现状	1.0000	1.0000	0.5000

对 B2 权重：0.0858。

表 5.22　C12 加建改造部分判断矩阵及其权重结果

C12 加建改造部分	D26 加建改造的次数与原因	D27 加建改造部分与原貌的衔接程度	权重 W_i
D26 加建改造的次数与原因	1.0000	0.3333	0.2500
D27 加建改造部分与原貌的衔接程度	3.0000	1.0000	0.7500

对 B2 权重：0.0467。

表 5.23　C13 工业建筑遗产保护情况判断矩阵及其权重结果

C13 工业建筑遗产保护情况	D28 工业建筑遗产保护措施	D29 工业建筑遗产保护实施	权重 W_i
D28 工业建筑遗产保护措施	1.0000	1.0000	0.5000
D29 工业建筑遗产保护实施	1.0000	1.0000	0.5000

对 B2 权重：0.1526。

表 5.24　C14 工艺水平发展情况判断矩阵及其权重结果

C14 工艺水平发展情况	D30 技术转移所代表的技术水平	D31 技术成长中的高峰技术水平	权重 W_i
D30 技术转移所代表的技术水平	1.0000	1.0000	0.5000
D31 技术成长中的高峰技术水平	1.0000	1.0000	0.5000

对 B3 权重：0.4286。

表 5.25　C15 生产设备和生产流线保留情况判断矩阵及其权重结果

C15 生产设备和生产流线保留情况	D32 生产线和工业建筑结合情况	D33 整体生产流线保留情况	权重 W_i
D32 生产线和工业建筑结合情况	1.0000	1.0000	0.5000
D33 整体生产流线保留情况	1.0000	1.0000	0.5000

对 B3 权重：0.4286。

表 5.26　C16 产品和生产档案保留情况判断矩阵及其权重结果

C16 产品和生产档案保留情况	D34 产品与原材料成品与样品	D35 生产档案保留情况	权重 W_i
D34 产品与原材料成品与样品	1.0000	1.0000	0.5000
D35 生产档案保留情况	1.0000	1.0000	0.5000

对 B3 权重：0.1428。

表 5.27 C17 仓库和堆场判断矩阵及其权重结果

C17 仓库和堆场	D36 仓库和堆场现状	D37 仓库和堆场使用情况	权重 W_i
D36 仓库和堆场现状	1.0000	1.0000	0.5000
D37 仓库和堆场使用情况	1.0000	1.0000	0.5000

对 B4 权重：0.1147。

表 5.28 C18 生产配套设施判断矩阵及其权重结果

C18 生产配套设施	D38 厂内动力、消防、安全等辅助设施保留情况	D39 管线、廊架、吊车等生产运输设施保留情况	权重 W_i
D38 厂内动力、消防、安全等辅助设施保留情况	1.0000	1.0000	0.5000
D39 管线、廊架、吊车等生产运输设施保留情况	1.0000	1.0000	0.5000

对 B4 权重：0.2044。

表 5.29 C19 对外自配运输判断矩阵及其权重结果

C19 对外自配运输	D40 自配汽运站场等	D41 自配铁路运输站场等	权重 W_i
D40 自配汽运站场等	1.0000	1.0000	0.5000
D41 自配铁路运输站场等	1.0000	1.0000	0.5000

对 B4 权重：0.1641。

表 5.30 C20 工业次生景观判断矩阵及其权重结果

C20 工业次生景观	D42 次生景观的类型、危害	D43 次生景观处置措施	权重 W_i
D42 次生景观的类型、危害	1.0000	2.0000	0.6667
D43 次生景观处置措施	0.5000	1.0000	0.3333

对 B4 权重：0.3282。

表 5.31　C21 其他工业景观判断矩阵及其权重结果

C21 其他工业景观	D44 路灯、座椅等厂区景观设施	D45 工业文化标语、文化长廊	权重 W_i
D44 路灯、座椅等厂区景观设施	1.0000	1.0000	0.5000
D45 工业文化标语、文化长廊	1.0000	1.0000	0.5000

对 B4 权重：0.1885。

表 5.32　C22 工人社区规模判断矩阵及其权重结果

C22 工人社区规模	D46 工人社区面积	D47 工人社区概况	权重 W_i
D46 工人社区面积	1.0000	1.0000	0.5000
D47 工人社区概况	1.0000	1.0000	0.5000

对 B5 权重：0.2492。

表 5.33　C23 配套医疗判断矩阵及其权重结果

C23 配套医疗	D48 医院等级、科室、床位	D49 社区药店、便民医疗机构	权重 W_i
D48 医院等级、科室、床位	1.0000	1.0000	0.5000
D49 社区药店、便民医疗机构	1.0000	1.0000	0.5000

对 B5 权重：0.0823。

表 5.34　C24 配套教育判断矩阵及其权重结果

C24 配套教育	D50 幼儿园、小学教育状况	D51 初中、高中教学	D52 工业技术教育	权重 W_i
D50 幼儿园、小学教育状况	1.0000	1.0000	3.0000	0.4600
D51 初中、高中教学	1.0000	1.0000	1.0000	0.3189
D52 工业技术教育	0.3333	1.0000	1.0000	0.2211

判断矩阵一致性比例：0.1169；对 B5 权重：0.1398；λ max：3.1356。

表 5.35　C25 配套服务判断矩阵及其权重结果

C25 配套服务	D53 食堂、澡堂、商店	D54 俱乐部、体育场馆	权重 W_i
D53 食堂、澡堂、商店	1.0000	1.0000	0.5000
D54 俱乐部、体育场馆	1.0000	1.0000	0.5000

对 B5 权重：0.0755。

表 5.36　C26 社区规划与建筑风貌判断矩阵及其权重结果

C26 社区规划与建筑风貌	D55 社区规划手法	D56 居住建筑风格	D57 公共建筑风格	权重 W_i
D55 社区规划手法	1.0000	4.0000	4.0000	0.6667
D56 居住建筑风格	0.2500	1.0000	1.0000	0.1667
D57 公共建筑风格	0.2500	1.0000	1.0000	0.1667

判断矩阵一致性比例：0；对 B5 权重：0.2992；λ max：3.0000。

表 5.37　C27 建筑质量判断矩阵及其权重结果

C27 建筑质量	D58 居住建筑质量	D59 公共建筑质量	权重 W_i
D58 居住建筑质量	1.0000	1.0000	0.5000
D59 公共建筑质量	1.0000	1.0000	0.5000

对 B5 权重：0.1539。

接下来要计算各个层次指标对应目标指标层的相对权重，特别是子因子层指标相对于最高层指标的权重，这需要从总目标层指标开始进行逐级权重计算。在层次总排序完成以后，也要做一致性检验，这也是从上到下逐层进行的。

综上所述，经过构造判断矩阵、一致性检验、层次单排序、层次总排序等一系列步骤，最终得出工业遗产综合价值评价指标体系中每个基本指标对于总目标层的重要性排序和综合权值，见表 5.38。

表 5.38　工业遗产价值评价指标体系的权重计算结果

目标层	准则层（一级指标）	因子层（二级指标）	子因子层（三级指标）	综合权值 W
A1 1.0000	B1 概况与市域经济价值 0.1432	C1 区位等级属性 0.2637	D1 城市中的区位等级 0.5000	0.0189
			D2 区位的特征与重要性 0.5000	0.0189
		C2 企业发展概况 0.0896	D3 企业权属 0.3288	0.0042
			D4 工业类型与企业规模 0.9281	0.0119
			D5 企业生产现状发展预测 1.7468	0.0224
		C3 企业历史概况 0.0798	D6 企业历史时代的基本情况 0.5000	0.0057
			D7 企业历史人物与历史事件 0.5000	0.0057
		C4 市域经济潜力 0.2637	D8 城市区域商贸服务经济潜力 0.2500	0.0094
			D9 城市区域旅游经济发展 0.2500	0.0094
			D10 城市区域会展经济发展 0.2500	0.0094
			D11 城市区域文创产业经济发展 0.2500	0.0094
		C5 城市历史意义 0.1956	D12 对城市性质、城市名片的定位 0.5000	0.0140
			D13 在城市发展历史中的作用 0.5000	0.0140
		C6 技术历史意义 0.1076	D14 技术史发展的代表性 0.5000	0.0077
			D15 在技术史发展中的作用 0.5000	0.0077
	B2 工厂与工业建筑价值 0.3107	C7 生产区规模 0.0471	D16 厂区建筑规模 0.5000	0.0073
			D17 厂区占地规模 0.5000	0.0073
		C8 厂区规划 0.2677	D18 建厂初期规划 0.8000	0.0665
			D19 规划修改与原初期规划的变化程度 0.2000	0.0166
		C9 典型厂房 0.1960	D20 典型厂房的生产用途 0.2000	0.0122
			D21 典型厂房的使用现状和质量状况 0.8000	0.0487
		C10 建筑风格与艺术价值 0.2042	D22 建筑风格与风貌 0.5000	0.0317
			D23 厂区风貌完整程度 0.5000	0.0317
		C11 建筑装饰 0.0858	D24 门、窗、屋面、檐口等建筑细部的装饰 0.5000	0.0133
			D25 建筑装饰细部的现状 0.5000	0.0133

续表

目标层	准则层（一级指标）	因子层（二级指标）	子因子层（三级指标）	综合权值 W
A1 1.0000	B2 工厂与工业建筑价值 0.3107	C12 加建改造部分 0.0467	D26 加建改造的次数与原因 0.2500	0.0036
			D27 加建改造部分与原貌的衔接程度 0.7500	0.0109
		C13 工业建筑遗产保护情况 0.1526	D28 工业建筑遗产保护措施 0.5000	0.0237
			D29 工业建筑遗产保护实施 0.5000	0.0237
	B3 工艺与工业技术价值 0.1645	C14 工艺水平发展情况 0.4286	D30 技术转移所代表的技术水平 0.5000	0.0353
			D31 技术成长中的高峰技术水平 0.5000	0.0353
		C15 生产设备和生产流线保留情况 0.4286	D32 生产线和工业建筑结合情况 0.5000	0.0353
			D33 整体生产流线保留情况 0.5000	0.0353
		C16 产品和生产档案保留情况 0.1429	D34 产品与原材料成品与样品 0.5000	0.0117
			D35 生产档案保留情况 0.5000	0.0117
	B4 设施与工业景观价值 0.1321	C17 仓库和堆场 0.1147	D36 仓库和堆场现状 0.5000	0.0076
			D37 仓库和堆场现状与使用情况 0.5000	0.0076
		C18 生产配套设施 0.2044	D38 厂内动力、消防、安全等辅助设施保留情况 0.5000	0.0135
			D39 管线、廊架、吊车等生产运输设施保留情况 0.5000	0.0135
		C19 对外自配运输 0.1641	D40 自配汽运站场等 0.5000	0.0108
			D41 自配铁路运输站场等 0.5000	0.0108
		C20 工业次生景观 0.3282	D42 次生景观的类型、危害 0.6667	0.0289
			D43 次生景观处置措施 0.3333	0.0145
		C21 其他工业景观 0.1885	D44 路灯、座椅等厂区景观设施 0.5000	0.0125
			D45 工业文化标语、文化长廊 0.5000	0.0125

续表

目标层	准则层（一级指标）	因子层（二级指标）	子因子层（三级指标）	综合权值 W
A1 1.0000	B5 民生与工人社区价值 0.2494	C22 工人社区规模 0.2492	D46 工人面积 0.5000	0.0311
			D47 工人社区概况 0.5000	0.0311
		C23 配套医疗 0.0823	D48 医院等级、科室、床位 0.5000	0.0103
			D49 社区药店、便民医疗机构 0.5000	0.0103
		C24 配套教育 0.1398	D50 幼儿园、小学教育状况 0.4600	0.0160
			D51 初中、高中教学 0.3189	0.0111
			D52 工业技术教育 0.2211	0.0077
		C25 配套服务 0.0755	D53 食堂、澡堂、商店面积 0.5000	0.0094
			D54 俱乐部、体育场馆面积 0.5000	0.0094
		C26 社区规划与建筑风貌 0.2992	D55 社区规划手法 0.6667	0.0497
			D56 居住建筑风格 0.1667	0.0124
			D57 公共建筑风格 0.1667	0.0124
		C27 建筑质量 0.1539	D58 居住建筑质量 0.5000	0.0192
			D59 公共建筑质量 0.5000	0.0192

准则层的权重分布如图 5.5 所示，从计算指标权重来看，准则层指标权重最大的是 B2 工厂与工业建筑价值和 B5 民生与工人社区价值，两者权重分别为 0.3107、0.2494，可见对于工业遗产而言，工厂与工人社区由于拥有大量的建筑遗产而获得准则层的高权重赋值。其次是 B3 工艺与工业技术价值，其权重值是 0.1645，这能够体现工业遗产的技术属性。接下来是 B1 概况与市域经济价值，权重值为 0.1432，这符合工业遗产具有经济价值的属性。

在 B1 概况与市域经济价值下的因子层指标中，C1 区位等级属性和 C4 市域经济潜力都占 B1 概况与市域经济价值权重值的 0.2637，可以看出工业遗产再利用的经济需求是十分重要的。

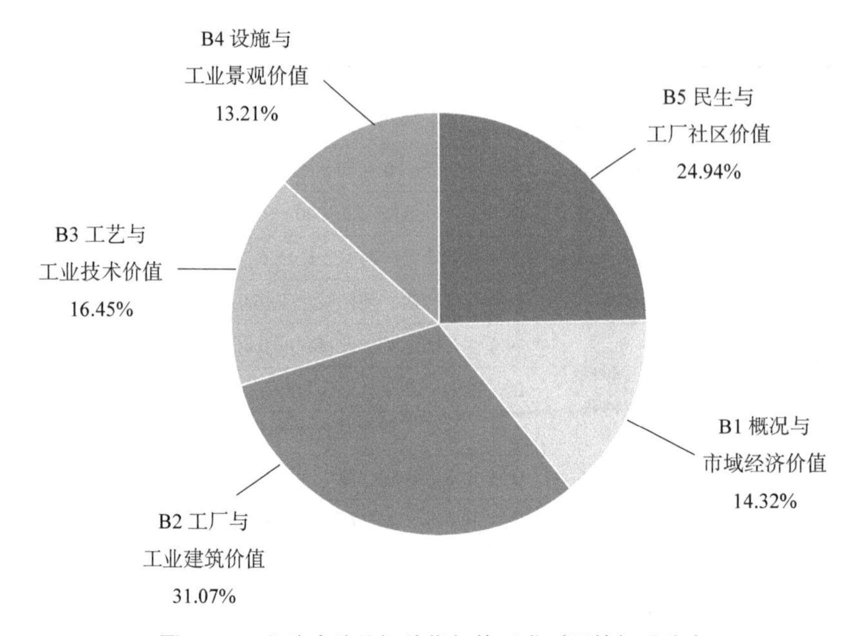

图 5.5　工业遗产价值评价指标体系准则层的权重分布

B2 工厂与工业建筑价值的因子层指标中，权重值较大的是 C8 厂区规划（0.2677）、C9 典型厂房（0.1960）、C10 建筑风格与艺术价值（0.2042），可见工业建筑遗产的重要性。对工业遗产的保护，也应当先从对工业建筑遗产的保护做起。

B3 工艺与工业技术价值的因子层指标中，权重值较大的是 C14 工艺水平发展情况（0.4286）、C15 生产设备和生产流线保留情况（0.4286），这足以说明工业遗产的技术价值属性。

B4 设施与工业景观价值的因子层指标中，权重值较大的是 C18 生产配套设施（0.2044）、C20 工业次生景观（0.3282），因此，由厂区外看到的工业景观和工业次生景观是设施与工业景观价值的主要内容。

B5 民生与工人社区价值的因子层指标中，C22 工人社区规模（0.2492）、C26 社区规划与建筑风貌（0.2992）所占权重较高，是该准则层的重要因子指标。

5.3　工业遗产价值评价指标量化与评价计算

5.3.1　指标体系的量化

要对以上工业遗产价值评价指标进行量化，评价其 59 个子项目的分值高低，需要结合现状调研实际情况，建立相应的评分标准，然后根据此标准进行分项打分，为最后数据分析并得出评价结果提供依据。工业遗产价值评价指标体系的指标量化标准见表 5.39。

表 5.39　工业遗产价值评价指标体系的指标量化标准

指标序号 指标名称	评分标准与说明				
	优秀（9~10）	良好（7~8）	一般（5~6）	较差（3~4）	很差（0~2）
D1 城市中的区位等级	工厂位于城市中心	工厂位于城市片区中心	工厂位于城市一般位置	工厂位于城市边缘带	工厂位于城市郊区
D2 区位的特征与重要性	位置与城市名片功能紧密联系	与城市居住功能紧密联系	与城市功能联系一般	与城市功能联系一般	逐渐与郊区农业联系
D3 企业权属	国有企业	集体企业	合资企业	产权混乱	产权有争议

续表

指标序号 指标名称	评分标准与说明				
	优秀（9~10）	良好（7~8）	一般（5~6）	较差（3~4）	很差（0~2）
D4 企业生产现状发展预测	扩大生产，发展良好，或已经转型	正常生产，发展一般，或正在转型	维持正常生产，发展不好，亟待转型	减产、停产，亟待转型	停产、破产
D5 工业类型与企业规模	大型国防企业和机械制造企业	大型基础工业（能源、冶金、化工）	大中型地方企业（建材）	中型轻工企业	小型企业
D6 企业历史时代的规模意义	在所处时代为规模较大，有典型意义的	在所处时代为规模大，有代表意义的	在所处时代为规模一般，有一般代表意义的	在所处时代为规模较小，代表意义不大的	在所处时代为规模较小，无代表意义的
D7 企业历史人物与历史事件	改革人物，科学家，对企业有重要意义的	改革人物，科学家，参与企业发展的	改革人物，科学家，间接参与企业发展的	历史人物，与企业一个历史时间段相关	历史人物，与企业无关
D8 城市区域商贸服务经济潜力	城市商贸经济繁荣，有利用工业遗产的需求	城市商贸经济繁荣，有利用工业遗产的可能	城市商贸经济一般，有利用工业遗产的可能	城市商贸经济一般，利用工业遗产的可能很小	城市商贸经济起步，没有利用工业遗产的可能
D9 城市区域旅游经济发展	城市旅游业发展繁荣，有利用工业遗产的需求	城市旅游业发展繁荣，有利用工业遗产的可能	城市旅游业发展一般，有利用工业遗产的可能	城市旅游业发展一般，利用工业遗产的可能很小	城市旅游业发展起步，没有利用工业遗产的可能
D10 城市区域会展经济发展	城市会展经济繁荣，有利用工业遗产的需求	城市会展经济繁荣，有利用工业遗产的可能	城市会展经济一般，有利用工业遗产的可能	城市会展经济一般，利用工业遗产的可能很小	城市会展经济起步，没有利用工业遗产的可能

续表

指标序号 指标名称	评分标准与说明				
	优秀（9~10）	良好（7~8）	一般（5~6）	较差（3~4）	很差（0~2）
D11 城市区域文创产业经济发展	城市文创产业经济繁荣，有利用工业遗产的需求	城市文创产业经济繁荣，有利用工业遗产的可能	城市文创产业经济一般，有利用工业遗产的可能	城市文创产业经济一般，利用工业遗产的可能很小	城市文创产业经济起步，没有利用工业遗产的可能
D12 与城市性质、城市名片的关系	能够代表城市性质，成为城市名片	能够代表城市性质，不能成为城市名片	一定程度上代表城市性质	对城市性质只有微弱影响	与城市性质没有关系
D13 在城市发展历史中的作用	极大地影响了城市工业区分布，增加了城市空间布局	影响了城市工业区分布，增加了城市空间布局	跟随了城市工业区布局，增加了城市空间布局	跟随了城市工业区布局	对城市建成区发展影响微乎其微
D14 技术史发展的代表性	引入先进技术后，自我发展，成为典范技术	引入先进技术后，自我发展，改良技术	引入了典范技术	引入较为先进的技术	技术价值的典范意义和代表性微乎其微
D15 在技术史发展中的作用	企业在工业技术发展中具有创新意义	企业在工业技术发展中具有引进技术意义	企业在工业技术发展中具有技术修正意义	企业在工业技术发展中具有应用意义	企业在工业技术发展中只有一般意义
D16 厂区建筑规模	100000 平方米以上	50000~100000 平方米	30000~50000 平方米	10000~30000 平方米	10000 平方米以下
D17 厂区占地规模	800~1000 亩	600~800 亩	400~600 亩	200~400 亩	200 亩以下
D18 建厂初期规划	布局符合生产需要，有礼仪空间，成为区域代表	布局符合生产需要，有礼仪空间，可为公共服务	布局符合生产需要，有少量礼仪空间	布局勉强完成生产需要	布局杂乱无章

续表

指标序号 指标名称	评分标准与说明				
	优秀（9~10）	良好（7~8）	一般（5~6）	较差（3~4）	很差（0~2）
D19 规划修改与原初期规划的变化程度	无变化或少量变化，原有规划清晰保留	少量变化，原有规划基本保留完整	变化适度，原有规划适中，可见原规划布局	变化较大，原有规划变更大	变化较大且混乱
D20 典型厂房的生产用途	核心工艺的生产用房	工艺流程的其他生产车间	动力机修等辅助车间	包装车间等配合车间	其他配合的生产用房
D21 典型厂房的使用现状和质量状况	正在使用，质量良好	正在使用，质量稳定	闲置，质量良好	闲置，质量稳定	弃用，危楼
D22 建筑风格与风貌	建筑具有时代领先性	建筑具有外来文化的引入性	建筑具有地方文化的代表性	建筑具有地方文化性质	建筑只具有一般意义
D23 厂区风貌完整程度	建厂初期风貌完整，厂区扩建分期清晰	建厂初期风貌相对完整，厂区扩建分期清晰	建厂初期风貌大部分完好，厂区扩建改建较多	建厂初期风貌部分完好，厂区扩建改建较多	建厂初期少量保存，厂区扩建改建多且混乱
D24 门、窗、屋面、檐口等建筑细部的装饰	细部装饰具有时代或民族特征，装饰材料与建筑构造衔接完美	细部装饰具有外来特征，装饰材料与建筑构造衔接较好	细部装饰平庸无特点，以实用为主，装饰材料与建筑构造衔接一般	细部装饰混乱，以实用为主，装饰材料与建筑构造衔接较差	细部装饰质量差，实用功能受到影响
D25 建筑装饰细部的现状	装饰材料坚固耐用，现状良好	装饰材料坚固耐用，现状较好	装饰材料较为坚固耐用，现状较好	装饰材料较为坚固耐用，现状一般	装饰材料寿命一般，现状破败
D26 加建改造的次数与原因	没有加建改造	加建改造1次，为生产需求	加建改造2~3次，多为生产需求	加建改造4~5次，多为其他需求	加建改造频繁，原因复杂

续表

指标序号 指标名称	评分标准与说明				
	优秀（9~10）	良好（7~8）	一般（5~6）	较差（3~4）	很差（0~2）
D27 加建改造部分与原貌的衔接程度	加建改造部分与原建筑风貌协调统一	简单改造，对原建筑风貌影响不大	改造对原建筑风貌影响较大但可以判别原风貌	风格突兀，无法与原建筑风貌衔接	已经无法看出原建筑风貌
D28 工业遗产保护措施	已有完善的工业遗产保护规划和措施	已有完善的工业遗产措施	有自发的保护措施，不成体系	有少量的保护措施	没有工业遗产的保护措施
D29 工业遗产保护实施	保护措施和保护规划执行良好	保护措施和保护规划正在执行	保护措施筹备执行，维持现状	保护措施执行不力，维持现状	保护措施无主体执行，现状堪忧
D30 技术转移所代表的技术水平	已达到国际先进水平	已达到国内先进水平	已达到国际一般水平	已达到国内一般水平	处于行业末端水平
D31 技术成长中的高峰技术水平	已达到国际先进水平	已达到国内先进水平	已达到国际一般水平	已达到国内一般水平	处于行业末端水平
D32 生产线和工业建筑结合情况	结合好，紧凑，能够促进工业生产	结合好，能够促进工业生产	结合好，能够协调工业生产	结合一般，能够完成空间内的工业生产	结合不好，影响工业生产
D33 整体生产流线保留情况	正常使用，生产线和设备全部保留，现状良好	周期停产，生产线全部保留，设备稳定	停产，生产线全部保留，设备现状一般	停产，生产线部分保留，设备现状差	停产，废弃，生产线全部拆除
D34 产品与原材料成品与样品	各类产品和原材料保留齐全	产品保留齐全，原材料部分保留	产品基本保留齐全，原材料少量保存	产品基本保留齐全，原材料没有保存	产品部分保留，原材料没有保存

续表

指标序号 指标名称	评分标准与说明				
	优秀（9~10）	良好（7~8）	一般（5~6）	较差（3~4）	很差（0~2）
D35 生产档案保留情况	详尽完整	文献较多	文献一般	部分记载	无法考证
D36 仓库和堆场现状	有筒仓等专业仓库	有大型专业仓库，或实施齐全的物料堆场	有专业堆场和全封闭仓库	简陋的室外堆场，或半封闭仓库	无
D37 仓库和堆场使用情况	质量良好，使用频繁	质量稳定，正常使用	质量稳定，正常使用	质量稳定，使用较少	质量现状较差，闲置或弃用
D38 厂内动力、消防、安全等辅助设施保留情况	设施齐全，生产规模较大，生产管理水平先进	设施基本齐全，生产规模大，生产管理水平较高	保留部分设施，具有一般的企业生产管理水平	保留少量设施，企业生产管理水平低	没有保留
D39 管线、廊架、吊车等生产运输设施保留情况	设施齐全，能连接工业生产流程，有强烈的工业景观特征	基本齐全，能基本连接工业生产流程，有明显的工业景观特征	保留部分设施，不能完全连接工业生产流程，有工业景观特征	保留有少量设施，只具有工业景观的象征意义	没有保留
D40 自配汽运站场等	规模较大，使用频繁	规模中等，使用频繁	规模中等，正常使用	规模较小，较少使用	无
D41 自配铁路运输站场等	规模较大，使用频繁	规模中等，使用频繁	规模中等，正常使用	规模较小，较少使用	无
D42 次生景观的类型、危害	无次生景观	水体类次生景观，对环境和生活没有危害	堆积类次生景观，对环境有污染，对生活没有危害	堆积类次生景观，对环境和生活危害较大	塌陷类次生景观，对生活危害较大

续表

指标序号 指标名称	评分标准与说明				
	优秀（9~10）	良好（7~8）	一般（5~6）	较差（3~4）	很差（0~2）
D43 次生景观处置措施	治理措施科学齐备，对环境危害降到最低	治理措施较为科学齐备，对环境危害有明显降低	有处理措施，对环境治理效果不大	治理措施很少，环境治理效果微乎其微	没有治理措施，持续对环境发生危害
D44 路灯、座椅等厂区景观设施	设施完善，有时代特色	设施完善，有厂区特色	设施一般，略有特色	设施欠缺，没有特色	无景观设施
D45 工业文化标语、文化长廊	有标语和图形，有主题性，有多个时代文化特色	有标语和图形，有主题性，时代特色明显	只有标语，有主题性	零星有，主题性不强	无
D46 工人社区面积	500 亩以上	300~500 亩	200~300 亩	100~200 亩	无
D47 工人社区概况	工业发展形成科、教、卫功能全面的，规模较大的工人社区	工业发展形成科、教、卫功能全面的，规模一般的工人社区	工业发展形成教、卫功能与规模一般的工人社区	工业发展形成教、卫功能与规模较小的工人社区	工业发展没有形成工人社区
D48 医院等级、科室、床位	社区有二级甲等医院	社区有二级乙等医院	社区有社区医院	社区有卫生服务站	无医疗卫生服务
D49 社区药店、便民医疗机构	3 家或以上社区药店，2 家以上便民医疗机构	3 家或以上社区药店，1 家以上便民医疗机构	有社区药店，有便民医疗机构	只有社区药店，没有便民医疗机构	无

续表

指标序号 指标名称	评分标准与说明				
	优秀（9~10）	良好（7~8）	一般（5~6）	较差（3~4）	很差（0~2）
D50 幼儿园、小学教育状况	有幼儿园、小学，且为省市重点小学	有幼儿园、小学，且教学质量较好	幼儿园、小学都有	只有幼儿园	无
D51 初中、高中教育	有省市重点初高中	有初高中，且教学质量较好	初高中都有	只有初中	无
D52 工业技术教育	有企业独立技校，且有高校支持	有高校支持	有企业独立技校	无，在社区范围内有其他技术教育机构	无
D53 食堂、澡堂、商店	服务设施齐全，现状良好	服务设施齐全，现状一般	服务设施不全，现状一般	服务设施不全，现状差，有停用	服务设施现状差，已经停用
D54 俱乐部、体育场馆	有，规模较大，日常使用	有，规模中等，经常使用	有，规模较小，且不常使用	有，规模较小，且挪作他用	无工人文体场馆
D55 社区规划手法	空间布局严谨，礼仪感强	空间布局严谨，有仪式感	空间布局严谨而灵活	空间布局灵活	空间布局无规律
D56 居住建筑风格	具有明显的外来和时代风格	具有明显的时代风格	具有自己的风格和特色	有一定的特色和风格	毫无特色
D57 公共建筑风格	具有明显的外来和时代风格	具有明显的时代风格	具有自己的风格和特色	有一定的特色和风格	毫无特色
D58 居住建筑质量	优良	良好	一般	差	危楼
D59 公共建筑质量	优良	良好	一般	差	危楼

5.3.2　价值评价的计算

价值评价的计算步骤如下。

1. 问卷调查，得出子因子层指标 Di 的“评价分”

根据指标量化表（见表 5.39）对需要评价的 59 个因素设定评价内容，编写调查问卷（见附录）。

在有关价值评价问卷调查的研究中，较多考虑问卷调查样本的数量和受访者年龄、学历、工作等的层次分配。除此之外，本研究还要求受访者满足两个基本条件，即熟悉工厂概况并了解工业遗产相关知识。因此，参与指标量化的受访对象设定为 4 种类型，见表 5.40。

表 5.40　工业遗产评价指标量化问卷的受访对象

评价者	受访者来源	受访者学历、职称
评价者 1	工业遗产专家	硕士、博士
评价者 2	工业遗产调研人员	本科生、硕士生
评价者 3	企业干部	硕士、工程师、经济师
评价者 4	企业工人	工人、退休职工、技术员、处室干部

受访者根据实际情况进行问卷答题，得出子因子层指标 Di 的“评价分 S_{Di}”。

2. 统计计算各评价者的评分数据，得出遗产的最终“价值得分”

将评价者打出的各项评价指标的“评价分 S_{Di}”分别乘以对应的权重值 W_{Di}，

然后累加这些数值，得出一位评价者对该项遗产该项指标的权重得分。将计算出的所有评价者的权重得分进行平均，即得出指标的“权重得分”。根据公式 5.1 计算某一工业遗产评价对象准则层 5 项指标的“权重得分 Q_{B_j}”，将这 5 项权重得分相加，见公式 5.2，即为该评价对象的“价值得分 Q”，也是该评价对象的最终得分。准则层 5 项指标相对于目标层的权重是不相同的，为了更好地比较其各自的贡献，将其加权且转化成十分制得分，命名“贡献值 QS_{B_j}”，见公式 5.3。

$$Q_{B_j} = \frac{\sum_1^n \sum \left(S_{D_i} \times W_{D_i}\right)}{n} \tag{5.1}$$

$$Q = \sum_{j=1}^{j=5} Q_{B_j} \tag{5.2}$$

$$QS_{B_j} = \frac{Q_{B_j} \times 10}{W_{B_j}} \tag{5.3}$$

Q_{B_j}：准则层各因素的权重得分，即 B_1~B_5 的权重得分。

S_{D_i}：子因子层因素 D_i 的评价分，第 i 个问题的因素 Di 的得分。

W_{D_i}：子因子层因素相对于目标层的权重，即表 5.41 的综合权值。

i，j：分别为准则层各因素 B_j 和子因子层因素 D_i 的范围，j=1，即 B_1 时，i 为 1~15;j=2，即 B_2 时，i 为 16~29;j=3，即 B_3 时，i 为 30~35;j=4，即 B_4 时，i 为 36~45；j=5，即 B5 时，i 为 46~59。

n：调查问卷的样本数。

Q：“价值得分”。

QS_{B_j}：贡献值。

W_{B_j}：准则层各因素 B_j 的权重，见表 5.5 的权重值 W_i。

5.4　太原近现代工业遗产的评价结果与分析

5.4.1　评价结果与分级标准建议

以太原 22 项近现代工业遗产作为价值评价对象，按照本章前文工业遗产价值评价方法对其进行价值评价。在 22 项工业遗产中，分别在各个企业中选取符合要求的受访者 10 名进行各自企业的问卷（附录 1）调查，经过逐一计算评价，计算举例如下，评价结果见表 5.41 和图 5.6。本研究在评价结果排序分级的逻辑下，提出分级标准，定为四级，分别为一级工业遗产、二级工业遗产，三级工业遗产、工业遗产纪念地，并对 22 个评价对象给出了定级建议，见表 5.42。分级结果符合正态分布，笔者认为分级结果成立可靠。表 5.43 详细列出 22 项工业遗产的分级建议、价值特征。

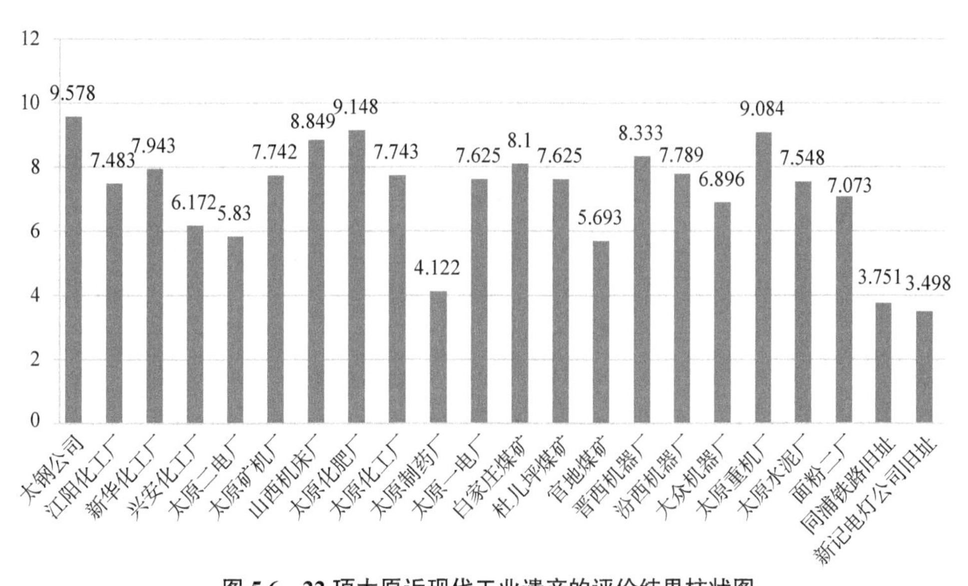

图 5.6　22 项太原近现代工业遗产的评价结果柱状图

表 5.41 22 项太原近现代工业遗产的评价结果

序号	评价得分 评价对象	B_1		B_2		B_3		B_4		B_5		价值得分
		权重得分	贡献值	权重得分	贡献值	权重得分	贡献值	权重得分	贡献值	权重得分	贡献值	
1	太钢公司	1.406	9.82	2.964	9.54	1.431	8.7	1.320	9.99	2.457	9.85	9.578
2	江阳化工厂	1.297	9.06	2.169	6.98	1.304	7.93	0.919	6.96	1.793	7.19	7.483
3	新华化工厂	1.239	8.65	2.222	7.15	1.531	9.31	0.692	5.24	2.260	9.06	7.943
4	兴安化工厂	0.908	6.34	1.445	4.65	1.323	8.04	0.584	4.42	1.913	7.67	6.172
5	太原二电厂	0.959	6.7	1.221	3.93	1.375	8.36	1.015	7.68	1.259	5.05	5.830
6	太原矿机厂	1.187	8.29	2.020	6.5	1.434	8.72	0.971	7.35	2.130	8.54	7.742
7	山西机床厂	1.323	9.24	2.750	8.85	1.530	9.3	1.024	7.75	2.222	8.91	8.849
8	太原化肥厂	1.392	9.72	3.008	9.68	1.538	9.35	1.277	9.67	1.933	7.75	9.148
9	太原化工厂	1.108	7.74	2.501	8.05	1.369	8.32	1.214	9.19	1.551	6.22	7.743
10	太原制药厂	0.676	4.72	1.821	5.86	0.948	5.76	0.000	0	0.678	2.72	4.122
11	太原一电厂	1.053	7.35	2.395	7.71	1.258	7.65	1.160	8.78	1.758	7.05	7.625

续表

序号	评价得分 / 评价对象	B_1		B_2		B_3		B_4		B_5		价值得分
		权重得分	贡献值	权重得分	贡献值	权重得分	贡献值	权重得分	贡献值	权重得分	贡献值	
12	白家庄煤矿	1.312	9.16	2.781	8.95	1.311	7.97	1.180	8.93	1.516	6.08	8.100
13	杜儿坪煤矿	1.000	6.98	2.380	7.66	1.198	7.28	1.300	9.84	1.748	7.01	7.625
14	官地煤矿	0.821	5.73	1.886	6.07	1.040	6.32	1.007	7.62	0.940	3.77	5.693
15	晋西机器厂	1.306	9.12	2.622	8.44	1.448	8.8	0.972	7.36	1.985	7.96	8.333
16	汾西机器厂	1.147	8.01	2.169	6.98	1.530	9.3	1.016	7.69	1.928	7.73	7.789
17	大众机器厂	0.861	6.01	2.178	7.01	1.239	7.53	0.629	4.76	1.990	7.98	6.896
18	太原重机厂	1.305	9.11	2.830	9.11	1.533	9.32	1.186	8.98	2.230	8.94	9.084
19	太原水泥厂	1.000	6.98	2.532	8.15	1.230	7.48	1.028	7.78	1.758	7.05	7.548
20	面粉二厂	1.246	8.7	2.377	7.65	1.010	6.14	1.164	8.81	1.277	5.12	7.073
21	同蒲铁路旧址	1.120	7.82	2.632	8.47	0.000	0	0.000	0	0.000	0	3.751
22	新记电灯公司旧址	1.143	7.98	2.355	7.58	0.000	0	0.000	0	0.000	0	3.498

表 5.42　22 项太原近现代工业遗产的评价定级标准与分级建议

等级	一级工业遗产	二级工业遗产	三级工业遗产	工业遗产纪念地
得分区间	8.0~10.0	6.0~8.0	5.0~6.0	4.0 以下
等级释义	遗产构成类型齐备，物质遗存丰富，建筑保存完好，典型工艺和设备保存完好，在全行业中具有先进的技术典范	遗产构成类型齐备，物质遗存丰富，建筑基本完好，典型工艺和设备基本完好	遗产构成类型基本完备	具体分析、单独类型的工业遗产
分级结果	太钢公司 太原化肥厂 山西机床厂 白家庄煤矿 太原重型机械厂 晋西机器厂	江阳化工厂 新华化工厂 太原一电厂 太原矿机厂 太原化工厂 杜儿坪煤矿 汾西机器厂 大众机械厂 太原水泥厂 面粉二厂 兴安化工厂	太原二电厂 官地煤矿	太原制药厂 同蒲铁路旧址 新记电灯公司旧址

表 5.43　22 项太原近现代工业遗产的价值特征分析表

序号	名称	价值特征雷达图	定级建议与价值特征
1	太钢公司	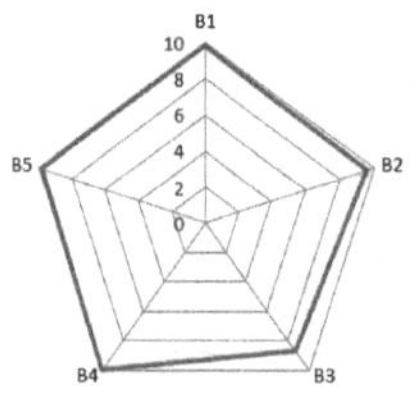 B1 B2 B3 B4 B5	综合价值评价为 9.578 建议定级为一级工业遗产 太钢公司原为民国时期创建的西北育才炼钢厂，在中华人民共和国成立初期转型发展为我国重要的特种钢基地。工业遗产的价值特征表现十分饱满，各项价值分值较高。作为重点企业，注意工业生产和遗产保护的关系

续表

序号	名称	价值特征雷达图	定级建议与价值特征
2	江阳化工厂	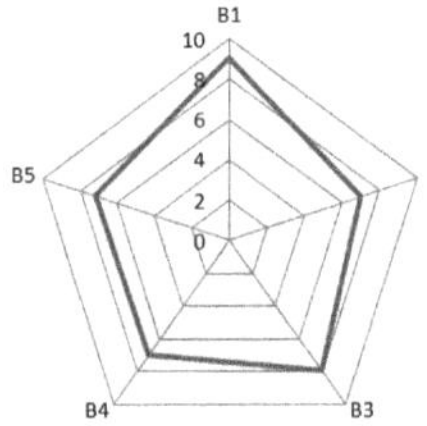	综合价值评价为 7.483 建议定级为二级工业遗产 江阳化工厂是“156 工程”项目之军工企业，企业技术单一，厂房和工业设施并不十分丰富，同时离市区较远。因此，除社区价值外，其他价值项目表现一般
3	新华化工厂	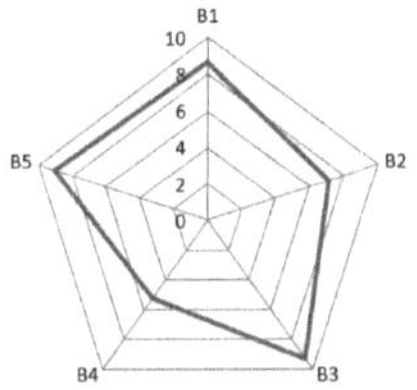	综合价值评价为 7.943 建议定级为二级工业遗产 新华化工厂是“156 工程”项目之军工企业，是中华人民共和国成立初期唯一的防化设备生产基地，因而在技术价值方面表现突出，其他价值表现一般
4	兴安化工厂	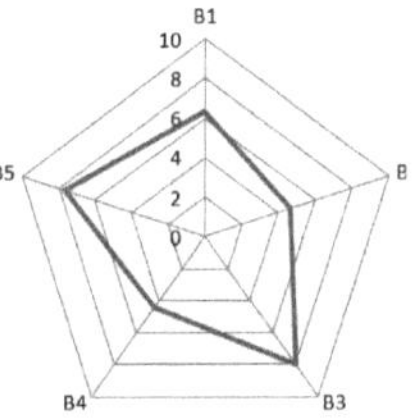	综合价值评价为 6.172 建议定级为二级工业遗产 兴安化工厂是“156 工程”项目之军工企业，由于在生产过程中对厂区进行了较多的改变，因而除技术价值方面表现较高，其他价值表现一般
5	太原二电厂	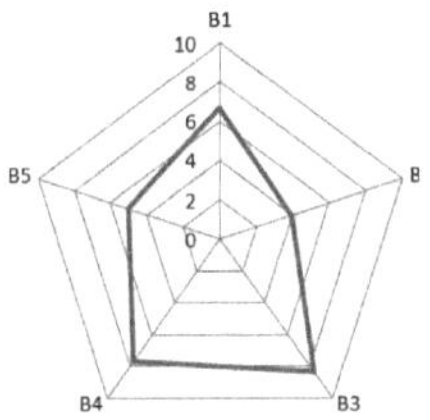	综合价值评价为 5.830 建议定级为三级工业遗产 太原二电厂是“一五”期间城北工业区和北郊工业区配建的火力电厂，其凉水塔和电厂工业景观十分突出，由于生产中机组换代，早期机组和厂房已经拆除，同时防护距离较远，因此除技术和工业景观价值外，其他价值表现较低
6	太原矿机厂	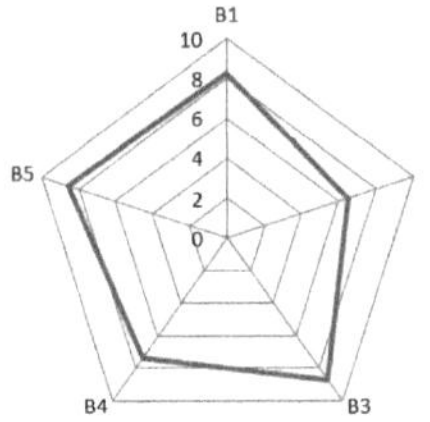	综合价值评价为 7.742 建议定级为二级工业遗产 太原矿机厂前身是民国时期创建的西北育才炼钢机器厂，中华人民共和国成立初期在原有基础上继续发展。各项价值表现较为均衡

续表

序号	名称	价值特征雷达图	定级建议与价值特征
7	山西机床厂	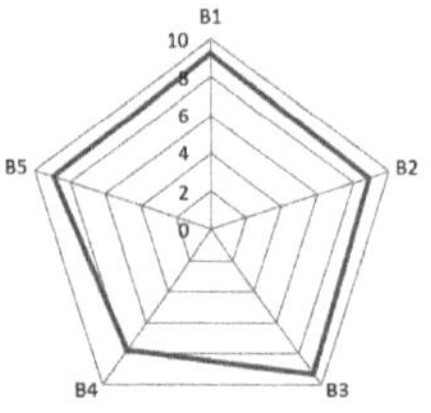	综合价值评价为 8.849 建议定级为一级工业遗产 山西机床厂前身是晚清创建的太原机器局，民国时为太原兵工厂，中华人民共和国成立后在其基础上发展兵器装备制造，是国防重点企业。目前企业自发保护良好，各项价值均有优异表现
8	太原化肥厂	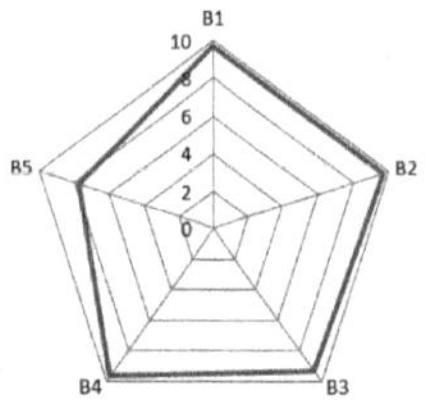	价值评价为 9.148 建议定级为一级工业遗产 太原化肥厂是“156 工程”项目的化工企业，位于河西南工业区。2014 年全面停产后，进行了冷冻式的遗产保护。各项价值表现优异。目前太原市政府计划将其打造为太化工业遗址公园
9	太原化工厂	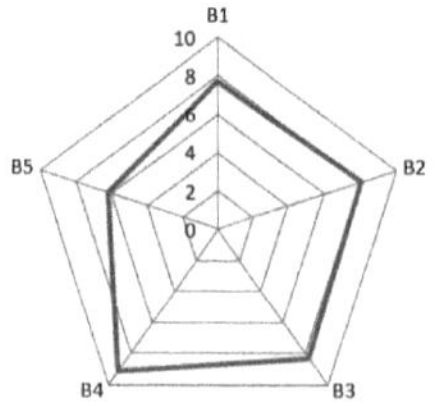	价值评价为 7.743 建议定级为二级工业遗产 太原化工厂是“156 工程”项目之一，是 156 项目较早全面停产的企业之一，遗憾的是厂区内目前保留的工业建筑不全面，价值较高的检验楼、办公楼和一些构筑物被保留下来
10	太原制药厂	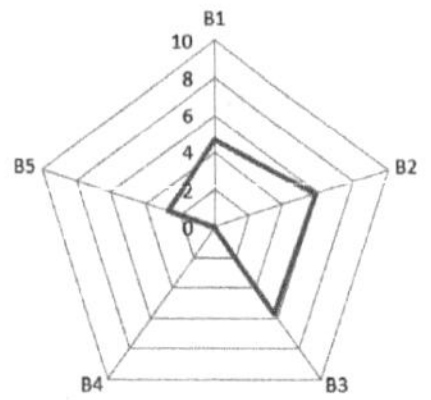	价值评价为 4.122 建议定级为工业遗产纪念地 太原制药厂是“156 工程”项目之一，遗憾的是停产后，企业破产，厂区内只保留了少量建筑物、构筑物，工业景观价值缺失
11	太原一电厂	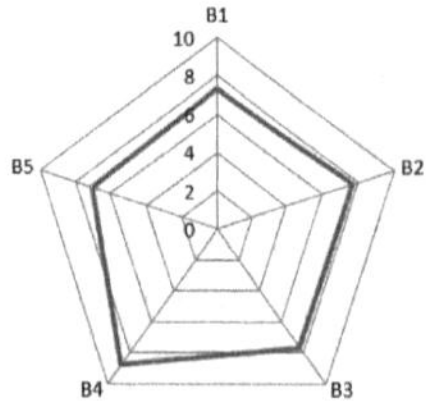	价值评价为 7.625 建议定级为二级工业遗产 太原一电厂是“156 工程”项目之一。虽然建厂初期的厂房和发电机组已经被拆除，但四期、五期、六期发电机仍保留完整，工业景观特征明显

续表

序号	名称	价值特征雷达图	定级建议与价值特征
12	白家庄煤矿	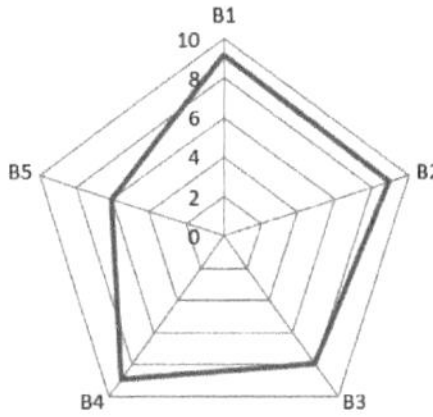	价值评价为 8.100 建议定级为一级工业遗产 白家庄煤矿是西山地区最早创办的机械采煤的煤矿。由于工人住宅分布比较分散，除社区价值外，其他价值均有较高得分
13	杜儿坪煤矿	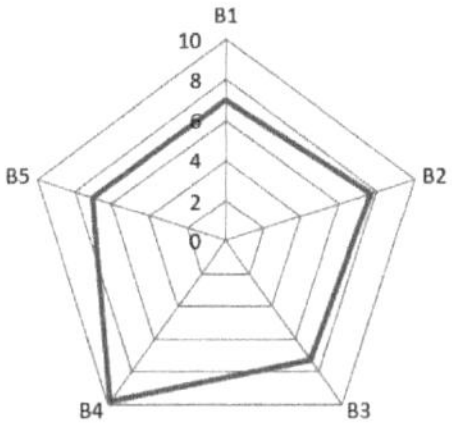	价值评价为 7.625 建议定级为二级工业遗产 杜儿坪煤矿是中华人民共和国成立后新办的大型煤矿，其工业景观价值显著，由于工人住宅区分布分散，社区价值得分较低
14	官地煤矿	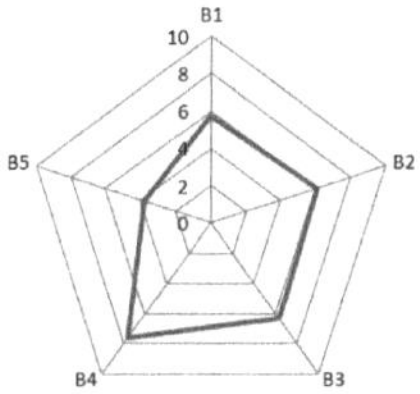	价值评价为 5.693 建议定级为三级工业遗产 官地煤矿，由于其规模较小，各项得分一般，没有突出表现，因此为三级工业遗产
15	晋西机器厂	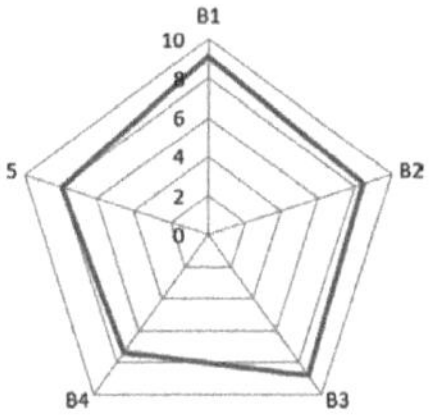	价值评价为 8.333 建议定级为一级工业遗产 晋西机器厂为“156 工程”项目之一，是国防企业，重要的工业遗产保留有厂部办公楼、一工房、西宫、阎锡山兵营窑洞等。各项价值表现良好
16	汾西机器厂	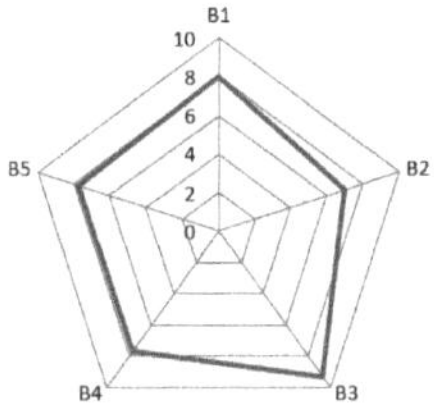	价值评价为 7.789 建议定级为二级工业遗产 汾西机器厂为“156 工程”项目之一，是国防企业。重要的保留工业遗产有 5 号办公楼、电工车间、汾西俱乐部、和平村工人社区等

续表

序号	名称	价值特征雷达图	定级建议与价值特征
17	大众机器厂	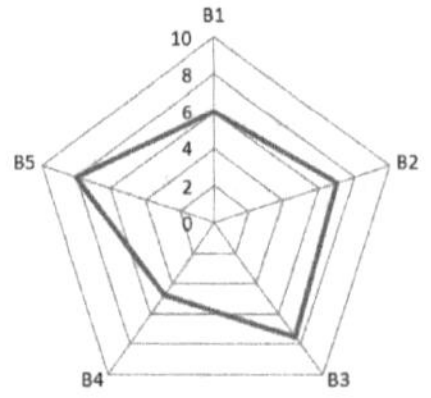	价值评价为 6.896 建议定级为三级工业遗产 大众机械厂是“156 工程”项目之一，是国防企业，目前民用产品生产较多。保留有三益俱乐部等，由于是电子机械工厂，其工业景观价值不大。综合评价得分来看，为三级工业遗产
18	太原重机厂	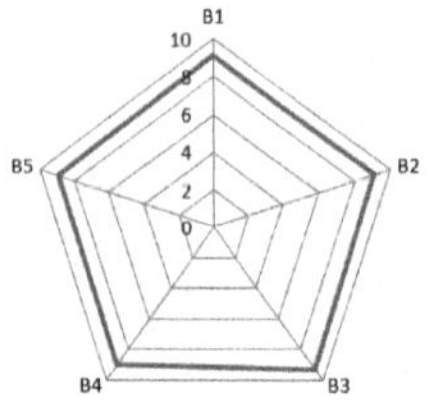	价值评价为 9.084 建议定级为一级工业遗产 太原重机厂是“一五”期间的重点企业，企业正在良好发展，目前保留有一金工、二金工车间、办公楼、苏式住宅等，工业景观及技术价值都极为显著
19	太原水泥厂	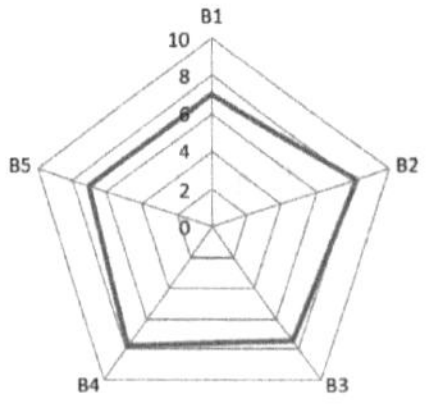	价值评价为 7.548 建议定级为二级工业遗产 太原水泥厂是民国时期阎锡山为修筑同蒲铁路而创办的工厂，旧区虽拆除了部分厂房和车间，但保留有质检车间、化验室等，新区工业景观特征显著，工人社区还保留有 52 间宿舍、碉堡等。综合评价为二级工业遗产
20	太原面粉二厂	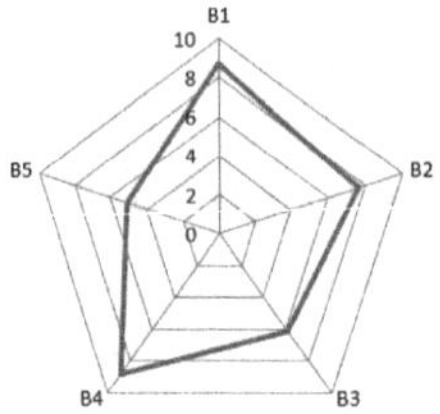	价值评价为 7.073 建议定级为二级工业遗产 太原面粉二厂位于市中心，保留有仓库、制粉车间、筒仓、装配货站等。由于是轻工企业，设备保存少，职工社区规模较小，所以在工人社区价值和工艺技术价值方面表现一般
21	同蒲铁路旧址	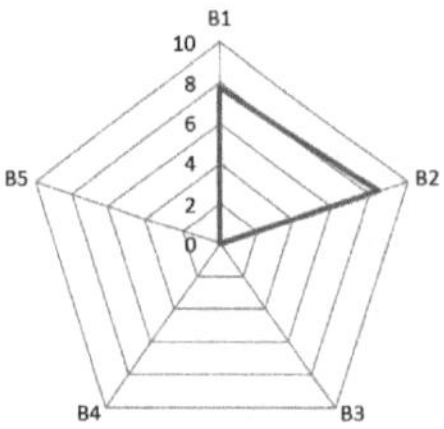	价值评价为 3.751 建议定级为工业遗产纪念地 同蒲铁路旧址目前只保留有同蒲饭店旧址和工程师住宅，目前保存良好，但由于设备、工业景观等方面已无任何遗存，因此总体得分较低。究其建筑遗存而言，也确实无生产场景可以追忆，故建议定级为工业遗产纪念地

续表

序号	名称	价值特征雷达图	定级建议与价值特征
22	新记电灯公司旧址	B1 10 8 6 4 2 0 B2 B3 B4 B5	价值评价为 3.498 建议定级为工业遗产纪念地 新记电灯公司旧址只有建筑遗存，目前保存良好，但由于设备、工业景观等方面已无任何遗存，因此总体得分较低。究其建筑遗存而言，也确实无生产场景可以追忆，故建议定级为工业遗产纪念地

5.4.2　评价对象的产业类型分布分析

图 5.7 描绘了基于产业类型的 22 项太原近现代工业遗产四个等级的分布，表 5.44 为详细内容。可以明显地看出，22 项工业遗产在 6 类产业中，煤电能源、机械制造、化工产业工业遗产的数量和质量分值较高，这足以说明：以煤炭为主的能源类工业遗产是太原工业遗产的第一张名片，重型机械制造和化工紧追其后，印证了太原是能源重化工业城市。

工业的发展离不开交通运输业的发展。从 1907 年正太铁路通车，太原的近代交通运输发展了百余年，但是太原整体的运输业工业遗产遗存不多，目前只有同蒲大厦是民国时期阎锡山修造同蒲铁路的配套建筑。该建筑目前是太原铁路局办公楼，属于太原历史文化名城中的优秀近代历史建筑。由于现存的同蒲铁路遗存远远不能反映早期铁路的交通运输面貌，按照分级标准定级为工业遗产纪念地。太原冶金工业和轻工业现存的工业遗产都只有一项，分别为太钢公司工业遗产、太原面粉二厂，因此是太原该类型工业遗产的典型，具有保护价值。

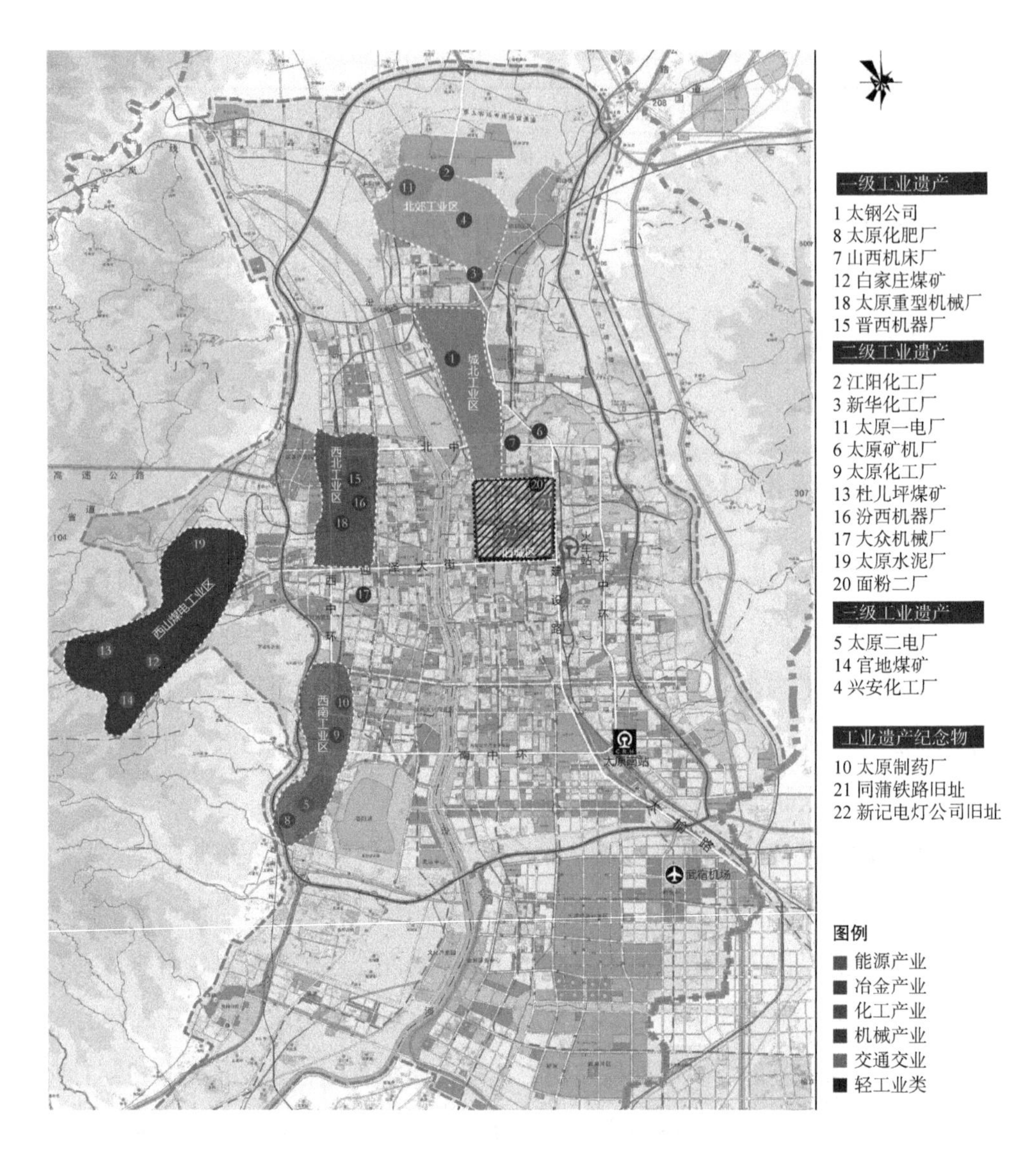

图 5.7　基于产业类型的 22 项太原近现代工业遗产分布示意图

表 5.44　基于产业类型的 22 项太原近现代工业遗产一览表

产业类型	一级工业遗产	二级工业遗产	三级工业遗产	工业遗产纪念物
交通运输业				同蒲铁路旧址
冶金产业	太钢公司			
煤电能源产业	白家庄煤矿	杜儿坪煤矿、太原一电厂	官地煤矿、太原二电厂	新记电灯公司旧址
机械制造产业	山西机床厂	太原重型机械厂、晋西机器厂	汾西机器厂、大众机械厂	
化工与建材产业	太原化肥厂	太原化工厂、江阳化工厂、兴安化工厂、太原化工厂、太原水泥厂	新华化工厂	太原制药厂
轻工产业		太原面粉二厂		

5.4.3　评价对象的生产状态分析

将 22 项工业遗产的分级建议结合遗产现状（见表 5.45）分析表明，较高级别的工业遗产的企业多为停产闲置企业和正常生产企业。停产闲置企业，由于行业或政策原因，已经停产，但企业主体健全，有些工业遗产的保护已经提上日程。正常生产的企业有利于保护工业遗产，多是机械制造企业，需要协调保护与生产的关系，打开壁垒将工业遗产对公众开放，以达到遗产价值传承的作用。对于逐年减产和萧条生产的企业，工业遗产保护需提前规划，与减产关停一起做好过渡工作。

表 5.45　太原市各级别工业遗产的生产状态一览表

生产现状	一级工业遗产	二级工业遗产	三级工业遗产	工业遗产纪念物
停产再利用				同蒲铁路旧址 新记电灯公司旧址
停产闲置	白家庄煤矿 太原化肥厂	太原一电厂 面粉二厂		
停产废弃		太原化工厂		太原制药厂
逐年减产		杜儿坪煤矿	官地煤矿	
萧条生产		太原水泥厂 江阳化工厂	兴安化工厂	
正常生产	太钢公司 山西机床厂 太原重型机械厂 晋西机器厂	汾西机械厂 大众机械厂 太原矿机厂	新华化工厂 太原二电厂	

5.4.4　评价对象的城市片区分布分析

表 5.46 和图 5.8 分别给出四个级别工业遗产在太原市各工业区的分布表和柱状图。旧城区 3 项工业遗产中只有 1 项为二级工业遗产；城北工业区 3 项工业遗产全部为一级、二级工业遗产；北郊工业区 4 项工业遗产中有 2 项为二级工业遗产；河西南工业区的 4 项工业遗产有 1 项一级工业遗产、2 项二级工业遗产；河西北工业区的 4 项工业遗产全部为一级、二级工业遗产；西山工业区的 4 项工业遗产有 1 项一级工业遗产、2 项二级工业遗产。由上分析，综合城市片区工业遗产的总数量、等级分布可以看出几个区域重要性排序为：河西北工业区 > 西山煤电工业区 > 城北工业区 > 北郊工业区 > 河西南工业区 > 旧城区。

表 5.46　太原市各工业区的工业遗产级别分布情况

各工业区	一级工业遗产	二级工业遗产	三级工业遗产	工业遗产纪念物
旧城区		面粉二厂		同蒲铁路旧址 新记电灯公司旧址
城北工业区	太钢公司 山西机床厂	太原矿机厂		
北郊工业区		江阳化工厂 兴安化工	新华化工厂 太原二电厂	
河西南工业区	太原化肥厂	太原化工厂 太原一电厂		太原制药厂
河西北工业区	太原重型机械厂 晋西机器厂	汾西机械厂 大众机械厂		
西山煤电工业区	白家庄煤矿	杜儿坪煤矿 太原水泥厂	官地煤矿	

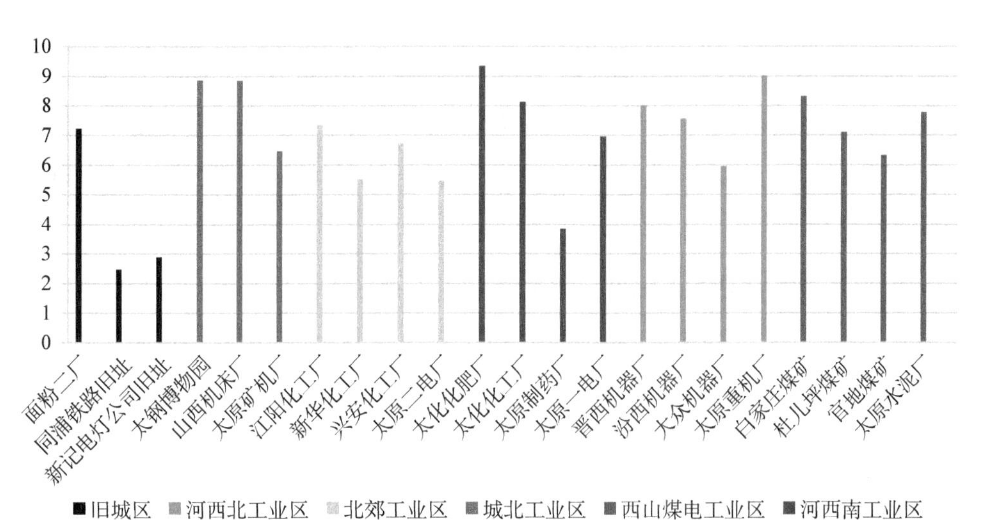

图 5.8　太原市各工业区工业遗产的价值评价柱状图

“一五”期间规划的河西北工业区的工业遗产，机械行业多数正在生产，建议全部收入遗产名录。晋西机器厂、汾西机器厂、大众机器厂都是国防工业企业，大都有自己的展览馆，但受国防企业军事管理的制约，不能够对外开放。然而从以上的分析总结中看出这些工业遗产又有重要的历史文化价值。

按照历史档案 50 年解密的基本原则，河西北工业区可协调生产布局，将厂部展览馆对外开放，配合家属区、俱乐部等同步保护，对外开放。

河西南工业区是“一五”期间规划的化工区，太原的化工业为我国中华人民共和国成立后化工业发展奠定了重要基础，是我国化工业发展的缩影。遗憾的是，太原化工业也是受市场冲击最早的行业，太原制药厂破产，太原化肥厂和太原化工厂合并为太化集团,并已经停产外迁。目前,太原化肥厂结合一电厂、晋阳湖开发太化遗址公园，发展工业遗产旅游。

城北工业区是太原最早的工业区，开始于晚清时期太原机器局。目前太原机器局旧址保存在国防工厂山西机床厂内，因此该处建议为一级工业遗产。除此之外，该区还有太钢公司和太原矿机厂两个工业遗产。城北工业遗产的保护以山西机床厂、太钢为核心，结合目前太原地铁镇远桥的发掘，构建城北晚清工业景象。

北郊工业区是在太原城北，以迎新街工人社区为南部起点，向北规划布置的工业区，“一五”期间重点建设了二电厂和同属于重点国防化工厂的江阳化工厂、新华化工厂、兴安化工厂，目前由于特种供应需求不高，这些工厂都生产不旺；但根据评价分析，江阳化工厂、新华化工厂、兴安化工厂都为二级工业遗产，需要更有效的保护，建议与企业文化建设相结合。

西山煤电工业区是煤炭生产工业区，是能够反映太原工业资源特征的工业区，其中白家庄煤矿建议为一级工业遗产。目前，以白家庄煤矿为代表的煤炭工业遗产已经获批建设国家矿山公园。

旧城区工业遗产为散点状态，产业关联度不大，除面粉二厂为二级工业遗产外，新记电灯公司旧址和同蒲铁路旧址在价值评价过程中都不具有完整意义，分值较低，建议作为工业遗产纪念地。

5.5　本章小结

本章在“城市双修”的视角下，基于工业遗产的构成类型构建了工业遗产的价值评价指标体系，其准则层（一级指标）为 5 项指标，分别为概况与市域经济价值、工厂与工业建筑价值、工艺与工业技术价值、设施与工业景观价值、民生与工人社区价值；因子层（二级指标）为 27 项指标；子因子层（三级指标）为 59 项指标。使用层次分析法对工业遗产价值评价指标体系确立了指标权重，并采取问卷形式对该指标体系进行量化。对太原 22 项近现代工业遗产进行价值评价，得出它们最终的价值得分，并给出分级建议。定级分为四个等级，分别为一级工业遗产、二级工业遗产、三级工业遗产、工业遗产纪念地。然后将评价结果与产业类型、企业现状、工业分布区相联系，对 22 项评价对象进一步进行了分析。工业遗存遗产化过程中，价值评价关乎遗产自身的存亡。当遗产的价值被认定后，还需要对其进行保护或再利用，使其发挥本身的价值。

第6章 “城市双修”视角下的工业遗产层级保护更新策略

保护工业遗产的目的不是将时间定格，更不是提供商业复制的可能，而是在尊重和记忆历史的同时活化遗产，以年轮的形式记载城市的发展历程，使城市文化更加多元丰富。在工业遗产保护和更新的实践活动中，长期存在着对工业遗产的内涵理解不清，对工业遗产保护的推动要素不理解，缺乏从城市到单体层级保护实践的有效指导。因此近年来工业遗产陷入了边保护边消失的尴尬境地，工业遗产的保护更新策略缺乏操作性，没有起到实际作用。本章主要研究任务是在“城市双修”原则指导下，依据工业遗产评价及分析结果，从实际出发研究具有操作意义的工业遗产保护和更新策略体系，把工业遗产的保护更新与城市规划衔接，提出适应不同层级工业遗产的具体保护内容及保护措施，指导工业遗产活化更新，让工业遗产融入现代城市的方方面面，以达到工业遗产的保护与活化的目的。

6.1 工业遗产保护和更新的驱动力

在工业遗产保护和更新中涉及的利益主体是多元的，且各自的需求是不同的、多方向的，因此，出现了工业遗产保护和更新的动力和阻力。对工业遗产保护更新的驱动力进行研究，目的在于调动社会各界力量参与工业遗产保护，这对工业遗产保护事业是有实践指导意义的。

6.1.1 工业遗产保护和更新的驱动力组成

工业遗产保护和更新有多种驱动因素，在实施过程中转换成推动力、拉动力或抑制力、阻力，在不同阶段发挥不同作用。本节对工业遗产保护和更新的驱动因素进行分析，对各因素进行驱动作用描述，并得出驱动力表现（见表 6.1）。这些驱动力在工业遗产保护和更新的不同阶段发挥的作用如图 6.1 所示。

表 6.1 工业遗产保护和更新的驱动因素分析

驱动因素	驱动作用	驱动力表现
企业物质因素	企业资产结构、劳资构成、员工知识结构等因素	发展自重（下滑力）
经济因素	良好的土地区位因素，地理位置优越，交通便捷，商业价值高，土地增值的潜力明显，资金回报率高。良好的区位地理优势吸引商业地产项目，并吸引资金注入	商业地产推动力 / 城市地租上涨压力
环境因素	生态环境污染，生活品质低劣，社会矛盾和生态危机急待解决	环境容量胁迫力
政策因素	地方政府作为管理者，工业遗产的保护和开发利用同样是其管理职责的一个重要部分，也包括破产企业转产、下岗职工再就业等社会职责，为工业遗产保护更新提供用地政策、金融政策、产业政策等	政府政策驱动力

续表

驱动因素	驱动作用	驱动力表现
历史文化因素	工业遗产的历史文化价值与审美意义	无（资源属性）
社会认知因素	区域发展和社会认知的价值观发生了改变，工业遗产的内在价值得到肯定和认同。相关学术和设计业的进一步发展推动了工业遗产保护更新。公众参与也是社会认知的重要因素	公众参与推动力（受益于工业遗产开发的相关人群）、学术发展提升力
内在发展因素	城市面临全球化的竞争，区域内失业率居高不下，涌现了扩充服务功能、转变生活方式和发展模式等一系列新需求。该因素表现为企业发展需求、民生发展需求	公众参与推动力（原企业与企业员工等）
企业非物质因素	企业管理制度、员工知识结构存在对工业遗产保护更新的阻碍因素	发展自重（下滑力）
文化产业背景	发展文化产业，要有良好的外部社会文化环境	文化产业引导力

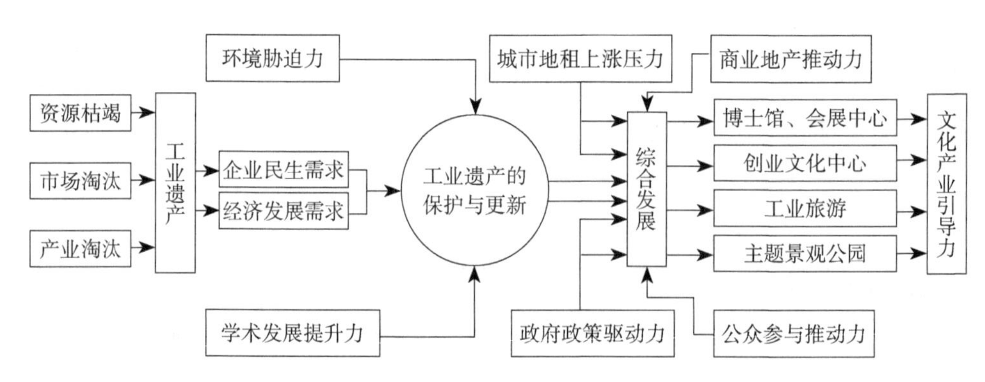

图 6.1　工业遗产保护和更新的驱动力作用分析

6.1.2　工业遗产保护和更新的驱动力作用模型

工业遗产保护和更新的驱动力是一个复杂的作用力。本研究将其分为正作用力和负作用力，其相互作用如图 6.2 所示。

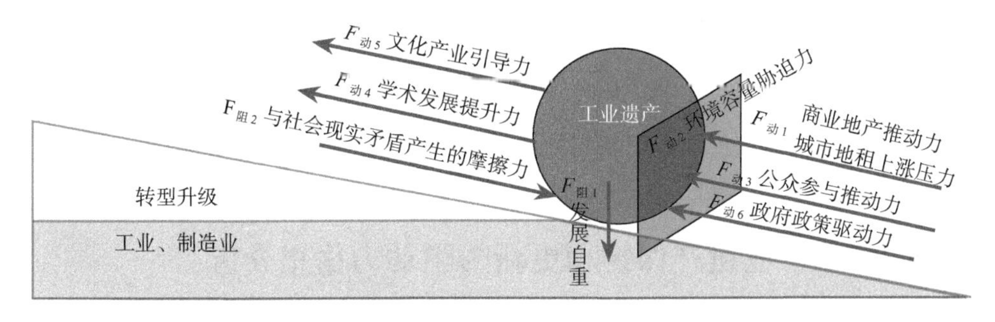

图 6.2　工业遗产保护和更新驱动力作用分析图

工业遗产保护和更新的加速公式：

$$A = (F_{正} - F_{负})/m \qquad (6.1)$$

其中：A 为工业遗产保护和更新的加速度；

$F_{正}$为正工业遗产保护和更新的推动力之和；

$F_{负}$为负工业遗产保护和更新的抑制力之和；

m 为工业遗产保护和更新的质量规模。

工业遗产保护和更新正驱动力的公式：

$$F_{正} = F_{动1} + F_{动2} + F_{动3} + F_{动4} + F_{动5} + F_{动6} \qquad (6.2)$$

其中：$F_{动1}$ 为城市商业地产发展推动力和城市地租上涨压力的合力；

$F_{动2}$ 为环境容量胁迫力；

$F_{动3}$ 为公众参与推动力；

$F_{动4}$ 为学术发展提升力；

$F_{动5}$ 为文化产业引导力；

$F_{动6}$ 为政府政策驱动力。

工业遗产保护和更新负驱动力的公式：

$$F_{负}=F_{阻1}+F_{阻2} \tag{6.3}$$

其中：$F_{阻1}$ 是工业遗产企业主体自重带来的工业遗产保护更新的阻力；

$F_{阻2}$ 是工业遗产保护更新与社会现实相矛盾产生的摩擦力。

6.1.3 工业遗产保护和更新的驱动力作用分析

1. 工业遗产保护更新的推动力分析

$F_{动1}$ 为城市商业地产发展推动力和城市地租上涨压力的合力。随着我国近年来城市化发展速度的提高，城乡发展飞快，城市地租也相应高昂。万通投资董事长冯仑先生在 2011 年诺亚财富金融峰会上预测，2012 年北京、上海等城市很多 CBD 写字楼会换约，租金上涨在 50%~70%。京东商城、当当网等电子商务公司在大量投资仓储，商用不动产租金上涨 30% 以上。工业遗产所处的位置逐步成为城市副中心地带，高昂的地租使得这些近郊工业用地也不再适合发展工业生产。此外，由于商业地产同时具有地产、商业与投资三重特性，可以解决从税收到就业，从形象工程到民生工程的一揽子问题。因此，商业地产项目迅速升温。同时，利用工业遗产发展文化商业地产，不仅能够缩短投资，树立城市地标，更可以解决千城一面的情况。

$F_{动2}$ 为环境容量胁迫力。我国早期工业发展以牺牲资源和环境为代价，换取工业发展，带来了诸多环境恶化问题，环境容量已达到饱和或超负荷，不能再容纳对环境造成不良影响的生产活动了。当前城市要求发展绿色产业、环保产业、可持续发展产业。在第一代工业发展结束其生命周期时，要求新的替代产业不会对环境造成压力。环境污染的外部性对工业遗产的开发造成一种胁迫力，胁迫其发展对环境没有压力的文化产业、旅游产业等。

$F_{动3}$为公众参与推动力。工业遗产开发的公众参与是指相关各阶层利益群体对工业遗产认知和保护更新的介入过程。按照公众参与理论，将公众参与分为三类：①受工业遗产开发直接影响的公众团体。包括项目的预期投资受益人、企业本体及企业员工，这些团体受工业遗产开发管理项目的直接影响。②受工业遗产开发间接影响的人群、团体或组织。③其他感兴趣的团体。这些团体或许不受项目的影响，但他们对土地开发管理项目感兴趣，这些团体多数做研究、教育、搜集资料和推动公众参与工业遗产开发管理的工作。这一类型的公众参与，本研究认为是工业遗产保护更新的一股较为专业且强劲的推动力。

$F_{动4}$为学术发展提升力。近年来，工业遗产备受学术界的关注，关于工业遗产的保护和利用更是学术讨论的热点。因而涌现出大批的研究者、管理者、设计师等，做出了诸多学术论文、策划方案等成果，具有很强的专业性和较高的前瞻性，有一些学者的建议甚至成功地实现了工业遗产的开发项目。如北京大学俞孔坚教授主持的中山崎江公园获得了第十届全国美展金奖。这些对工业遗产保护和更新的成功案例，对其他城市工业遗产的保护更新是极大的鼓舞。

$F_{动5}$为文化产业引导力。文化产业是一个综合性的多形态的复杂系统，具有物质属性与精神属性相结合的特征，是处于较高级别的产业形态，属于第三产业的范畴。文化产业的引导力，可以诱导社会需求偏好，大大激发工业遗产领域文化产业存量资源的活力，将文化资源配置进一步优化，使其发展潜力不断释放。可以预见，文化产业的引导力将吸引工业遗产发展文化产业，同时将其他有利因素投入工业遗产保护更新工作。

$F_{动6}$为政府政策驱动力。政府政策推动力表现在许多方面，如在财税、土地优惠政策的推动，招商引资推动，政府政绩形象工程推动等。一方面，工业遗产的开发，首先就是淘汰落后产业，盘活企业资产，转换企业用地，获准商业开发，争取银行贷款等，这些都需要获得政策支持。而工业遗产作为转型发展走文化产业开发的方向，更加需要获得政策的支持。此外，为了塑造城市形象，突出城市工业发展历程，有些地方政府主导了工业遗产的文化产业开发。抓住城市工业遗产，树立城市工业文脉形象，政府应成为推动工业遗产更新活化的主导力量。

2. 工业遗产保护更新的阻力分析

$F_{阻1}$是工业遗产企业主体自重带来的工业遗产保护更新的阻力。工业遗产的保护更新最大的障碍就是企业管理者和企业意识上的包袱。除此之外，在企业管理制度、员工知识结构、企业资产和负债情况等方面也都存在对工业遗产保护更新不利的因素。

$F_{阻2}$是工业遗产保护更新与社会现实相矛盾产生的摩擦力。第一，政府、公众意识和地方财政压力。有很多地方政府和公众错误地认为工业遗产是代表落后的一种形象，要把工业遗产拆除。而地方财政收入中，“土地财政”是重要的一部分，因此将工业遗产简单拆除并挂牌拍卖。第二，来自社会公众现实需求的阻力。无论是停产或减产的企业职工，还是老旧工人居住区的住户，都希望尽快解决收入和居住问题，所以工厂和工人居住区虽总有保护的声音，而拆除依然势不可当。第三，其他社会现实阻力，如城市产业结构低、经济发展落后、教育水平低、文化产业发展环境弱等。

6.1.4 强化工业遗产保护更新的正作用力策略

上文提及，工业遗产开发的加速度$A=(F_{动}-F_{阻})/m$。在运行的起步阶段，

只有在 $A>0$，即 $F_{动}-F_{阻}>0$ 的条件下，才可能起动，即要求正作用力大于负作用力。因此，工业遗产得以开发的条件是：

$$F_{动}>F_{阻} \tag{6.4}$$

由上可见，在工业遗产的保护更新中，需要增强正作用力的驱动作用。图 6.3 是增强工业遗产保护更新正作用力的图示。

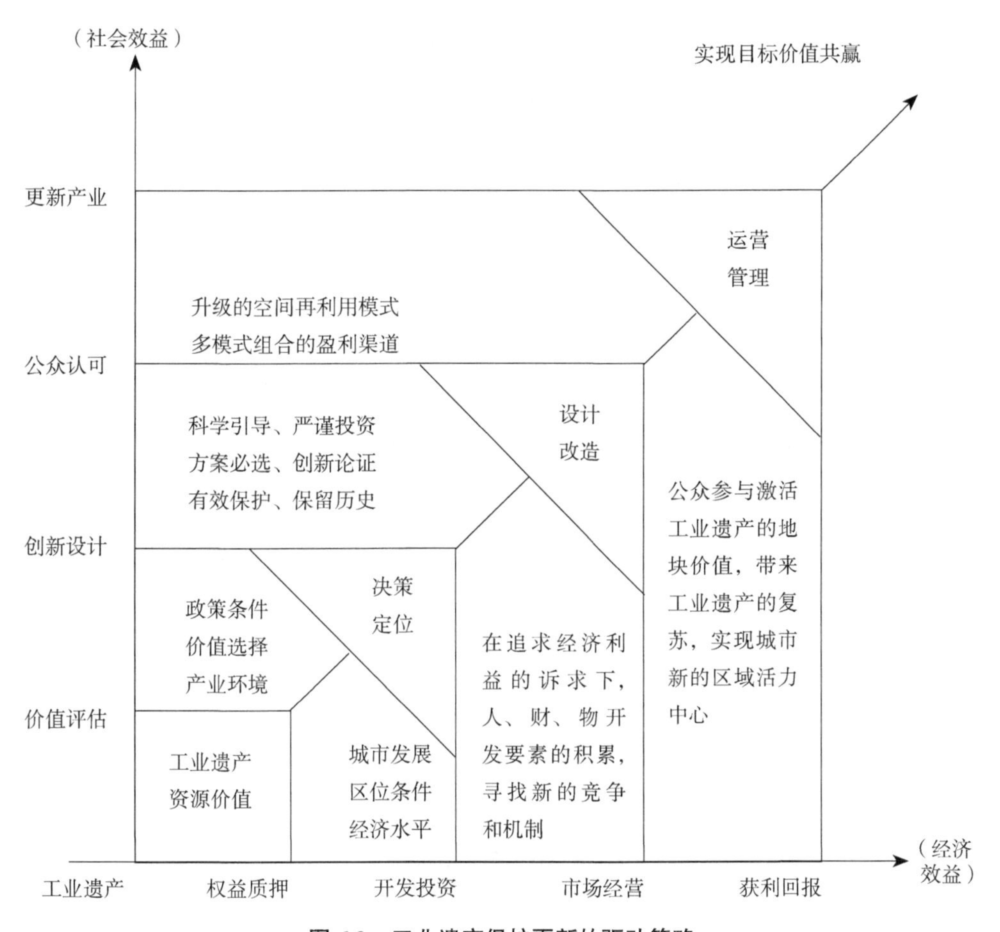

图 6.3 工业遗产保护更新的驱动策略

首先，以工业遗产的价值为资源优势获得保护更新的驱动力。对工业遗产积极申报世界文化遗产、文物保护单位、历史街区、历史建筑等，使其遗产价值凸显，从而从源头上获得对工业遗产的保护更新驱动力。

其次，以关键驱动因素的激活获得保护更新的驱动力。通过制定和发布工业遗产认定和保护的政策，有利于工业遗产更新再利用的土地使用权流转和国有资产盘活利用的政策，以及贷款和金融的政策等，从而支撑工业遗产保护更新的决策，获得工业遗产保护更新的驱动力。

再次，以价值共赢、利益共享为权益原则获得工业遗产保护更新的驱动力。调动工业遗产保护更新有关的利益群体，通过 PPP（政府和社会资本合作）等模式实现政府、企业、公众三者的权利共有、利益共享，从而保证工业遗产保护更新工作的顺利实施。

最后，以创新规划、科学运营作为操作手段获得工业遗产保护更新的驱动力。优秀的规划设计方案不仅体现工业遗产的价值，还能激活工业遗产的物质空间，为工业遗产保护更新提供可行方案。科学运营为工业遗产注入长期的活力，真正实现工业遗产的保护更新。创新规划、科学运营使得工业遗产以全新的面貌出现在公众面前，通过宣传、营销以及公众的自媒体极大地展现工业遗产的文化魅力。

6.2 工业遗产保护和更新的问题与经验启示

6.2.1 工业遗产保护和更新的问题

2003 年北京 798 艺术区的成功运营，让工业遗产的保护与开发进入新的实践探索阶段。2004 年北京大学俞孔坚教授研究团队对大运河遗产廊道研究逐渐深化，运河南部的工业遗产群进入公众的视野。2006 年国家文物局发布了《关于加强工业遗产保护的通知》及《无锡建议》。2017 年国家旅游局公布了十个“国家工业遗产旅游示范基地”。同年工信部颁布了“工业遗产示范名录”。尽管以上工业遗产的有关政策和保护再利用实践都起到了一定的指导和示范作用，但工业遗产的保护困难重重，步履艰难。2012 年《太原西山地区工业遗产保护专项规划》经历了长达一年的调研和编撰，终于走向公示，但企业以生存和产业升级为由，反对工业遗产保护，更有甚者，如太原一电厂在得知该专项规划后，抢时间拆除了带有“1956”建厂时间标志的烟囱及锅炉，最终由于种种反对呼声使得该规划没有通过。同时，政府继续依赖“土地财政”，延续城市工业用地更新中“腾笼换鸟”的做法，将太原一电厂、太原化工厂、矿机厂部分工业用地拍卖用作商业住宅开发。目前工业遗产保护与更新工作存在以下 3 个问题。

1. 工业遗产认知主体的保护意识淡薄

破产、停产以及转产在即的企业大都深陷生存困境，无暇顾及对工业遗产的保护，进而对工业遗产造成了不可逆转的伤害和破坏。太原水泥厂，其前身为西北洋灰厂，2014 年该厂对新厂区进行了规划和设计，将生产区搬迁至后山厂区，当时中国建材集团南京凯盛水泥设计院为其设计后山厂区时，因前山厂区为建厂初期厂区，民国时期建筑和 2 号水泥烧结炉非常具有代表性，就建议将前山厂区规划为中国水泥博物馆。但由于意识的淡薄，对前山厂区红色文物以外的范围逐步拆除，虽 2015 年及时停止拆除，但已拆除最有价值的 2 号、3 号烧结炉，目前仅保留有化验室、质检楼和装配站等少量工业遗产，造成不可挽回的损失。另外，在市场绑架和“范式”开发的模式下，走上工业遗产再利用道路的企业，在追求经济效益的同时也追求商业面积的最大化。如西安老钢厂变身为西建大华清学院后，在周边创意园区改造原来的机修车间，现在的建筑平面已经无法看出原来车间的工业生产原貌。

2. 对工业遗产客体认知的不全面导致对工业遗产保护的无效

农业城市发展为工业城市，使得城市具有多元文化，更具活力。我们必须客观地认识工业对城市发展的作用，工业遗产是城市遗产的重要组成部分，工业遗产在丰富城市文化方面具有重要作用，这不仅包括工业城市中连绵的工业分布和工人居住区，也包括工人职业群体所体现的工匠精神和集体智慧。只有这样才能创造一个丰富多元、富有地域文化的魅力城市。东南大学杨建强教授认为，城市更新是从规划的“指标管理”到规划的“空间管理”，这不单单是规划图的绘制，更多是规则的制定、政策的引导，不应为单一追求GDP的提升去开展规划。在城市发展中，以单一价值观去衡量和建设城市是非常可怕的，单一价值观而营建的城市标准小区、标准写字楼和城市CBD的时候，就会有更多包括工业遗产在内的城市历史街区消失。德国鲁尔区北杜伊斯堡后工业景观的设计师在接受凤凰卫视记者采访时表示“我的设计并不是从旅游者出发，而是从这些工业景观出发”。无论是城市规划还是工业遗产的再利用设计，都应该更好地为城市文化和公众服务，更全面地理解城市特色和城市中的历史遗产。

3. 在工业遗产保护和再利用的实施过程中缺乏恰当的保障性政策文件

文物建筑保护条例、历史建筑保护管理办法、城市紫线管理办法、历史文化名城保护规划等有关的政策和文件，对工业遗产的保护所能起到的作用极其微弱。文物建筑、历史建筑等遗产保护对象非常具体，在针对历史建筑、文物建筑包括历史街区的保护方面，这些文件和准则承担了非常重要的指导作用。但是面对工业遗产，这些文件、准则既不能反映工业遗产的内容和属性，也不能针对复杂的特征和现状提出更加具体的措施，因此在工业遗产的保护和再利用方面，需要有更具可操作性的政策指导文件。由于缺乏对工业遗产保护的政策指导文件，在“城市总体规划”中也对工业遗产关闭了城市规划这扇技术路径的大门。虽然城市规划经历了“多规合一”的发展历程，有一些城市也编制了历史文化名城保护规划、优秀近代历史建筑保护规划等，但都回避了大量工业用地上的工业遗产问题，为政府提供了工业用地使用权流转的便利。

6.2.2 工业遗产保护和更新的经验启示

英国、法国、德国等欧洲国家较早就开始了对工业遗产的保护与再利用实践 [236-239]。英国最早将工业遗产作为博物馆进行工业遗产旅游的开发。英国铁桥峡谷位于英国什罗普郡，是工业革命时期重要的钢铁基地 [240,241]。1986 年被收入世界文化遗产名录，是世界上第一例以工业遗产为主题的世界文化遗产。❶

❶ 英国的铁桥峡谷工业旧址：形成一个占地面积达 10 平方千米，由 7 个工业纪念地和博物馆、285 个保护性工业建筑整合为一体的工业景观，集中反映了该工业景观的真实性和完整性。目前每年平均约有 30 万参观者光顾。

德国鲁尔区是工业遗产保护和再利用的典范和代表，由运河和高速公路连通的鲁尔区城市群在20世纪80年代以前一直是德国基础工业的中心，其中包括被收入世界文化遗产名录的挫仑煤矿、关税同盟煤矿、北杜伊斯堡关景观公园[242-244]。鲁尔区工业基地的复兴早已被国内学者和地方政府所熟悉，是我国老工业基地复兴的样板。众所周知，除了国际建筑展（IBA）和工业遗产旅游线路（EI）外，还有众多煤矿和钢铁厂的工业博物馆改造、工人社区升级、矸石山等工业次生景观修复、利用工业厂房改造的办公场所和剧场等，所有这些都给废弃和闲置的工业遗产植入了新的使用功能[245,246]，让活化的工业遗产与居民发生了种种联系。德国工业遗产的出现来自地区去工业化和经济衰退的压力，自20世纪90年代开始进行一系列对工业遗产的保护和再利用实践，从德国的经验可以知道，这种出于政府支持和文化团体对工业遗产保护的推进非常有力。保护与再利用就像城市化与工业化一样是共生、共发展的，在工业遗产保护的同时，需要考虑其合理的再利用。纵观德国鲁尔区工业遗产的保护与再利用，利用工业遗产的文化属性和建筑空间，植入剧场、滑雪场、社区中心等新功能，使工业遗产在鲁尔城市群中散发新的活力。

日本明治工业遗产是明治维新时期工业发展的重要物证，该工业遗产散落于200千米的工业带，分布在岩手、静冈、山口、福冈、佐贺、长崎、熊本、鹿儿岛8个县，反映了通过欧洲的技术引进逐步形成的工业带[247]。2014年，日本将这一地区工业遗存申请世界文化遗产，通过一系列的保护和复杂的档案文献系统[248]使这个零散的工业遗存代表了日本19世纪的崛起，并被收入世界文化遗产名录。从日本对工业遗产保护的经验来看,健全工业遗产保护的文献档案，梳理工业遗产的技术引进和传播途径，是日本跨地区工业遗产的成功案例。

国内有关工业遗产保护和利用的研究，不得不提及登琨艳先生。他堪称上海工业遗产保护之父[249,250]，许多理念和做法可能现在已经普及了，但在当时是很超前的，他的实验性和思想性给了我们全新的体验和启发。从苏州河到黄浦江，有关工业遗产再生的实践对上海城市更新与建筑遗产保护利用有着深远和影响[251-257]。

综上经验，总结工业遗产保护和更新的启示如下。

1. 保留工业遗产的场所精神，积极融入城市肌理，延续城市文脉

当下，城市规划建设开始重视“生态修复”和“城市修补”，全面推进城市有机更新，这对于在发展中被当作“负资产”的工业遗产保护再生而言，反映了鲜明的时代特征和工业技术特性，承载了丰富的历史信息。这些工业遗产对于塑造场地的个性特征和环境景观具有积极意义，通过城市设计和城市更新规划赋予其新功能、新含义，保留其场所精神的同时，积极融入城市肌理，延续城市文脉。

2. 在工业遗产活化利用中，重视工业遗产旅游和文化产业的植入

以上海西岸为例，现在是非常著名的“工业遗产走廊”，有上海水泥厂厂房改建的西岸艺术中心、上海飞机制造厂飞机库改建的余德耀美术馆等，这里已然成为一个旅游景点，一个文化中心，是成功的工业遗产活化利用，不仅促进了城市人文环境的提升，对城市文脉起到延续作用；还保存了上海的工业记忆，是城市修补的典范。

3. 在工业遗产的保护和更新中，谨防“绅士化”“范式化”

工业遗产多样的旅游和商业开发正在使城市焕发新的活力，但仍然需要

谨防工业遗产的“范式化”开发带来的遗产破坏和文化趋同。前文多次提及许多城市工业遗产的开发冠以“文创”“体验”“时尚”等主题，带来工业遗产开发“绅士化”的发展趋势，这也是对工业遗产的文化剥离。工业遗产开发表现出缺乏特色、文化缺失，工业遗产的开发亟待科学的决策定位与合理规划，避免同质化的开发所带来的对工业遗产资源的破坏。工业遗产的开发应该尊重其历史价值、文化价值，谨防工业遗产开发中的“绅士化”现象。

4. 政府重视发布相关政策指导和策略指南

在经济转型时期，相应的城市规划供给也在转型❶，已经由增量规划走向存量规划，其中工业遗产的保护策略问题就是其重点内容。2017 年 11 月 12 日在“城市设计高峰论坛”上，南京规划局刘局长发布了《南京工业遗产保护名录》，并介绍了促进工业遗产保护的经验❷，为其他工业遗产保护政策的出台，提供了成功的经验和指导。

6.3 工业遗产保护和更新的任务及策略体系构建

6.3.1 “城市双修”视角下的工业遗产保护和更新任务

1. 利用工业遗产建设城市绿色基础设施，夯实生态涵养

利用包括采空区在内的工业次生景观，以及工业区内的绿化隔离带，打造

❶ 2017 年 6 月 18 日在哈尔滨工业大学举办的“IACP（国际中国规划学会）2017 年会”上，中国城市规划设计研究院王凯副院长做题为“经济转型时期的规划供给”的大会主旨报告。

❷ 2017 年 11 月 12 日由东南大学发起的“城市设计高峰论坛”中，南京规划局代表的发言整理。

城市“绿肺”，积极发展绿色基础设施建设[258]。目前，太原市已经规划晋阳湖建设晋阳湖生态湿地公园，西山采空区纳入西山万亩生态园的范围，以期在解决工业发展所遗留的环境问题的同时，能够为市民和公众提供休闲活动的游憩场所。除此之外，还需要将工业区内的绿化隔离带与城市绿化系统相联系，在城市道路和其他基础设施更新时，不要破坏已有的绿化。在厂区和居住区改造更新时，加强软质景观设计和营建，建设生态环境友好的城市环境，夯实生态涵养功能。

2. 利用工业遗产丰富城市文化，扩展名城内涵

在求大追洋的思想下，大多数城市都在追求金融街、CBD 的建设，当然也有城市依托历史建设仿古步行街。很多城市政府都陷入一种怪圈，要么就是历史古城，要么就是现代都市，要么干脆是“历史古城 + 现代都市”。实际城市的发展是一个历史过程，用历史唯物主义来看，过去 100 年的城市发展离不开工业为人类社会和城市发展所做的贡献。保护工业遗产有利于延续城市文脉，丰富城市文化，扩展历史文化名城的内涵，构建“遗产城市”[259-261]。

3. 利用工业遗产发展创意城市，助力城市转型

多数城市中的工业遗产，都将其再利用发展文化创意产业，包括画廊、摄影、建筑设计、服装设计、文化传媒等类型的公司，这类型公司的聚集孵化了更多类型的创意产业，文化创意产业的发展形成“创意城市”[262,263]，丰富城市的文化氛围，实现城市的转型。

6.3.2 工业遗产层级保护更新策略体系的构建

工业遗产保护和更新策略是工业遗产保护更新的指南。在保护目标的导向下，建立一个保护内容、保护范围、保护与更新措施的策略体系，形成并制定相应的措施准则，以确保工业遗产保护决策的正确性和保护实施的顺利进行。工业遗产的保护与更新策略应以工业遗产价值的科学评价为基础，结合城市更新的现实需求，使其具有指导性、前瞻性和可操作性，从而有的放矢地进一步支撑工业遗产的保护实践工作。通过理论研究和实践探索，本研究认为，在构建工业遗产保护与更新策略体系时，应从以下三个方向着力。

1. 传播工匠精神，培育工业遗产的多元价值

研究者一般注重工业遗产保护与利用，以及老工业城市的复兴，帮助产业结构转型升级。诚然，这的确是工业遗产保护和利用的目的之一，可是反思目前工业遗产的现状，以及一些经验的启示，我们会发现研究者、决策者和社会公众都持有某一类型的单一价值观——关注地价或是盈利模式。然而工业遗存在遗产化的道路中，核心任务是传播工匠精神，培育城市更新中多元的价值观，强调工业遗产的公众属性，谨慎地对工业遗产进行保护和再利用，多使用一些公益型的工业遗产保护利用模式。

2. 坚持政府主导工业遗产保护与再利用，自上而下全面带动遗产保护和科学再利用

在相关历史遗产的保护中，都提倡遗产所有者的自发保护和有公众参与的保护。但由于工业遗产产权的特殊性，尤其是中华人民共和国成立初期的工业

遗产是在国家计划经济阶段发展起来的，这先天的因素就决定必须依靠政府自上而下的力量才能推进工业遗产的保护。即便在欧洲发达国家，工业遗产的保护与再利用中公众的力量也是相当薄弱的。以法国西部煤矿为例，民间组织的保护使煤矿企业主将厂房全部捐赠于矿业遗产倡导组织，但是由于没有更多的扶持，目前该矿业遗产地从旅游和产业复兴来说都是相当冷淡。众所周知，德国鲁尔区发挥了政府和相关基金的作用，同时在 IBA 和 RI 计划下，鲁尔区工业遗产的保护和再利用已经取得世界瞩目的成绩。我国现实情况也是如此，以南京为例，南京规划局在东南大学建筑遗产研究中心的技术支持下编制了《南京市工业遗产保护专项规划》，包括下关区在内的南京工业遗产保护工作才得以有效展开。因此，务必重视政府在工业遗产保护和再利用中的作用。

3. 需要加强对其他规划体系的对接

工业遗产的保护和更新策略研究的目的就在于处理好城市工业用地的更新，以及城市历史遗产区域保护和发展的关系。工业遗产保护和更新策略体系中要注意与现有规划编制体系的对接，加强具体操作的指南。保护规划要在城市总规框架下，连同已有的历史文化名城规划一起对城市历史遗产发挥保护作用。但是由于缺少管理办法作为依据，工业遗产保护规划要和其他的规划，比如文保规划、紫线规划、旅游规划和污染治理等进行对接，这样才能保证规划的可操作性和现实性。

上文对工业遗产保护和再利用现状中存在的问题和有关的经验启示，以及工业遗产保护和更新策略中需加强的三个工作方向都做了详细阐述，根据工业遗产的价值和状态，协同城市规划对工业遗产进行有效的保护，强调工业遗产的公共属性、文化属性。基于以上内容，本研究构建了工业遗产的层级保护更新策略体系（见图 6.4）。

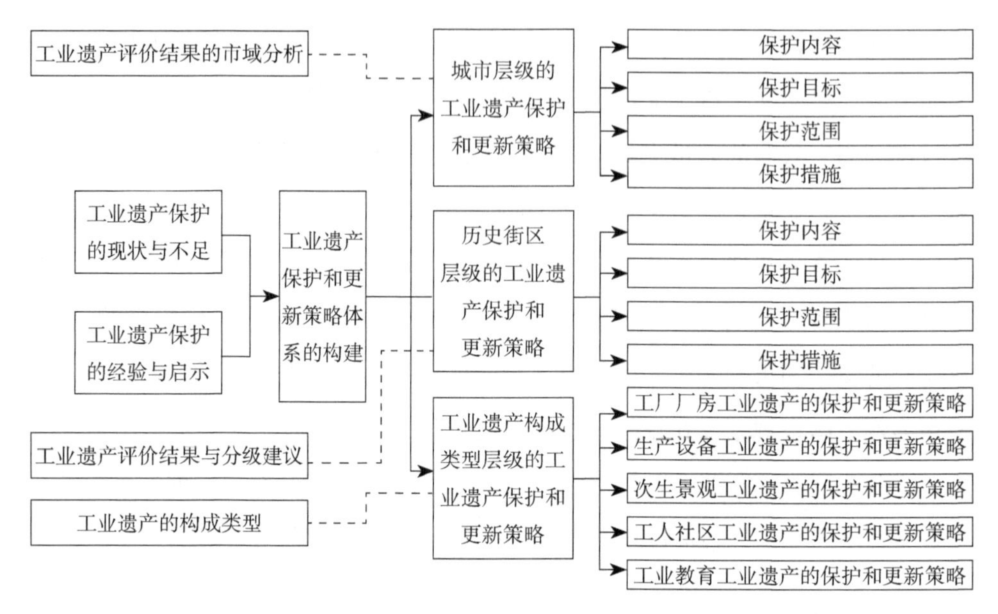

图 6.4　工业遗产保护和更新策略体系

城市层级的工业遗产保护和更新策略：城市中的工业遗产直接反映工业带动城市发展的痕迹，是历史文化名城的内涵延展。工业化进程是催生现代城市文明的摇篮，可以说，我们今天的城市正是建立在工业化发展的基础之上。城市工业遗产的保护对接城市总规划和专项规划，以“城市双修”为理论指导，以构建遗产城市为发展方向，在城市层级提出工业遗产保护规则，要能够做到结合城市总体规划，侧重城市规划中工业区的整体更新。

历史街区层级的工业遗产保护和更新策略：在城市工业遗产保护策略和历史文化名城内涵的指导下，协同历史文化街区保护措施，衔接历史建筑遗产保护的技术与措施，确定落实工业遗产保护的对象、保护目的、保护范围、保护措施。

工业遗产构成类型层级的工业遗产保护和更新策略：根据工业遗产不同的构成类型，具体指出该工业遗产类型的保护措施和再利用模式，从而对不同工业遗产类型提出更为具体的指导，完成单体遗产的保护更新。

通过构建策略体系三个层级的保护与更新策略，达到对工业遗产有效保护的目的，助力工业城市转型，为城市注入新的文化活力。下文将从三个层级对工业遗产的保护与更新提出策略，并以太原为例进行详述。

6.4 城市层级的工业遗产保护更新策略

6.4.1 保护内容

城市层级工业遗产保护的主要内容是指城市各工业区的工业遗产、连接各工业区的交通廊道等，这些工业区的工业遗产以城市形式存在，对于工业城市的定位往往有重要意义，包括工厂和构筑物、仓库和运输、工人社区、工业次生景观及配套工业教育等空间组团。这些工业遗产能够体现工业发展历史和城市发展历史，是城市发展的物质痕迹，与城市工业区共同以年轮的形式展现城市发展历史。侧重保护在工业区中工业遗产较为集中的区域，重点突出具有城市发展意义和工业发展意义的工业遗产，通过一系列的保护措施，最终呈现工业遗产与城市传统文化遗产相结合的状态，达到向公众传递城市工业文化的目的。

太原市在历次规划中，对城市性质的定位都是能源重化工业城市。中华人民共和国成立以前太原虽没有完整的城市规划，但在太原城墙镇远门（大北门）外，有以太原兵工厂为核心发展形成的钢铁、机械、军工工业区，是中华人民共和国成立后北郊工业区的基础。“一五”期间，以11个“156工程”项目为核心的工业建设带动了太原城市发展，1954 年太原市城市总体规划建设城北工业区、北郊工业区、河西南工业区、河西北工业区、西山煤电工业区。这些工业区包括工厂、工人社区、工业院校等都是城市层级的工业遗产保护的主要内容。

6.4.2 保护目标

城市层级的工业遗产保护目的在于延续城市文脉，丰富历史城市的内涵。多年来以太原、西安、南京为代表的“历史文化名城”，重视古代都城的文化内涵，物质载体方面多关注城墙、都府、祠堂、庙宇、商行、故居、园林等内容，依然停留在对“文物建筑”的历史价值的理解，然而“文化遗产”的概念远不止于此。悉尼歌剧院曾在 1981 年申报世界文化遗产，世界遗产委员会以“竣工不足 10 年的建筑作品无法证明其自身具有杰出价值”为理由予以否决。2007 年，悉尼歌剧院再次申遗，以 20 世纪遗产的身份进入了《世界遗产名录》。众所周知的巴塞罗那圣家族大教堂，是为数不多的尚未修建完毕的世界文化遗产，但圣家族大教堂以加泰罗尼亚地区独有的砖拱券和设计师高迪的故事被公众称颂。从这个角度而言“历史文化名城”“文化遗产”其价值的核心并不单纯指历史发展的久远，更在于历史长河中该遗产对于本地区和城市发展的重要影响。同理，太原近现代工业遗产是太原发展成为重工业城市的历史物证，保护这些工业遗产对于延续工业时代的集体记忆显得至关重要。

城市工业遗产的保护和利用应从城市总体发展战略出发，结合太原市工业遗产的状况，参考太原市城市总体规划和历史文化名城保护规划，确立科学的保护目标，通过工业遗产的保护和再利用，推进城市人居环境的改善和城市功能的提升。太原作为具有 2500 年历史的古城，在近 100 年中，已由农耕城市和兵垦要塞，发展成为能源重化工业城市，根据太原市“十三五”规划，未来太原市将依托重工业产业的升级，发展新型信息产业和物流服务业，建设富有经济活力和人文内涵的历史古都。将太原近现代工业遗产纳入历史文化名城保护的范围，不仅有利于对历史文化名城内涵的延伸和扩展，还能积极适应新时期文化遗产保护观念的发展。

6.4.3 保护范围与措施

城市层级的工业遗产保护应考虑历史上城市工业分布与工业区规划，本研究提出太原城市层级工业遗产保护的规划范围为“一廊、五片、多散点”（见图 6.5）。统筹协调遗产保护与工业发展的关系，丰富太原历史文化名城内涵，最大限度凸显太原城市工业文明的特征。

“一廊”是指贯穿城市西部地区的西山铁路支线。利用西山铁路支线，将河西南工业区、河西北工业区、北郊工业区和西山煤电工业区连接起来，是太原工业遗产的重要廊道和展示工业遗产的纽带。将西山铁路支线的节点形成公共开放空间，并将废弃的工业设备、设施以城市雕塑等方式展示。

“五片”是指城北工业区、北郊工业区、河西南工业区、河西北工业区、西山煤电工业区。这五个工业区在其工业遗产的特征上各有侧重。

城北工业区是钢铁机械工业遗产保护片区。延续太钢、矿机、山西机床厂等的生产职能，保护、维护好现有的工业遗产，并结合第三产业的发展开辟太钢旅游线路，将现有遗产贯穿其中成为景点，将现有的厂史馆、展览馆等向公众开放。山西机床厂的“太原机器局旧址”是太原机械工业的鼻祖，建议厂区调整生产区生产流线布局，加强楼宇门禁管理，将“太原机器局旧址”及山西机床厂史展览馆对外开放。太钢博物园和山西机床厂的“太原机器局旧址”是工业遗产保护的核心。

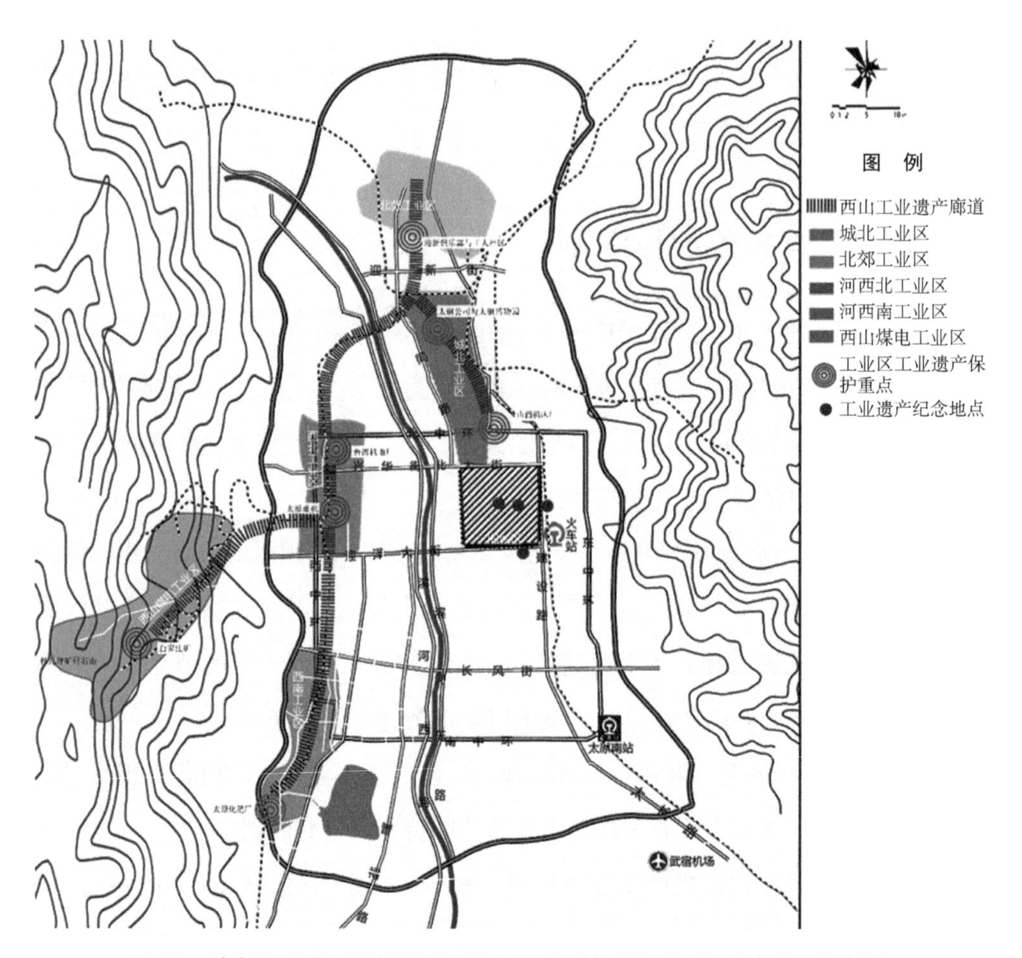

图 6.5　城市层级的太原市近现代工业遗产保护与更新的规划策略图示意图

北郊工业区是国防武器类工业遗产保护片区，由新华化工厂、兴安化工厂、江阳化工厂、太原二电厂组成。近期内可加强对工业遗产的保护，并延续其现有的生产功能，做好定期维护和修缮工作。远期将企业生产的职能外迁至阳曲的工业园区内进行建设。现有企业用地以工业遗产为依托建设文化产业创意园区，展现军工企业创业和建设的风采，建设主体公园和专题博物馆、展览馆。重点保护迎新街工人居住区的历史街区风貌，保留规划布局的时代特征，保护迎新俱乐部等社区公建，对20世纪50年代工人住宅进行保护和修缮，适当置换功能作为养老建筑或主题宾馆。

河西南工业区是化工工业遗产保护片区，包括太原化工厂、太原化肥厂、太原制药厂、太原一电厂等。这些企业已经全面停产，有一些由于道路扩建、保护意识不足已经招致破坏，应加强该区工业遗产保护的措施和力度。太原化肥厂的生产职能已经搬迁，其用地建设工业遗产公园，与晋阳湖、太原一电厂一同打造为工业南部化工遗址，结合古晋阳城遗址、晋祠、天龙山景区等共同打造城市西南部的文化、休闲、观光乐园。

河西北工业区是国防机械工业遗产保护片区，包括晋西机器厂、汾西机器厂、太原重型机械厂、大众机械厂。厂房延续现有生产功能，结合工人居住区，如和平村、三益俱乐部等的保护，选择合适的工人社区公建，做联合工业遗产的展览。

西山煤电工业区是煤电工业遗产保护片区，包括太原水泥厂、西铭煤矿、白家庄煤矿、杜儿坪煤矿、官地煤矿等。目前白家庄煤矿、官地煤矿已全面停产，结合其他煤矿逐步关闭计划，萎缩其生产职能，远期与西山万亩生态园一并建设国家矿山公园，加大该地区生态的修复和治理。

“多散点”是指分布在太原老城区内的零散的工业遗产和民国时期的铁路旧址，包括太原火柴局旧址、新记电灯公司旧址、同蒲铁路局旧址三处。除此之外，正太铁路太原站旧址、山西省工艺局旧址等已经没有物质遗存的标志，建议对其进行纪念地名牌纪念，未来在有条件的情况下，置换用地，将其作为纪念地广场，做市民公共活动使用，如正太广场、通省工艺城市游园。

为了保障“一廊、五片、多散点”的规划策略，本研究进一步提出实施策略，包括以下几点。

第一，连点成片，串联遗产。在满足西山铁路支线运输功能的前提下，加强对其两侧防护绿化带的建设，做好与工业遗产企业连接的通道及指示牌。规划构筑一条传承和展示太原工业文明的路径，从北部沿新兰路往南经恒山路，至北中环街向南到和平南路，通过串联工业遗产，完整阐释太原工业发展的历史风貌。

第二，确定核心，适度前瞻。以各工业区的工业遗产为对象，进行更加专题的研究，并编制工业遗产保护规划。如河西南工业区是化工工业遗产区，太原化工产业是基础化工业，在改革开放后最早受到市场化冲击，目前除亚宝药业太原制药厂新厂[1]外，其他工厂全面停产。目前太原市的总体规划是“西进南移”，河西南工业区是太原市南部发展的重点区域。结合晋阳湖生态湿地公园的规划，对该区的工业遗产的保护首先应纠正“腾笼换鸟”的错误城市工业用地思想，应以太原化肥厂为南部化工区核心遗产，着重规划一电厂、太原化工厂等整个工业区的工业遗产，在城市总规划中的居住用地和商业用地中，区别对待所保留的工业遗产。河西北工业区是军工机械工业区，以太原重型机械厂、汾西机器厂、晋西机器厂等重工企业为主，从产业结构和企业情况而言，该工业区会长期延续生产功能，而对于这种活态工业遗产，其工业遗产的保护策略的制定应符合企业的生产需求。西山工业区是以煤炭为主的工业遗产区，除白家庄煤矿已全面停产外，其他煤矿正在逐步减产，因此，

[1] 太原制药厂新厂从属于亚宝药业，是原太原制药厂破产以后，在原厂址东新建的。

西山工业区的工业遗产的保护规划应以未来矿业全面退出为背景，规划设计要有一定的前瞻性。

第三，规划引导、更新提升。城市工业区在进行遗产保护的同时，工业生产退出，结合城市规划，融入新的功能。但工业区的基础设施和公共服务设施都亟待更新升级。尽可能利用工业建筑遗产基础设施和公共服务设施，必要时可以新建基础设施和公共服务设施。

6.5 历史街区层级的工业遗产保护更新策略

6.5.1 保护内容

本研究的研究对象是以城市状态存在的工业遗产，不仅仅是建筑群，更多是一个包括居住区在内的工业遗产，它反映了某个历史时期的各种功能分区的工业项目。历史街区层级工业遗产的保护更新中，将 22 项工业遗产关联历史街区的内涵，进一步明确 22 项工业遗产的保护目标、保护范围和保护措施（见表 6.2）。

表 6.2 基于历史街区层级的工业遗产保护内容

各级别工业遗产	规划平面	建筑单体	工业设备	运输	景观
一级工业遗产	保护其规划平面	保护建筑结构、构建、立面	对工业流程下的生产设备和产品进行保护和档案记载	保护工业生产运输管线等	保护其工业景观的构成要素

续表

各级别工业遗产	规划平面	建筑单体	工业设备	运输	景观
二级工业遗产	保护其规划平面	保护建筑结构、构建、立面	对工业设备和产品进行保护，对工艺流程等其他要素配合档案记载	保护工业生产运输管线等，恢复一些重要的工业运输场景	对周边建筑立面和景观进行协调，或者工业文化符号的设计
三级工业遗产	对规划平面采取节点保护	保护建筑立面或构筑物，或适当修复建筑立面或构筑物	在有条件的情况下，对设备进行少量修复	—	对周边建筑立面和景观进行协调，或者对比的设计
工业遗产纪念地	—	对单体建筑进行保护	—	—	—

备注：“—”表示没有该项目可以保护的内容。

6.5.2 保护目标

一级工业遗产的保护目标：一级工业遗产是国家和地方重要的工业发展见证，承载着城市性质界定的重要作用，是城市规划中主要的规划工业区，对城市发展有着非常强的带动作用，并在技术发展中屡次发挥重要的技术革新和科技创新的作用。一级工业遗产的保护目标是保护遗留工业建筑、生产设备、辅助设施等一系列有较高价值的工业遗产，以宣扬工业史和技术史，结合红色文化发展爱国主义教育，将工业文化和工匠精神传承和延续。

二级工业遗产的保护目标：二级工业遗产多为地方重要的工业发展见证。二级工业遗产保护目标在于保护价值核心的建筑、构筑物、设备设施等，结合档案保护等相关措施，延续地块文脉，将工业文化和工匠精神延续。

三级工业遗产的保护目标：三级工业遗产多为已经受到较大破坏，建筑单体、物质空间已经不再连贯的工业遗产。三级工业遗产的保护目标是对既有工业建筑、构筑物进行保护和保留，对其他物质环境不做要求，融入城市规划既定功能，以点的形式保护和保留，去佐证城市工业遗产的全局。

工业遗产纪念地的保护目标：维持现状，在城市快速更新的背景下保持纪念地现状。

6.5.3 保护范围与措施

参照《城市紫线管理办法（2004）》，划定工业遗产的保护范围应当包括工业遗产核心保护区、工业遗产风貌协调区。

工业遗产核心保护区的保护范围应当包括由工业建筑遗产、构筑物以及工人社区公共建筑所组成的核心地段，保护能够体现工业遗产代表性和典范意义的建筑遗产、构筑物、生产设备、规划平面、景观设施、标语等，保证在核心保护区范围内能够真实、完整地体现该工业遗产的历史面貌。该区域内的建筑物、构筑物应当区分不同情况，采取相应措施，实行分类保护。该区域内的遗产建筑应保持原有的高度、体量、外观形象和色彩，不可进行新建、扩建（必要的基础设施和公共服务设施除外），对建筑的维修和整治必须保持原有外形和风貌，应达到保护工业遗产真实性的目的。工业遗产所有企业对所属遗产应尽保存、修缮的义务，以保持其完整性。未经主管部门许可任何人严禁破坏或拆除遗产建筑。表 6.3 是历史街区层级的各级别工业遗产的保护范围。

工业遗产风貌协调区的保护范围是指在核心保护区的周边一定范围内的工业建筑、构筑物、工业次生景观、工业景观及景观设施，以及工人社区中的公共建筑、工人住宅等，该范围内的建筑物、构筑物、设施与核心保护区的建筑物有较为密切的联系。加强整治工业遗产周边环境，主要是拆除工业遗产周边不协调的建筑物、构筑物，严格控制周边建筑的体量、风貌等，使得工业遗产在整体环境中协调。通过对风貌协调区的保护和对建筑风貌的控制，保证工业遗产历史街区的风貌特色。

表 6.3　基于历史街区层级的工业遗产的保护范围

工业遗产级别	核心保护区	风貌协调区
一级工业遗产	设核心保护区	风貌协调区，在建筑限高、体量、色彩、材料等方面协调控制
二级工业遗产	设核心保护区	设风貌协调区，在建筑限高、体量方面协调控制
三级工业遗产	设核心保护区	不设风貌协调区
工业遗产纪念地	不设核心保护区，对建筑单体保护，被纳入历史建筑、文物范围的按照历史建筑、文物保护的要求执行	不设风貌协调区

备注：若其范围内已有单体建筑物、构筑物被列入文物保护单位或近代历史建筑，需按照相对应的文保要求执行。

为使历史街区层级的工业遗产保护得到顺利实施，本研究进一步提出相应的实施措施。

建议认定工业遗产，完善保护法规，积极开展工业遗产的登记和申报工作。加快立法，推进工业遗产保护的法制化进程。尽快制定“太原工业遗产评价标准”“太原工业遗产保护与再利用导则”，使已经认定具有重要意义的遗址和建筑物等工业遗产通过法律得到强有力的保护。

保护例证——汾西机器厂

产权单位：山西汾西重工有限责任公司。

坐落地址：和平北路西侧，兴华西街南侧。

建设年份：1953 年。

历史沿革：为军工类企业，“一五”期间苏联援建的“156 工程”重点项目之一，新中国第一座水雷总装厂，国家舰船电机生产基地，对新中国军事工业的发展起了巨大的作用，奠定了中国现代军事工业（水雷及舰船电机方面）的基础。工厂由苏联 164 设计院总体设计，我国自行勘测，华北工程局山西省第二建筑工程公司包建施工。

遗产普查：现存办公建筑 1 座，为 5 号办公楼（见图 6.6），砖木结构，质量较好；工业建筑 2 幢，为办公楼西侧的风电工房（见图 6.7）、电机工房，钢筋混凝土结构，质量较好；文化建筑 1 幢，为汾西俱乐部，砖混结构，质量较好。上述建筑“一五”时期建厂就有，并留存至今，具有典型的时代特征，厂区整体格局保留完整。厂里现有 7 台 1936 年至 1961 年生产的设备，保存状况良好。保护规划图如图 6.8 所示。

图 6.6 汾西机器厂办公楼

图 6.7 汾西机器厂风电工房

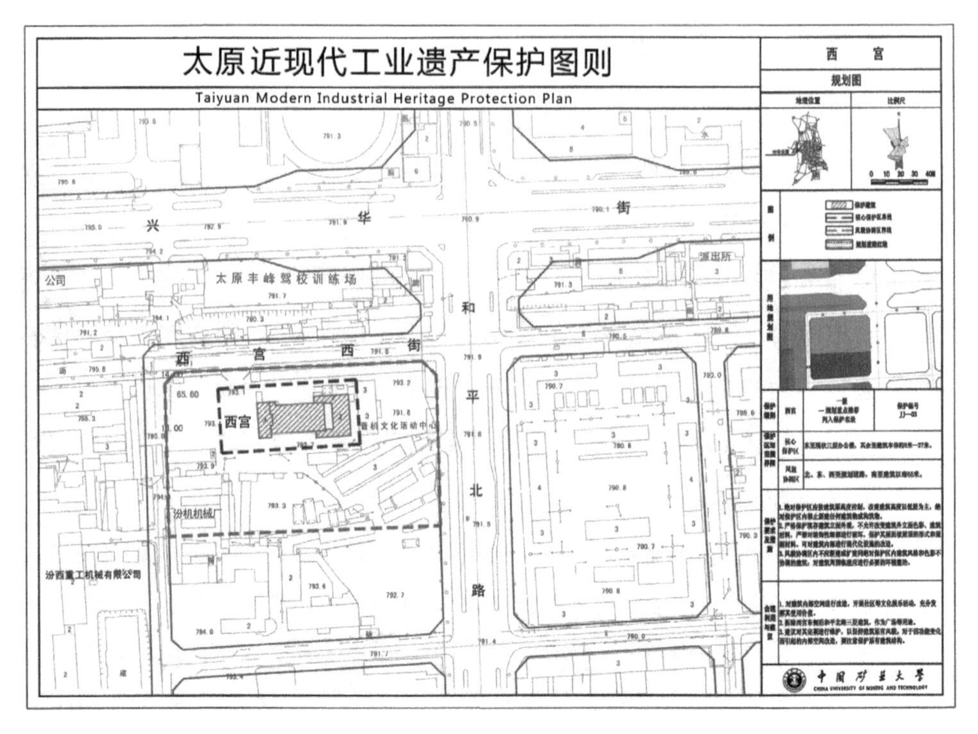

图 6.8 汾西机器厂厂区保护与更新规划图示意图

6.6 构成类型层级的工业遗产保护更新策略

6.6.1 工厂厂房工业遗产的保护和更新策略

工厂厂房工业遗产是工业遗产的主要构成类型，在单体建筑数量、风格特征上都具有代表性。活态的工厂厂房工业遗产是指正常生产的工厂，因此需要在生产过程中加强对它的维护和保护，并减少对其不必要的改建。对闲置工厂厂房遗产的再利用有工业博物馆模式、文创产业再利用模式、时尚消费再利用模式、居住再利用模式、工业建筑遗产公共服务的再利用模式、主题旅游再利用模式等，相关的研究成果也较为丰富。由于我国住房市场因素，除工业建筑改造为住宅在我国没有实践外，其他各再利用模式在 2000 年后陆续都有相关实践。

工业博物馆是工厂厂房工业遗产的主要再利用模式。依托企业发展，各行业工业博物馆已经有多年的发展实践。如 2017 年被评选为工业遗产旅游示范基地的张裕酒庄、湖州丝厂，这些工厂都在保护工业遗产的同时开发自己企业主题的工业博物馆，使其成为重要的旅游项目。工业博物馆也是工业遗产活化的重要途径，对周边发挥着触媒作用。如西安“大华 1935”，原为西安大华纺织厂，停产后以大华百年厂史为内容将纺纱车间改造为大华博物馆，其他的工业建筑和配套设施采用了会展、文创、酒店等商业再利用模式。文创再利用模式最早由纽约 Sohu 艺术区引入，使得越来越多的艺术家愿意使用旧工厂作为艺术家工作室，对工业建筑进行文化创意产业再利用的潮流兴盛起来，包括北京 798 艺术区、上海老洋坊 1933，西安半亩国际创意产业园和景德镇陶溪川文化创意产业园等。公共服务模式是指利用工业建筑遗产所保留的大空间进行公共服务的再利用，这种再利用模式可以突出工业遗产的公众属性，为工业区公共服务配套改善提供更多可能。如西安老钢厂就是西安建筑科技大学华清校区，更多公共服务的形式都可以在工业建筑的改造中实现，如剧场、图书馆、市民中心等。更多以城市大事件为主题的旅游模式在延续工业遗产文化价值的前提下展开，正在积极筹备的 2022 年北京冬奥会，就将在原北京首钢工业园区展开。依据工业遗产价值评价指标体系准则层中 B2 工厂与工业建筑价值的得分，给出22项工业遗产工厂厂房工业遗产的保护更新策略，详见表6.4。

表6.4 工厂厂房工业遗产的保护更新策略

序号	权重分	10分	名称	工业遗产级别	保护策略
1	3.008	9.68	太原化肥厂	1	对保护的工厂厂房工业遗产，结合生产设备工业遗产，对其进行以工业博物馆为主的遗产旅游开发。在遗产旅游开发时，如太钢、太原重机厂等发展良好的企业，应设置厂史展览馆，开设公众公开日等
2	2.964	9.54	太钢公司	1	
3	2.830	9.11	太原重机厂	1	
4	2.781	8.95	白家庄煤矿	1	
5	2.750	8.85	山西机床厂	1	
6	2.632	8.47	同蒲铁路旧址	4	
7	2.622	8.44	晋西机器厂	1	国防军工厂由于保密要求，组织生产时，应对工厂厂房工业遗产进行必要保护
8	2.532	8.15	太原水泥厂	2	都为停产企业和减产关停计划企业，以时尚消费再利用模式和文创艺术再利用模式对其进行工业遗产的活化再利用。需要注意的是在改造利用时，加强对风貌的把控
9	2.501	8.05	太原化工厂	2	
10	2.395	7.71	太原一电厂	2	
11	2.380	7.66	杜儿坪煤矿	2	
12	2.377	7.65	太原面粉二厂	2	
13	2.355	7.58	新记电灯公司旧址	4	
14	2.222	7.15	新华化工厂	2	国防军工厂由于保密要求，组织生产时，应对工厂厂房工业遗产进行必要保护
15	2.178	7.01	大众机械厂	2	
16	2.169	6.98	汾西机器厂	2	
17	2.169	6.98	江阳化工厂	2	
18	2.020	6.50	太原矿机厂	2	工厂遗产数量有限，无法形成集群和触媒效应，应以图书馆、学校等公共服务的改造再利用为主
19	1.886	6.07	官地煤矿	3	
20	1.821	5.86	太原制药厂	4	

续表

序号	权重分	10 分	名称	工业遗产级别	保护策略
21	1.445	4.65	兴安化工厂	3	军工企业，将长期正常生产，应设置适宜对公众开放的通道
22	1.221	3.93	太原二电厂	3	将长期正常生产，建议只对建厂初期散热塔进行保护

在对工厂厂房工业遗产的保护中，厂区的规划平面也是保护的重点。由于生产工艺的升级会带来厂房车间空间的转变，这对于正常生产的活态工业遗产而言，是遗产保护的中的难点。那就意味着对企业管理和厂区更新设计需要提出更高的要求。在工艺升级时，尽可能在建筑外部保留厂区特定时期的历史风貌。如尽可能多地保留建筑立面，在至少保留一个建筑立面的同时，对原生产区的规划平面进行保留，结合保留的路灯、座椅、标语、口号等，尽可能地对工业遗产进行最少的干扰，并在生产的时空管理上，设置更多的开放日和公众通道。

保护例证——太原化工厂

太原化工厂是“一五”时期太原 11 项“156 工程”项目之一，位于河西南工业区，曾有“太原硫酸厂”“太原氯碱厂”等名称。后太原化工厂与太原化肥厂合并为太化集团，于 2014 年全面停产，停产后，一度进行了拆除作业，厂内机械设备的拆除，对工业遗产造成了重大损失（见图 6.9、图 6.10）。根据本研究对工厂厂房工业遗产所提出的策略，太原化工厂属于停产企业，结合太原南部快速发展，规划时尚消费再利用模式和文创艺术再利用模式，实现对工业遗产的活化利用（见图 6.11、图 6.12）。

图 6.9　太原化工厂筛选车间

图 6.10　太原化工厂硫化车间

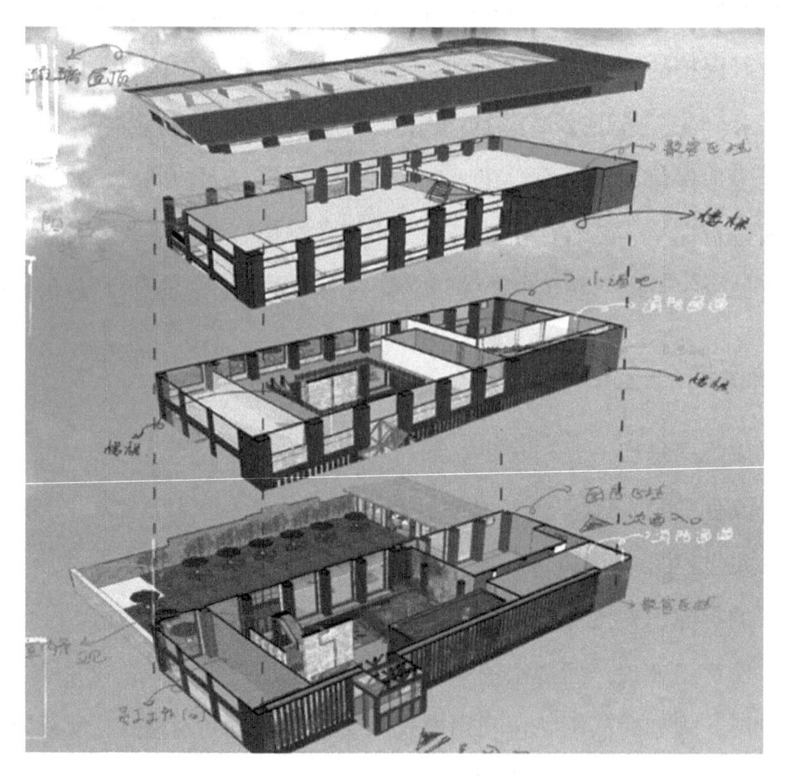

图 6.11　太原化工厂改造利用分层示意图

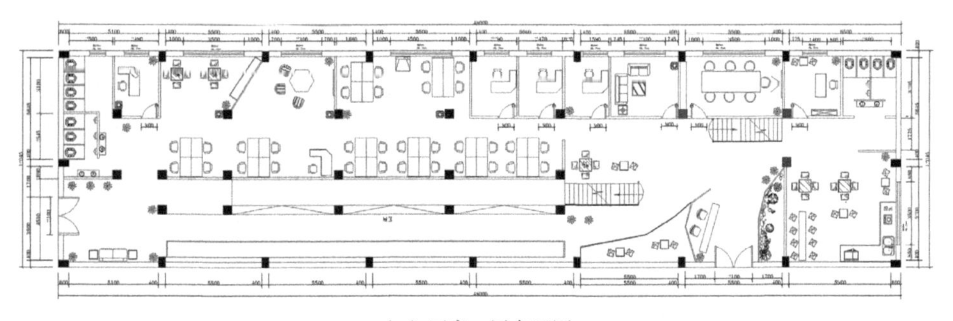

（a）厂房一层布置图 1：200

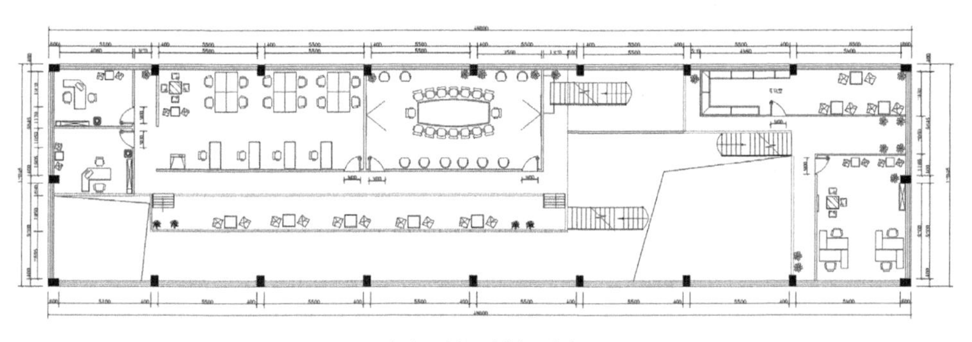

（a）厂房二层布置图 1：200

图 6.12 太原化工厂筛选车间改造利用平面图

6.6.2 生产设备工业遗产的保护和更新策略

生产设备的保护措施。工艺和生产设备是工业遗产技术史价值的重要折射，但由于产业升级的原因，工业遗产中的生产工艺和设备一般已经淘汰。以往对待这些工业设备，大多采取拆除与资源回收利用的措施，导致许多有技术史意义的设备消失。幸运的是，山西机床厂所保留的民国太原兵工厂时期的机器设备以及工业产品都被文物部门评定为“省级文物”加以保护，结合山西机床厂史和文献资料，可以对当时的技术水平和生产过程认识一二。

图 6.13　太化工业园金属雕塑

生产设备工业遗产包括设备、设施、实验器材、产品、生产档案等，这些生产设备是技术史的重要见证，对其保护主要应保护和保持这些文物的现状，在保护和保管时尽量减少锈蚀等伤害。生产设备工业遗产的保护还包括对这些生产设备建立档案，以保证历史信息的完整性。本研究提出对生产设备工业遗产的 3 个保护与再利用模式。一是工业博物馆陈列模式。被评为文物的生产设备，在文物保护要求的基础上，建立工业博物馆对其进行陈列，以求这些遗产的历史价值更为全面和完整。该模式适用于技术价值和历史价值较高的文物类生产设备。二是工业景观雕塑（见图 6.13）。对于在文物级别外的生产设备工业遗产，可以陈列在其他一些公共场所，将体型较大的生产设备进行户外装置，如机车车头等，以突出工业遗产街区的整体性。同时也可以利用废弃的工业设备进行艺术装置创作，以提高工业遗产街区的主题性。三是工业文创艺术品。将体量较小的生产设备和落后产品，通过再设计，以文创消费品的形式展现，将工业文化与工业遗产结合起来，成为体验工业文化的另一重要补充。

6.6.3　次生景观工业遗产的保护和更新策略

对待工业次生景观的工业遗产，应当首先辨别工业次生景观的环境是否存在危害以及危害的级别。矸石山、采空塌陷地、粉煤灰堆场等是危害较大的次生景观，还有一些次生景观对环境危害不大，如作为一电厂降温取水池的晋阳湖。在工业次生景观的环境安全、生态健康的基础上，对工业景观和次生景观建立主题公园，主要包括矿山公园、地质公园、工业遗址公园等形式。上海辰山矿坑植物园（见图6.14），位于上海松江区佘山国家风景旅游度假区内。日伪政府辰山因为过度开采而形成两个矿坑，辰山植物园将其中一个矿坑利用现有的山水条件，排除隐藏地质灾害，设计瀑布、天堑、栈道等与自然密切结合的景观，是国内对工业次生景观修复并成功改造的典型。而另一处矿坑设计建造为洲际深坑酒店。

图6.14 上海辰山矿坑植物园

晋阳湖是配合“156工程”项目之一的太原一电厂所开挖的人工蓄水湖，是太原工业遗产中的次生景观遗产类型。晋阳湖作为人工湿地，连同南段的汾河景观公园，对太原市有很好的生态调节功能。目前，太原市政府规划将晋阳湖和太原化肥厂工业遗址一同建设为太化遗址公园（见图6.15），将生态调节涵养、文创产业孵化、金属雕塑公园、工业主题展览等功能融入其中。

图6.15 太化遗址公园规划图

图片来源：太原市规划局。

6.6.4 工人社区工业遗产的保护和更新策略

工人社区工业遗产的工人居住区一般房龄老，设施落后，公共服务不全，一般居住着新中国的第一代、第二代职业工人和城市低收入者。因此，工人社区工业遗产的再利用，应当以为老龄人群和低收入人群服务为宗旨，对其进行再利用更新。建设老年社区，在维护建筑质量的同时，对建筑增加无障碍设计，改善庭院环境，增加公共服务，增加智能物联网的设置和服务，实现家中养老和社区养老相结合，兼顾城市低收入群体的需求，实现老年人和低收入群体有尊严地生活。除此之外，工人居住区的住宅建筑还可以改造为工业主题酒店。

保护例证——迎新街工人居住区 46 号楼、47 号楼改造

迎新街工人居住区 46 号楼、47 号楼位于太原工业学院东侧，目前建筑老旧，建筑内拐角处有居民自建部分，走廊堆满杂物，厨房排放油烟的管道直接通向室外影响环境，内部设施多有损坏，现状杂乱，室外缺少绿化景观（见图 6.16）。46 号楼、47 号楼是太原新华化工厂在 1955 年建造的工人宿舍，整体造型与平面布置都按照苏联的建筑风格建造，周边式的规划形式，左右两个小楼为一组，均呈“L”形，三层砖木结构，四坡顶屋面，临街的外墙体上每两层之间有双层装饰线。建筑为连廊式住宅，单个“L”形建筑的两头与拐弯处各有一个楼梯间。单个宿舍楼一边长约为 48 米，另一边长约为 57 米，三层分布 25 户，每户平均面积约为 31 平方米。策略建议将该楼作为社区养老中心使用。两座“L”形烛照楼中间配建一座公共服务楼，内布置餐厅、活动室、图书室、医疗室。这样的改造符合社区的实际需求，并且不影响遗产建筑风貌，图 6.17、图 6.18 是 46 号楼、47 号楼改造平面图、效果图。

图 6.16 迎新街工人住宅区 46 号楼现状

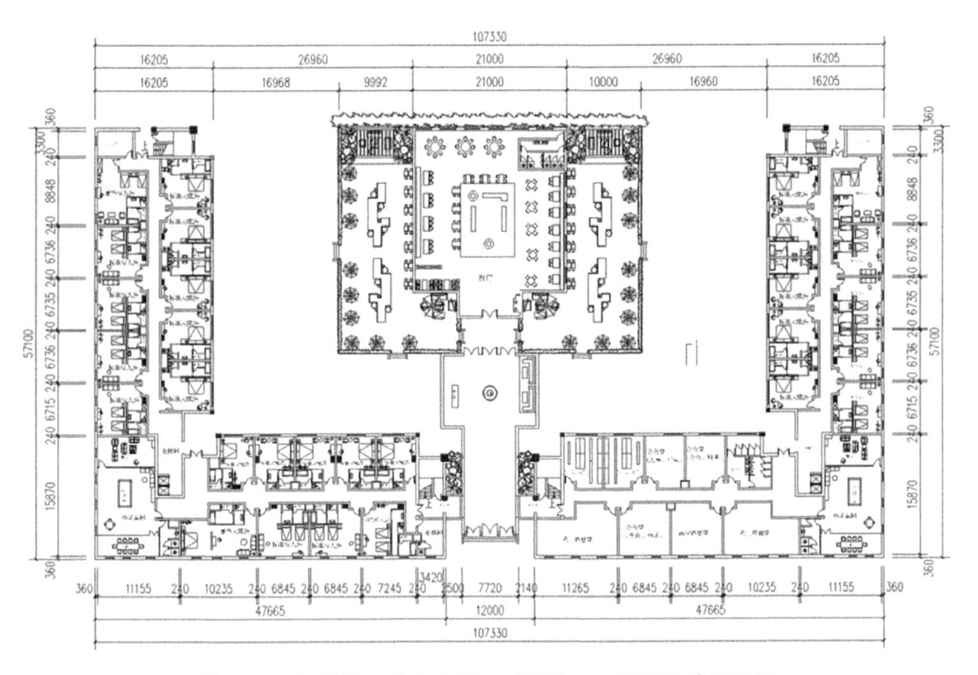

图 6.17 迎新街工人住宅区 46 号楼、47 号楼改造平面图

图 6.18　新迎街工人住宅区 46 号楼、47 号楼改造效果图

6.6.5　工业教育工业遗产的保护和更新策略

工业教育工业遗产是非常值得关注的一种特殊遗产类型[1]。这类型遗产包括工业高等教育、厂办技校、职工夜大等。厂办技校、职工夜大等形式的工业职业教育在 20 世纪 90 年代末陆续退出了历史舞台，但也反映出在我国高等教育不发达的时代，企业十分重视人才的培养，是当时工业教育的重要补充。工业高等教育院校遗产是典型的“活态”遗产，具有开放性、多元性和与生俱来的优越条件，工业教育遗产的保护有利于工业文化融入城市生活，展现工业遗产的精髓。

保护例证——太原科技大学

太原科技大学是太原工业教育遗产的典型代表。学校校前区仍然保持了

[1] 2013 年国际古迹遗址理事会（ICOMOS）确定的 4·18 国际古迹遗址日主题是“教育遗产”（Heritage of Education）。教育遗产概念的提出，是以“教育”为价值主题对内涵丰富的文化遗产的细分。古迹遗址日主题活动倡议指出，“保护教育遗产不仅意味着保存文化价值，更是对教育作为人类生存基本目标之一的赞美”。

1952 年建校初期的风貌，只是 20 世纪 90 年代，校前区扩建，新建图书馆等建筑，拆除了二校门。本研究认为作为工业教育遗产应当恢复二校门，与校前区办公主楼及配楼形成完整的校前区历史风貌，这样可以增加校园时代感。参考建校初期照片，以及学校历史材料和老职工口述回忆，本书对太原科技大学校前区做历史景观修复设计，恢复二校门，恢复平面图和效果图如图 6.19 和图 6.20 所示。

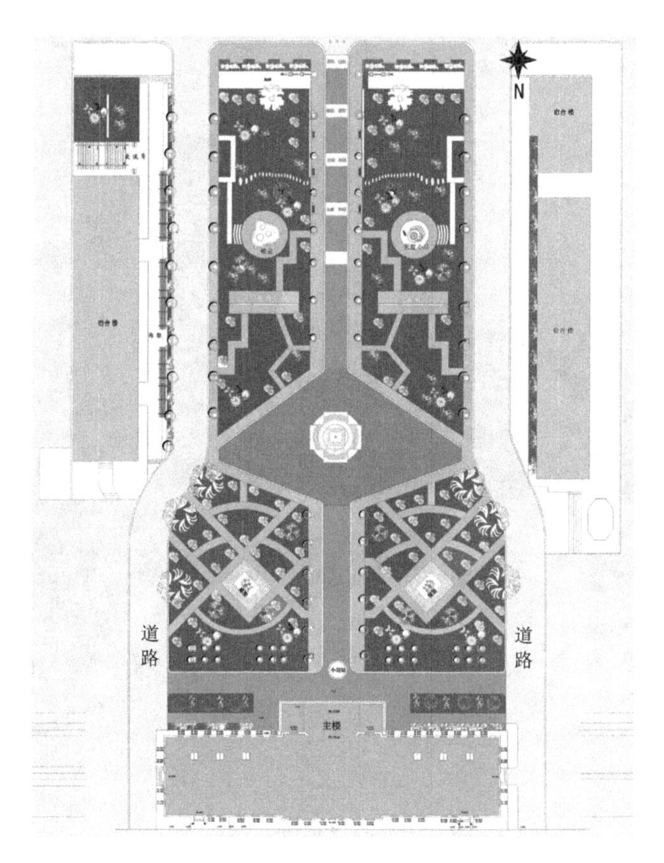

图 6.19 太原科技大学校前区历史风貌恢复平面图示意图

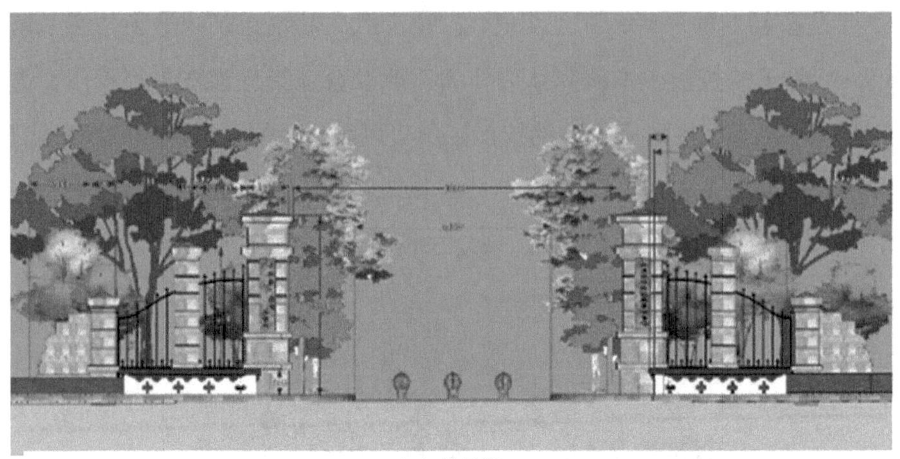

（a）外景图

（b）平面图

图 6.20　太原科技大学校前区历史风貌恢复效果图

6.7 工业遗产保护更新的实施保障措施

6.7.1 “双修”工业遗产，促进城市可持续发展

工业遗产不仅包含工业文化积极的一面，也包括负面的内容，如工业发展带来的环境破坏问题和为满足生产而简单粗放地使用资源等。在工业遗存遗产化的价值认知过程中应予以具体对待。无论是工业遗存还是工业遗产，在其更新中都应该按照“城市双修”的要求，对其进行生态修复和城市修补。生态修复，应减少或去除工业发展对生态环境的破坏，如采煤塌陷地、工业区土壤重金属等环境问题的治理，努力使工业发展对生态环境的干扰降到最低，这也是城市转型与可持续发展的基本条件。“城市修补”，在城市更新中，应对工业发展中遗留和保存的工业遗产进行必要的保护和修补。在“城市双修”的引导下，对工业遗产进行保护和更新，构建“旅游 +”“智慧 +”“生态 +”“文创 +”的宜居城市（见表 6.5），产城融合，实现城市可持续发展。

表 6.5 工业遗产保护与更新中赋予城市可持续发展的含义

主题功能	具体表现
旅游 +	引入全域旅游概念，依托工业遗产资源和工业景观，建设工业遗产博物馆和工业景观公园，加强文化体验，增加游憩设施。发展工业遗产旅游和都市休闲旅游，增强经济造血功能，解决社区人口就业问题
智慧 +	以“智慧城市”为发展目标，利用工业遗产城市近郊区位优势，增加互联网与物联网的协同关联，工业遗产特色小镇与数字城市同步，营造安全、智能、便利、舒适的工作生活环境，让城市走向“精明增长”

续表

主题功能	具体表现
生态＋	修复由于长期工业生产带来的环境问题，打造绿色“工业”城，将原来的城市污染带打造为城市绿肺，保持低容积率和低建筑密度，发展生态建筑，利用地下空间。为城市远期发展提供绿色屏障，缓解“摊大饼”的城市发展问题
文创＋	将工业遗产的物质空间植入文化创意产业，以文创产业的孵化为主，为青年提供更多创业和就业机会。利用废弃工业建筑，纳入广告、摄影、时尚、设计、画廊等产业，为城市工业遗产地区注入新产业的活力

6.7.2　完善遗产管理，促进体制创新

完善对工业遗产的管理，有助于将工业遗产资源化，更好地与产业升级顺利衔接，逐步形成科学有效的工业遗产日常管理系统，实现工业遗产保护更新的环境、社会、经济的多重效益。工业遗产的管理包括工业遗产的价值评价与等级确认，申遗工作及遗产档案管理，也涉及国有资产的盘活，工业用地的确权和使用权流转等管理工作，还包括对工业遗产使用状态的监管工作。工业遗产的管理机构多部门协调融合，制定鼓励工业遗产更新再利用的政策，比如财政扶持、金融优贷，进一步促进产业结构、管理体制的横向、纵向、区域和社会的耦合，完善工业遗产开发的管理体制。工业遗产管理机构还需要不断加深对工业遗产价值的认知，不断转变传统线性发展模式形成的惯性思维，进行体制创新，在工业遗产的保护和更新再利用中，合理配套相关资源，投入优质项目，提供友好的政策环境等积极要素。利用工业遗产衍生的文化产业或其他综合业态，促进不同产业领域业态重组合作，形成创新型产业形态，赋予工业遗产新的内涵和功能，注入新的活力，实现与城市经济、社会、环境的互动发展。

6.7.3 建立多元融资平台，驱动工业遗产更新

工业遗产更新再利用具有投资规模大、周期长等特点，资金是工业遗产更新再利用主体最关心的问题。因此，工业遗产的更新再利用需要建立多元融资平台，充分调动更多投资者的积极性。通过盘活国有资产，向二级金融市场进行融资，或者开放股权。对于作为公益项目的工业遗产再利用，可以使用 PPP 融资模式，分析地产、险资对投资的需求，可以采用 BOT 等模式，在保证政府回购的情况下，用市场手段工业遗产走向活化利用。从开发主体来讲，工业遗产原企业作为所有者，不仅缺乏资金，而且意识落后，没有开发经验，因此在工业遗产的保护更新中，往往困难重重。成熟的房地产企业往往资金雄厚，市场定位准确，项目运营稳健。可以通过房地产企业注资的形式，成立项目公司，合理分配项目股权，积极调动工业遗产原企业和房地产企业的积极性，为开发项目发挥积极主动的作用。

6.7.4 宣传工业遗产，打造“遗产城市”

在城市更新规划中，使用历史层级的规划方法区别对待工业遗存和原工业区，使市民公众能够寻找历史发展的痕迹，也为工业遗产的保护创造更多的历史环境。因此，在工业遗产的有效保护中，不能简单地对工业建筑遗产进行再利用，对工业文化遗产等进行存档和研究，要真正“活化”工业遗产，一定要在城市区域的条件下，以工业遗产所代表的时代文化为核心，谨防“绅士化”的开发趋向。在国人心中，山西是地方文物大省，而具有 2500 年建城历史的太原则是山西历史发展的缩影。晋阳古城遗址、宋代建筑晋祠圣母殿、明代砖仿

木建筑双塔寺等名胜古迹遍布全城。而提及近现代发展，尤其是工业发展为国家和地区发展做出的杰出贡献，则所知者甚少。太钢集团原为西北实业公司的西北炼钢厂，始建于1926年，经过90余年的发展成为我国重要的特种钢基地，生产航天、桥梁、机械等诸多行业特种钢材，在太原城北有着“十里钢城”的宏伟工业景观。除了太钢集团，还有“一五”期间落户太原的11项“156工程”，这些工厂和工业区沉积给太原厚重的工业文化、绵长的集体记忆，是太原城市文脉中浓重的一笔工业色彩。历史滋养着太原，太原不仅有晋阳文化、历史古都，也沉积着厚重的工业文明。未来应结合太原国家历史文化名城，参考《实施保护世界文化和自然遗产公约操作指南》，探寻太原文化的延续性，将太原的历史文化牌打好，打造更具生命力的城市文脉形象。

6.7.5 工业遗产跨地区，争取更广范围的遗产认知

《实施保护世界文化和自然遗产公约操作指南》经过历次变更，在强调文化遗产“原真性”和“完整性”的基础上，陆续体现了“自然观”“社会性”“文化性”“延续性”的特征，增加了“巴洛克线路”“奴隶之路”“遗产廊道”等跨地区遗产类型，这些遗产类型强调社会空间和文化上的联系，突出文化在线性空间的传播演进过程[194,264-266]。《实施保护世界文化和自然遗产公约操作指南》倡导将文化遗产纳入文化现象和文化传播的历史进程去理解，其中由工业发展带动的文化传播是20世纪全球化中最主要的内容，这需要将建筑遗产单体纳入跨地区的文化线路去理解更为重要的文化含义，而不仅仅是对建筑遗产单体的理解。2014年，经过近10年的筹备和努力，京杭大运河沿线的北京、河南等8个省35个城市的大运河遗产整体申报世界文化遗产成功，正是体现了这种文化

的延续性和社会性。而太原近现代工业遗产也体现出国家和地区工业的发展演化，是我国工业发展和工业文化传播的重要节点和具有代表性的文化现象。未来应积极推进对太原近现代工业遗产的认知研究，将其纳入国家能源重工业布局的范畴，完成对太原近现代工业遗产在国家和地区层级的解读；尝试以“国防工业”“国家战略”为主线，研究和探索我国“中国特色工业化道路遗产带”的科学内涵，扩大工业遗产的影响力和公众感召力。

6.8 本章小结

本章对工业遗产保护和更新的驱动力进行了分析，给出了增强工业遗产保护更新正驱动力的策略，在“城市双修”视角下，分析了工业遗产保护和更新的任务，从工业遗产保护及现状分析入手，借鉴国内外工业遗产保护与城市复兴的经验启示，构建了城市层级、历史街区层级、工业遗产构成类型层级的工业遗产保护更新策略体系。工业遗产保护更新策略体系从城市层级出发，延续城市文脉，使工业遗产与城市文化的关联更为密切；从历史街区层级出发，建立连续的工业景观基础，保持社区和厂区的连续性、整体性；从工业遗产的构成类型出发，对单体遗产的更新利用给出指导方向，促进工业遗产的活化。对太原的工业遗产提出“一廊、五片、多散点”的城市层级保护更新策略建议。最后提出了工业遗产保护与更新的实施保障措施。本书的工业遗产层级保护更新策略体系实现了对工业遗产内涵的全覆盖，增强了工业遗产保护更新策略中的操作性，实现了城市文脉的延续，完成了“现状—评价—策略”的研究范式的构建。

第7章　结论与展望

7.1　研究主要结论

在“城市双修”的政策背景下，全面深度挖掘工业遗产的价值，对其进行保护和再利用，可促进城市“存量挖掘”和“内涵增长”，传承城市历史文脉。

本书对工业遗存遗产化历程和遗产化途径进行了分析研究，在“城市双修”的政策背景下，面对遗产化历程中“转型—危机—契机”的现实问题，进一步确立工业遗产的价值认知的必要性。继而在“现状—评价—策略”的技术路线下，系统研究了工业遗产的构成类型、价值评价体系和保护更新策略。以太原22项近现代工业遗产作为研究案例进行了实证研究，并根据评价结果给出工业遗产的分级建议和太原工业遗产名录。研究成果和结论如下。

7.1.1　工业遗存遗产化历程

本书提出了工业遗存遗产化历程的3个阶段，工业遗产价值认知的5条途径。城市快速发展中，工业遗存数量减少的同时逐渐受到公众关注并形成公众认知，成为工业遗产。本书将工业遗存的遗产化历程分为 3 个阶段：早期形成与初现阶段、中期破坏与认知阶段、成熟认定与保护阶段。工业遗存经过这 3 个阶段的发展，与传统文化遗产共同成为城市的历史年轮。遗产化的关键是公众对工业遗产获得价值认知，有 5 个途径：工业博物馆与“技术崇拜”促进的价值认知途径、工业建筑商业化再利用推动的价值认知途径、市民集体记忆形成的价值认知途径、活态工业遗产传播的价值认知途径、遗产旅游热推进的价值认知途径。在城市转型和工业发展的背景下，面对遗产化历程中“转型—危机—契机”的现实问题，提出了工业遗产面临的危机，探讨了工业遗产与“城市双修”的相互促进作用。

7.1.2　工业遗产的历史探源和现状调研

基于工业遗产的历史探源和现状调研，提出了工业遗产的构成类型和内容组织。工业带动城市化的过程中，多类型工业区的布局改变了城市的面貌，工人居住区、工业教育、工业景观随工业发展而形成，进而影响了城市的功能单元和空间布局。在工业遗产现状调研的基础上，结合工业遗产的历史探源，本书提出工业遗产的 5 种构成类型：工厂厂房工业遗产、生产设备工业遗产、次生景观工业遗产、工人社区工业遗产、工业教育工业遗产。指出工业遗产的研究不仅要关注工业建筑、工人社区、设备设施类的工业遗产，还要关注工业次生景观、工业院校这两种以往被忽视的工业遗产类型。以工厂为主体对工业遗产进行内容组织，并将“历史探源—构成类型—内容组织”确立为工业遗产内涵研究的理论范式。

7.1.3 工业遗产价值评价指标体系和方法

在“城市双修”视角下，构建了基于构成类型的工业遗产价值评价指标体系和方法，并提出工业遗产价值的分级标准。本书首先在“城市双修”的视角下，基于工业遗产的构成类型，提出工业遗产价值评价指标选择原则，构建了工业遗产价值评价指标体系，其中准则层（一级指标）5 项指标——概况与市域经济价值、工厂与工业建筑价值、工艺与工业技术价值、设施与工业景观价值、民生与工人社区价值，因子层（二级指标）27 项指标，子因子层（三级指标）59 项指标，并用层次分析法（AHP）对指标体系进行了权重计算。工业遗产价值评价指标体系反映了基于构成类型的工业遗产内涵，有利于在工业遗产价值评价的同时，对工业遗产的文献档案进行管理。最后通过问卷调查对评价指标进行量化，并结合权重计算出工业遗产价值评价对象的价值得分，以此确定工业遗产的价值等级，为工业遗产的保护更新提供定量分析的科学依据。

7.1.4 工业遗产的层级保护更新策略体系

在“城市双修”理念的指导下，构建工业遗产的层级保护更新策略体系。本书首先对工业遗产保护更新的驱动要素和驱动力进行分析，然后分析国内工业遗产保护的现状和存在的问题，借鉴国内外工业遗产保护与再利用的经验及启示，结合“城市双修”的理念，构建了城市、历史街区、工业遗产构成类型三个层级的工业遗产保护更新策略，从而增强工业遗产保护更新中的操作性。三个层级的工业遗产保护更新策略延续城市文脉，使工业遗产与城市文化的关联更为密切；建立连续的工业景观基础，保持社区和厂区的连续性、整体性；对单体遗产的更新利用给出指导方向，促进工业遗产的活化。

7.1.5 对太原近现代工业遗产进行历史探源和现状分析

以太原近现代工业遗产为研究案例，进行历史探源和现状分析，并对22项太原近现代工业遗产做价值评价，提出了保护更新策略。通过对太原的工业发展和城市发展进行追溯，挖掘出工业遗产所承载的历史价值。太原在民国时期和中华人民共和国成立初期经历了两次工业发展带动的城市化发展。基于太原工业遗产的历史探源，结合构成类型，最终筛选出22项太原近现代工业遗产作为研究对象进行价值评价，并给出分级建议，其中一级工业遗产6项、二级工业遗产11项、三级工业遗产2项、工业遗产纪念地3项，为工业遗产的保护与更新提供了量化依据。对太原的工业遗产提出“一廊、五片、多散点”的城市层级保护更新策略建议。

7.2 创新点

7.2.1 揭示了工业遗存遗产化的规律，提出了工业遗产价值认知的途径

工业遗产的形成是一个工业遗存遗产化的过程，诸多环节都会影响工业遗存最终的命运，但目前缺少对工业遗存遗产化较为全面的系统研究。本书首次对工业遗存遗产化进行历程阶段划分，指出工业遗存遗产化的关键是公众对遗产价值形成认知，并提出了工业遗产价值认知的途径。

工业遗存遗产化可分为早期形成与初现阶段、中期破坏与认知阶段、成熟认定与保护阶段。本书明确提出工业遗产的价值认知是由少数精英和工程师开

始的，在生产和生活中扩展至职工和家属群体，最后工业遗产价值在市民公众中形成认知。提出了工业遗产价值认知的 5 条途径：工业博物馆与“技术崇拜”促进的价值认知途径、工业建筑商业化再利用推动的价值认知途径、市民集体记忆形成的价值认知途径、活态工业遗存传播的价值认知途径、遗产旅游热推进的价值认知途径。

7.2.2 “城市双修”视角下，基于工业遗产构成类型，构建了工业遗产价值评价指标体系

工业遗产价值评价多以工业建筑遗产为评价对象，评价时从遗产价值论的经济价值、技术价值、文化价值、艺术价值、历史价值方面开展，这样的工业遗产价值评价不能够系统地体现工业遗产的内涵，忽视了工业遗产内部的类型及相互关系，不利于工业遗产的档案管理，不能够反映工业经济发展对社会、地方经济带来的连续变化，不能够体现工业发展中的负面影响，如生态问题、工人社区配套设施老旧等问题。

本书提出工业遗产的 5 种构成类型，首次将工业教育、次生景观纳入工业遗产的内涵与评价体系。以工业遗产构成类型为基础，在“城市双修”的视角下，构建了工业遗产价值评价指标体系，其中准则层（一级指标）5 项指标——概况与市域经济价值、工厂与工业建筑价值、工艺与工业技术价值、设施与工业景观价值、民生与工人社区价值，因子层（二级指标）27 项指标，子因子层（三级指标）59 项指标。该评价体系反映了基于工业遗产构成类型的工业遗产内涵，有利于在评价工业遗产价值的同时，更好地管理工业遗产的文献档案。

7.2.3 在“城市双修”视角下构建了工业遗产的层级保护更新策略体系

在已有的工业遗产保护更新研究中大多对工业建筑遗产做了再利用模式方面的探索，没有从工业遗产内涵和保护更新推动要素出发，对工业遗产的保护更新缺乏有效指导，操作性不强。另外，“城市双修”政策的出台为工业遗产的保护更新提供了有力支撑。

本书在“构成类型—内容组织”的工业遗产内涵范式下，结合“城市双修”的指导，从城市层级、历史街区层级、工业遗产构成类型层级三个层级分别构建工业遗产保护与更新的策略体系。三个层级的工业遗产保护更新策略延续城市文脉，使工业遗产与城市文化的关联更为密切；建立连续的工业景观基础，保持社区和厂区的连续性、整体性；对单体遗产的更新利用给出指导方向，促进工业遗产的活化。本书的工业遗产层级保护更新策略体系实现了对工业遗产内涵的全覆盖，增强了工业遗产保护更新策略中的操作性，完成了“现状—评价—策略”的研究范式的构建。

7.3 研究不足与展望

7.3.1 工业遗存遗产化形成公众认知途径的动力机制分析尚未开展

工业遗产的形成需要经历遗产化的过程，即工业遗存获得公众认知，要通过政府和公众的认可，并被保护和利用，成为工业遗产。本研究分析了工业遗存遗产化历程的阶段和公众获得价值认知的途径，但对获得价值认知途径的动力机制尚未展开分析。

7.3.2 工业遗产再利用的驱动机制研究还需要进一步深化

不同于其他的遗产类型，工业遗产在保护更新中受到利益主体复杂、使用状态多变、留存问题多样等诸多因素影响，因此对工业遗产保护和更新的驱动机制研究十分必要和迫切。本研究中对工业遗产保护和更新驱动要素做了详细分析，但仍缺乏对驱动力大小的测算，需对驱动机制进行深入研究。

7.3.3 与本研究案例太原近现代工业遗产相关的专题工业遗产的研究亟待开展

太原是重要的能源重化工业城市，曾在中华人民共和国成立初期被纳入国家重要工业建设的计划，全国有诸多类型的工业遗产都与太原近现代工业遗产相关，展开必要的工业遗产专题研究对我国工业遗产的系统研究体系是大有裨益的。如“156 工程”太原有 11 项,可以“156 工程”工业遗产为专题展开研究。再如，国防工业遗产研究专题。太原也是我国重要的国防工业城市，类似太原的“三线国防”“小三线建设”的现状如何，研究该工业遗产专题对我国城乡统筹具有十分重要的战略意义。除此之外，机械、大型装备制造、化工等行业工业遗产的专题研究亦可依托太原工业遗产的研究展开。本书也支撑了华南理工大学出版的《中国工业遗产丛书——山西卷》的主要内容，可按照已形成的研究范式，展开对山西各地工业遗产的研究。

参考文献

[1] 田燕，李百浩．方兴未艾的工业遗产研究 [J]. 规划师，2008，4：79-82.

[2] 陆邵明．是废墟，还是景观？——城市码头工业区开发与设计研究 [J]. 华中建筑，1999，2：102-105.

[3] 阙维民．国际工业遗产的保护与管理 [J]. 北京大学学报（自然科学版），2007，222（4）：523-534.

[4] 刘伯英．工业建筑遗产保护发展综述 [J]. 建筑学报，2012，52（1）：12-17.

[5] 黄磊，郑岩．国内外资源型城市旅游业发展研究述评 [J]. 资源与产业，2015，160（5）：14-21.

[6] 崔卫华，梅秀玲，谢佳慧．国内外工业遗产研究述评 [J]. 中国文化遗产，2015，69（5）：4-14.

[7] CASAS L，RAMIREZ J，NAVARRO A，et al. Archaeometric dating of two limekilns in an industrial heritage site in Calders（Catalonia，NE Spain）[J]. Journal of Cultural Heritage，2014，15（5）：550-556.

[8] FUENTES J M，LOPEZ-SANCHEZ M，GARCIA AI，et al. Public abattoirs in Spain：history，construction characteristics and the possibility of their reuse [J]. Journal of Cultural Heritage，2015，16（5）：632-639.

[9] ROVETTA T，BIANCHIN S，SALEMI G，et al. The case study of an Italian contemporary

art object：Materials and state of conservation of the painting "Ragazzo seduto" by Remo Brindisi [J]. Journal of Cultural Heritage，2014，15（5）：564-568.

[10] MIHYE C，SUNGHEE S. Conservation or economization? Industrial heritage conservation in Incheon [J]，Korea. Haditat International，2014，41（41）：69-76.

[11] LUIS L. Post-industrial landscapes as drivers for urban redevelopment：public versus expert perspectives towards the benefits and barriers of the reuse of post-industrial sites in urban areas [J]. Haditat International，2015，45：72-81.

[12] AN D W. Characteristics and utility of 3D scandata for the development of survey drawings in wooden architectural heritage：a comparison of the raw survey data used in survey drawings [J]. Journal of Asian Architecture and Building Engineering，2016，15（2）：161-167.

[13] WU TC，LIN YC，HSU MF. A study of 3D modeling for conservation work of large-scale industrial heritage structures：using the south chimney of Taiwan tile corporation's Takao factory as a case study [J]. Journal of Asian Architecture and Building Engineering，2015，14（1）：153-158.

[14] HOWARD A J，KNIGHT D，COULTHARD T，et al. Assessing riverine threats to heritage assets posed by future climate change through a geomorphological approach and predictive modelling in the Derwent Valley Mills WHS，UK [J]. Journal of Cultural Heritage，2016，19（5）：387-394.

[15] KRODKIEWSKA M，STRZELEC M，SPYRA A. Assessing the diversity of the benthic oligochaete communities in urban and woodland ponds in an industrial landscape（Upper Silesia，southern Poland）[J]. Urban Ecosystems，2016，19（3）：1197-1211.

[16] NYSSEN J，PETRIE G，MOHAMED S，et al. Recovery of the aerial photographs of Ethiopia in the 1930s [J]. Journal of Cultural Heritage，2016，17（1）：70-78.

[17] FERRETTI V，COMINO E. An integrated framework to assess complex cultural and natural heritage systems with Multi-Attribute Value Theory [J]. Journal of Cultural Heritage，2015，16（5）：688-697.

[18] OPPIO A，BOTTERO M，FERRETTI V，et al. Giving space to multicriteria analysis for complex cultural heritage systems：the case of the castles in Valle D'Aosta Region，Italy [J]. Journal of Cultural Heritage，2015，16（7）：789-797.

[19] 于磊，青木信夫，徐苏斌 . 英美加三国工业遗产价值评定研究 [J]. 建筑学报，2016（2）：1-4.

[20] 刘凤凌，褚冬竹 . 三线建设时期重庆工业遗产价值评估体系与方法初探 [J]. 工业建筑，2011，41（11）：54-59.

[21] 章晶晶，卢山，麻欣瑶 . 基于旅游开发的工业遗产评价体系与保护利用梯度研究 [J]. 中国园林，2015，31（8）：86-89.

[22] 林涛，胡佳凌 . 工业遗产原真性游客感知的调查研究：上海案例 [J]. 人文地理，2013，132（4）：114-119.

[23] 张健，隋倩婧，吕元 . 工业遗产价值标准及适宜性再利用模式初探 [J]. 建筑学报，2011，11（1）：88-92.

[24] 蒋楠 . 基于适应性再利用的工业遗产价值评价技术与方法 [J]. 新建筑，2016，166（3）：4-9.

[25] 闫觅，青木信夫，徐苏斌 . 基于价值评价方法对天津碱厂进行工业遗产的分级保护 [J]. 工业建筑，2015，45（5）：34-37.

[26] 张卫，叶青 . 基于 AHP 法的长沙工业遗产评价体系研究 [J]. 工业建筑，2015，45（5）：30-33.

[27] 刘抚英 . 工业遗产保护与再利用模式谱系研究——基于尺度层级结构视角 [J]. 城市规划，2016，40（9）：84-96.

[28] FIRTH T M. Tourism as a means to industrial heritage conservation：achilles heel or saving grace? [J]. Journal of Heritage Tourism，2011，6（1）：45-62.

[29] ROSENTRAUB M S，JOO M. Tourism and economic development：which investments produce gains for regions? [J]. Tourism management，2009，30（5）：759-770.

[30] ALONSO A D，O'NEILL M A，KIM K. In search of authenticity：a case examination of the transformation of Alabama's Langdale Cotton Mill into an industrial heritage tourism attraction [J]. Journal of Heritage Tourism，2010，5（1）：33-48.

[31] BANKS M. Autonomy guaranteed? Cultural work and the “art–commerce relation” [J]. Journal for Cultural Research，2010，14（3）：251-269.

[32] COLAPINTO C，PORLEZZA C. Innovation in creative industries：from the quadruple helix model to the systems theory [J]. Journal of the Knowledge Economy，2012，3（4）：343-353.

[33] BARRÈRE C. Heritage as a basis for creativity in creative industries：the case of taste industries [J]. Mind & Society，2013，12（1）：167-176.

[34] 谢涤湘，褚文华 . 工业遗产再利用与文化创意产业发展研究——以广州 T.I.T 创意园为例 [J]. 四川建筑科学研究，2014，40（4）：273-276.

[35] 刘伯英，杨伯寅 . 重庆工业博物馆的概念规划和建筑设计 [J]. 工业建筑，2014，44（9）：1-6.

[36] 朱蓉，俞艳秋 . 文化旅游背景下澳门路环荔枝碗船厂的保护和再利用 [J]. 工业建筑，2015，45（9）：40-43.

[37] 蔡鸿斌 . 文化传承 · 活力重塑 · 古河复兴——以福州白马河滨河区域旧工业建筑功能更新策略为例 [J]. 中外建筑，2016，178（2）：54-56.

[38] 夏健，王勇，杨晟 . 基于城市特色的苏州工业遗产保护框架与再利用模式 [J]. 规划师，2015，31（4）：110-116.

[39] 王军，李兵营 . 我国工业遗产再生利用研究——以青岛国棉六厂创意产业园区为例 [J]. 青岛理工大学学报，2015，36（5）：50-55.

[40] 黄磊，彭义，魏春雨 . “体验”视角下都市工业遗产建筑的环境意象重构 [J]. 建筑学报，2014，12（2）：143-147.

[41] 季宏，王琼 . “活态遗产”的保护与更新探索——以福建马尾船政工业遗产为例 [J]. 中国园林，2013，29（07）：29-34.

[42] 王鑫 . 消费文化语境下的青岛四方机车厂再利用 [J]. 工业建筑，2014，44（2）：21-25.

[43] 梁坤，杜靖川 . 产业融合视角下现代工业旅游发展模式研究 [J]. 世界地理研究，2015，24（3）：152-159.

[44] PHILIP F X. Industrial heritage tourism [M]. Bristol：Tourism Management Channel View Publications，2015.

[45] HÖGBERG A. The process of transformation of industrial heritage：strengths and weaknesses [J]. Museum International，2011，63（1）：34-42.

[46] BENITO P，GONZALEZ P A. Industrial heritage and place identity in Spain：from monuments to landscapes [J]. Geographical Review，2012，102（4）：446-464.

[47] DEGEN M，GARCÍA M. The transformation of the 'Barcelona model'：an analysis of culture，urban regeneration and governance [J]. International journal of urban and regional research，2012，36（5）：1022-1038.

[48] LIDDLE J. Regeneration and economic development in Greece：de-industrialisation and uneven development [J]. Local Government Studies，2009，35（3）：335-354.

[49] SHACKEL P A，PALUS M. Remembering an industrial landscape [J]. International Journal of Historical Archaeology，2006，10（1）：49-71.

[50] MIHAJLOV V. Industrial heritage renewal-social motives and effects [J]. Sociologija i prostor，2009，47（2）：139-164.

[51] LEE C B. Cultural policy as regeneration approach in western cities：a case study of Liverpool's RopeWalks [J]. Geography Compass，2009，3（1）：495-517.

[52] OKANO H，SAMSON D. Cultural urban branding and creative cities：a theoretical framework for promoting creativity in the public spaces [J]. Cities，2010，27（4）：10-15.

[53] MAH A. Industrial ruination，community，and place：Landscapes and legacies of urban decline [M]. Toronto：University of Toronto Press，2012.

[54] XIE P F. A life model of industrial heritage development [J]. Annals of Tourism Research，2015，55（9）：141-154.

[55] 张芳 . 基于城市文脉的城市工业废弃地重构城市景观的策略 [J]. 建筑与文化，2016，142（1）：157-159.

[56] 于磊 . 英国工业遗产价值评定研究 [J]. 华中建筑，2014，32（12）：124-128.

[57] 王益，吴永发，刘楠 . 法国工业遗产的特点和保护利用策略 [J]. 工业建筑，2015，45（9）：191-195.

[58] 青木信夫，徐苏斌，张蕾 . 英国工业遗产的评价认定标准 [J]. 工业建筑，2014，44（9）：33-36.
[59] 范晓君，徐红罡 . 广州工业遗产保护与再利用特点及制度影响因素 [J]. 中国园林，2013，29（9）：85-89.
[60] 胡燕，张勃，钱毅 . 以旅游为引擎促进工业遗产的保护——欧洲工业遗产保护经验 [J]. 工业建筑，2014，44（1）：169-172.
[61] 张鹏，吴霄婧 . 转型制度演进与工业建筑遗产保护与再生分析——以上海为例 [J]. 城市规划，2016，40（09）：75-83.
[62] 邓巍，胡海艳 . 基于文化空间整合的武汉市工业遗产保护体系研究 [J]. 工业建筑，2014（444）：45-48.
[63] 齐一聪 . 工业遗产再生的设计方法与管理模式探析 [J]. 工业建筑，2014，44（4）：40-44.
[64] 徐苏斌，青木信夫 . 建议增补濒危遗产制度的再思考 [J]. 城市建筑，2015，171（10）：21-23.
[65] 高祥冠，常江 . 工业遗产开发的驱动力研究 [J]. 工业建筑，2013，43（7）：1-4.
[66] 薄茜 . 工业遗产旅游利益相关者角色定位研究 [J]. 经济研究导刊，2012，148（2）：71-72.
[67] 刘丽华 . 城市工业遗产社区保护的路径依赖及路径创新研究 [J]. 现代城市研究，2015（11）：41-46.
[68] 刘敏 . 天津建筑遗产保护公众参与机制与实践研究 [D]. 天津：天津大学，2012.
[69] 刘成，李浈 . 浅论上海工业遗产再生模式——世博背景下工业遗产的昨天、今天和明天 [J]. 华中建筑，2011，29（3）：177-182.
[70] 青木信夫，闫觅，徐苏斌 . 天津工业遗产群的构成与特征分析 [J]. 建筑学报，2014，12（2）：7-11.
[71] 田燕 . 武汉工业遗产整体保护与可持续利用研究 [J]. 中国园林，2013，29（9）：90-95.
[72] 王润生，赵怡丽，初妍 . 论青岛工业遗产价值评估和保护再利用的协调性 [J]. 工业建筑，2015，45（7）：76-78.
[73] 王蔚，魏春雨 . 长沙近代工业建筑遗产保护研究 [J]. 工业建筑，2011，41（4）：54-58.

[74] 金鑫,陈洋,王西京.基于地域价值的陕西重型机械厂旧厂区改造规划设计[J].工业建筑,2014,44(2):26-30.

[75] 李和平,郑圣峰,张毅.重庆工业遗产的价值评价与保护利用梯度研究[J].建筑学报,2012,521(1):24-29.

[76] 孙艳,乔峰.历史文化名城保护框架下的洛阳工业建筑遗产保护和再利用[J].工业建筑,2013,43(7):18-22.

[77] 谢堃,崔玲玲."一五"时期太原工业建筑初探[J].北京规划建设,2011,136(1):59-61.

[78] 徐苏斌,孙跃杰,青木信夫.从工业遗产到城市遗产——洛阳156时期工业遗产物质构成分析[J].城市发展研究,2015,22(8):112-117.

[79] 阙维民,周筱芳.工业遗产视角下的绍兴黄酒遗产保护[J].中国园林,2013,29(7):8-14.

[80] 李梦涵,阙维民.传统城镇工业遗产视野下的成都金沙遗址[J].中国园林,2013,29(7):15-22.

[81] 冯姗姗,常江.区域协作视角下的矿业遗产线路——从"孤岛保护"走向"网络开发"[J].中国园林,2012,28(8):116-119.

[82] 武晶.河北煤炭工业遗产开发利用研究[J].中国煤炭,2015,41(10):24-27.

[83] 赵军.近代山西机器纺织业发展的考察[D].上海:东华大学,2014.

[84] 刘晨,路旭,李古月.辽宁省现代工业遗产网络研究——以石油化工产业为例[J].沈阳建筑大学学报,2016,18(4):325-330.

[85] 刘抚英,蒋亚静,文旭涛.浙江省近现代水利工程工业遗产调查.工业建筑,2016,46(2):13-17.

[86] 崔卫华,胡玉坤,王之禹.中东铁路遗产的类型学及地理分布特征[J].经济地理,2016,36(4):173-180.

[87] 栾景亮.大型工业废弃地再开发与工业遗产保护的探讨——以北京焦化厂旧址用地改造为例[J].中国园林,2016,32(6):67-71.

[88] 苏玲,卢长瑜.面向城市的工业遗产保护——以南京工业遗产保护为例[J].中国园林,2013,29(9):96-100.

[89] 张定青，王海荣，曹象明．我国遗产廊道研究进展 [J]. 城市发展研究，2016，23（5）：70-75.

[90] 俞孔坚，奚雪松．发生学视角下的大运河遗产廊道构成 [J]. 地理科学进展，2010，29（8）：975-986.

[91] 袁为鹏．甲午战后晚清军事工业布局之调整——以江南制造局迁建为例 [J]. 历史研究，2016（5）：71-88，191-192.

[92] 申雨琦．近代中国早期工业化的城镇化效应——基于晚清中国近代工业企业的实证分析 [J]. 经济资料译丛，2016（2）：68-79.

[93] 张鹏．中国近代产业经济思想研究 [D]. 太原：山西财经大学，2011.

[94] 城市建设部办公厅．城市建设文件汇编（1953-1958）[R]. 北京：1958.

[95] 中共中央文献研究室．建国以来重要文献选编（第六卷）[M]. 北京：中央文献出版社，1993.

[96] 李浩．八大重点城市规划——中华人民共和国成立初期的城市规划历史研究 [M]. 北京：中国建筑工业出版社，2016.

[97] 张荣德．21 世纪初期中国的“文化遗产保护运动”[J]. 大众文艺，2012（1）：192-194.

[98] 布鲁曼，吴秀杰．文化遗产与“遗产化”的批判性观照 [J]. 民族艺术，2017（1）：47-53.

[99] 张多．遗产化与神话主义：红河哈尼梯田遗产地的神话重述 [J]. 民俗研究，2017（6）：61-68，158-159.

[100] 斯昆惕，马千里．非物质文化遗产及其遗产化反思 [J]. 民族文学研究，2017，35（04）：55-62.

[101] 燕海鸣．“遗产化”中的话语和记忆 [N]. 中国社会科学报，2011-08-16（012）.

[102] 季国良．近代外国人在华建筑遗存的遗产化研究 [D]. 济南：山东大学，2015.

[103] 黄家玲，徐红罡．军垦文化遗产化过程中的社区感知 [J]. 资源开发与市场，2011，27（7）：622-625.

[104] AZEVEDO L. Using maritime archaeology and tourism to promote the protection of cultural heritage on land and underwater in anguilla，british west indies [D]. Southampton：University of Southampton，2014.

[105] LABRADOR A M. Shared heritage：an anthropological theory and methodology for assessing，enhancing，and communicating a future-oriented social ethic of heritage protection [D]. Amherst：University of Massachusetts Amherst，2013.

[106] 董一平，侯斌超 . 从技术奇观到工业遗产——略论博物馆对机械时代认知观念转变的意义 [J]. 建筑遗产，2017，1：18-27.

[107] 吕建昌 . 近现代工业遗产博物馆研究 [M]. 北京：学习出版社，2016.

[108] 董一平，侯斌超 . 工业遗存的“遗产化过程”思考 [J]. 新建筑，2014，4：40-44.

[109] 王雷，赵少军 . 浅谈工业遗产的保护与再利用——以中国工业博物馆为例 [J]. 中国博物馆，2013，3：89-93.

[110] 王清 . 二十世纪德国对技术与工业文化遗产的保护及其在博物馆化进程中的意义 [J]. 科学文化评论，2005，6：117-124.

[111] 范晓君，徐红罡，Dietrich Soyez，代姗姗 . 德国工业遗产的形成发展及多层级再利用 [J]. 经济问题探索，2012，9：171-176.

[112] 常青，魏枢，沈黎，董一平 . “东外滩实验”——上海市杨浦区滨江地区保护与更新研究 [J]. 城市规划，2004，4：88-93.

[113] 郭双燕 . 创意城市及其在中国的发展 [J]. 财经界，2018，5：102-103.

[114] 吴云梦汝，陈波 . 武汉城市转型更新研究——基于创意城市的视角 [J]. 湖北社会科学，2018，2：74-81.

[115] 王乐涵，边导 . 区域中心城市遗产保护研究综述 [J]. 中外建筑，2018，8：56-58.

[116] 张经纬 . 城市历史文化遗产保护与城市更新 [J]. 遗产与保护研究，2018，3（6）：87-89.

[117] 太原市地方志编纂委员会 . 太原市志（精编版）[M]. 太原：三晋出版社，2011.

[118] 许一友，王振华 . 太原经济百年 1892-1992[M]. 太原：山西人民出版社，1994.

[119] 太原市地方志编纂委员会 . 太原市志（第三册：经济）[M]. 太原：山西古籍出版社，2007.

[120] 曾谦 . 近代山西城镇地理研究 [D]. 西安：陕西师范大学，2007.

[121] 高宇波 . 近代太原学校建筑的特色分析 [J]. 太原理工大学学报，2008，3：324-327.

[122] 太原教育委员会教育志编写组 . 太原教育史料 [Z]. 太原：1990.

[123] 太原工业百年回眸编委会 . 太原工业百年回眸上编（1892-1949）[M]. 太原：太原新闻出版局，2010.

[124] 贾立进 . 太原回眸 [M]. 太原：山西人民出版社，2003.

[125] 赵国柱 . 太原老城 [M]. 太原：山西人民出版社，2008.

[126] 曹焕文 . 太原工业史料 [Z]. 太原：1956.

[127] 山西省地方志办公室 . 民国山西实业志 [M]. 太原：山西人民出版社，2012.

[128] 山西国防科技工业办公室 . 山西军事工业史稿（1989-1949）[Z]. 太原：1985.

[129] 山西机床厂 . 太原兵工 [Z]. 太原 .2014

[130]《太原铁路分局志》编审委员会 . 太原铁路分局志 [M]. 北京：中国铁路出版社，1999.

[131] 侯武杰 . 山西历代纪实本末 [M]. 北京：商务印书馆，1999.

[132] 太原市地方志编纂委员会 . 太原市志（第二册：城市建设）[M]. 太原：山西古籍出版社，2007.

[133] 孟丽姣 . 太原近代学校建筑的保护与修缮初探 [D]. 天津：天津大学，2007.

[134] 张正明 . 山西工商业史 [M]. 太原：山西人民出版社，1987.

[135] 孙中山 . 建国方略 [M]. 北京：中国长安出版社，2011.

[136] 景占魁 . 阎锡山与西北实业公司 [M]. 太原：山西经济出版社，1991.

[137] 景占魁 . 阎锡山与近代山西 [M]. 太原：香港天马图书有限公司，2003.

[138] 雒春普 . 阎锡山传 [M]. 太原：山西人民出版社，2004.

[139] 徐鹏振 . 山西军工建设 [M]. 太原：山西科学技术出版社，1993.

[140] 贾立进 . 民国太原 [M]. 太原：山西人民出版社，2011.

[141] 黄征 . 老太原 [M]. 北京：文化艺术出版社，2003.

[142] 黄征 . 太原史稿 [M]. 太原：山西人民出版社，2003.

[143] 中国人民解放军太原军分区 . 太原军事志 [M]. 太原：山西人民出版社，2001.

[144] 太原工业百年回眸编委会 . 太原工业百年回眸中编（1949-1978）[M]. 太原：太原新闻出版局，2010.

[145] 荣彤 . 21 世纪初太原发展研究 [M]. 太原：山西人民出版社，2001.

[146] 武辉，张春祥 . 太原城市性质的规划演进 [J]. 城乡建设，2012，3：26-28.

[147] 许一友，史旺成 . 太原经济地理 [M]. 太原：山西人民出版社，1985.

[148] 杨东生 . 阎锡山的军事工业建设思想研究 [D]. 长沙：国防科学技术大学，2009.

[149] 山西省地方志办公室 . 民国山西史 [M]. 太原：山西人民出版社，2011.

[150]《山西军事工业工人运史通览》编委会 . 山西军事工业工人运史通览 [M]. 太原：山西人民出版社，2008.

[151] 乔含玉 . 太原城市规划建设史话 [M]. 太原：山西科学技术出版社，2007.

[152] 吴国荣 . 太原经济笔谭 [M]. 太原：山西人民出版社，2014.

[153] 吴国荣 . 亘古一城 [M]. 太原：山西经济出版社，2013.

[154] 山西省地方志办公室 . 山西工业发展概述 [Z]. 太原：1983.

[155] 太钢史志编辑委员会 . 太钢发展史 1934——1993[M]. 北京：中国科学技术出版社，1994.

[156] 太钢史志总编辑室 . 太钢年鉴 [Z]. 太原：2003.

[157] 太原市历史文化名城保护委员会 . 太原古韵 [M]. 北京：中国建筑工业出版社，2015.

[158] 袁媛 . 文化基因视角下太原旧城区历史街区保护与更新研究 [D]. 西安：西安建筑科技大学，2013.

[159] 李欢 . 民国太原城市变迁下的市民生活研究 [D]. 太原：山西大学，2015.

[160] 王春芳 . 太原现存近代建筑类型 [J]. 中国建材科技，2010，1：75-77.

[161] 张松，镇雪锋 . 太原市工业遗产保护及棕地再开发策略研究 [J]. 北京规划建设，2011，1：62-66.

[162] 崔玲玲 . 山西近代天主教修道院建筑研究 [D]. 太原：太原理工大学，2011.

[163] 庞吉炜 . 山西近代省立中学建筑研究 [D]. 太原：太原理工大学，2013.

[164] 郭伟 . 外来文化影响下的山西省近代学校建筑 [D]. 太原：太原理工大学，2006.

[165] 太原市人民委员会办公厅 . 巨变中的太原（城市建设和交通部分）[Z]. 太原：1960.

[166] 张秉权 . 山西工业基本建设简况 [Z]. 太原：1986.

[167] 太原市人民委员会办公厅 . 巨变中的太原（工业部分）[Z]. 太原：1960.

[168] 景占魁 . 民国时期的太原工业 [J]. 记者观察（下半月），2010，9：63-65.

[169] 太原城市建设管理委员会 . 太原城市建设 1949-1989[M]. 太原：山西科学教育出版社，1989.

[170] 张政，安捷 . 太原图志 [M]. 太原：三晋出版社，2009.
[171] 师文 . 太原府城建筑形制协调研究与保护 [D]. 太原：太原理工大学，2016.
[172] 王芳 . 历史文化视角下的内陆传统城市近现代建筑研究 [D]. 西安：西安建筑科技大学，2011.
[173] 王芳，杨豪中 . 文化视角下的太原近代建筑研究 [J]. 建筑与文化，2011，4：104-105.
[174] 张晶 . 山西近代工业建筑研究 [D]. 太原：太原理工大学，2010.
[175] 孔祥毅，张新伟 . 关于太原工业发展的思考 [J]. 晋阳学刊，1998，5：22-26.
[176] 任力军 . 山西产业投资结构变迁：1950-2010[D]. 太原：山西大学，2015.
[177] 张春祥，王富华 . 太原工业结构布局探析 [J]. 城市研究，1997，5：37-48.
[178] 周明长 . 新中国建立初期重工业优先发展战略与工业城市发展研究（1949-1957）[D]. 成都：四川大学，2005.
[179] 刘瑞 . 20 世纪 50 年代太原市重工业发展与苏联援助 [D]. 呼和浩特：内蒙古师范大学，2013.
[180] 中共太原市委党史研究室 . 奠基太原工业——156 项目在太原 [M]. 北京：中央党史出版社，2016.
[181] 王茂林 . 山西重点建设项目 [M]. 太原：山西经济出版社，1992.
[182] 张春祥 . 太原规划战略研究 [M]. 太原：山西科学技术出版社，2006.
[183] 刘瑞 . 太原第一热电厂的创建与苏联援助 [J]. 沧桑，2012，5：104-106.
[184] 今日太原编委会 . 今日太原 [M]. 太原：山西人民出版社，1985.
[185] 中共山西省委调查研究室 . 山西工业经济调查 [M]. 太原：山西人民出版社，1959.
[186]《太原磷肥厂厂史》编辑委员会 . 前进的 30 年 1958-1988[Z]. 太原：1988.
[187]《太原磷肥厂厂史》编辑委员会 . 太磷之路 [Z]. 太原：1988.
[188] 高祥冠，常江 . 太原“一五”时期“156”工业遗产保护更新初探 [J]. 工业建筑，2017，47（10）：70-75+51.
[189] 山西军事工业工人运史通览编委会 . 山西军事工业工人运史通览 [M]. 太原：山西人民出版社，2008.

[190] 佚名．太原市大气环境质量明显改善，市区 PM2.5 平均浓度同比下降 26.0% [EB/OL].（2018-05-29）[2019-08-19].https：//sh.qihoo.com/905631b842befbd12?cota=1&sign=360_e39369d1&refer_scene=so_1.

[191] 太原市人民政府．太原市 2019 年政府工作报告 [R]. 太原（2019-03-04）[2019-05-10]. http：//183.203.223.83：85/shishi/index.asp.

[192] 韩锋．世界遗产发展趋势探究——基于《实施保护世界文化与自然遗产公约操作指南》历年变更解读 [C]. 中国风景园林学会 2013 年会论文集，2013.

[193] 吕宁．"一国一项" 申报限制等规则的背景及出台——近期《实施 < 保护世界文化和自然遗产公约 > 的操作指南》修订追踪研究 [J]. 中国文化遗产，2018，1：17-27.

[194] Anon.The Operational Guidelines for the Implementation of the World Heritage Convention [EB/OL].（2016-09-15）[2018-11-18].http：//whc.unesco.org/en/guidelines/.

[195] ICOMOS. 建筑遗产分析、保护和结构修复原则 [R]. Victoria Falls City：2003.

[196] 刘玲玲．鲁尔区从煤炭中心转型为文化之都 [J]. 能源研究与利用，2018，3：22-23.

[197] 金云峰，方凌波，沈洁．工业森林视角下棕地景观再生的场所营建策略研究——以德国鲁尔为例 [J]. 中国园林，2018，34（6）：70-74.

[198] 李论，刘刊．德国鲁尔区工业遗产的 " 博物馆式更新 " 策略研究 [J]. 西部人居环境学刊，2017，32（4）：91-95.

[199] 李志勤，赵民胜．太原科技大学史（1951-2012 年）[M]. 北京：机械工业出版社，2012.

[200] 张松．城市文化遗产保护国际宪章与国内法规选编 [M]. 上海：同济大学出版社，2007.

[201] 国际古迹遗址理事会国际保护中心．国际文化遗产保护文件选编 [M]. 北京：文物出版社，2007.

[202] CANADA P. Culture resource management policy [EB/OL].（2016-11-20）[2018-10-15]. http：//www.pc.gc.ca/eng/docs/pc/poli/grc-crm/index.aspx.

[203] 王高峰．美国工业遗产保护体系的建立与发展及对中国的启示 [D]. 安徽：中国科学技术大学，2012.

[204] National Park Service. Mariagement policies 2006：The guide to managing the national park

system [EB/OL].（2016-12-30）[2018-12-15]. http：//www.nps.gov/policy/mp/policies.html#_Toc157232755.

[205] MACIAREN F T. 加拿大遗产保护的实践以及有关机构 [J]. 国外城市规划，2001，8：17-21.

[206] 韦峰，徐维波，刘晨宇 . 在历史中重构：工业建筑遗产保护更新理论与实践 [M]. 北京：化学工业出版社，2014.

[207] 刘凤凌，褚冬竹 . 三线建设时期重庆工业遗产价值评估体系与方法初探 [J]. 工业建筑，2011，41（11）：54-59.

[208] 刘晖，刘华东 . 广州工业遗产的价值认定与保护制度 [J]. 城市建筑，2015，171（10）：32-35

[209] 林涛，胡佳凌 . 工业遗产原真性游客感知的调查研究：上海案例 [J]. 人文地理，2013（4）：114-119.

[210] 张健，隋倩婧，吕元 . 工业遗产价值标准及适宜性再利用模式初探 [J]. 建筑学报，2011，11（1）：88-92.

[211] 朱晓明，吴杨杰，刘洪 ."156" 项目中苏联建筑规范与技术转移研究——铜川王石凹煤矿 [J]. 建筑学报，2016，7：87-92.

[212] 韩福文，佟玉权 . 东北地区工业遗产保护与旅游利用 [J]. 经济地理，2010，30（1）：135-138，61.

[213] 刘丽华，何军，韩福文 . 我国东北地区近代工业遗产的基本特征及其文化解读——基于文物保护单位视角的分析 [J]. 经济地理，2016，36（1）：200-207.

[214] 佟玉权，韩福文，许东 . 工业景观遗产的层级结构及其完整性保护——以东北老工业区为例 [J]. 经济地理，2012，32（2）：166-172.

[215] 崔卫华，宫丽娜 . 世界工业遗产的地理、产业分布及价值特征研究——基于《世界遗产名录》中工业遗产的统计分析 [J]. 经济地理，2011，31（1）：162-165，76.

[216] 崔卫华，胡玉坤，王之禹 . 中东铁路遗产的类型学及地理分布特征 [J]. 经济地理，2016，36（4）：173-180.

[217] 崔卫华，余盼 . 近现代化进程中辽宁工业遗产的分布特征 [J]. 经济地理，2010，30（11）：21-25.

[218] 王鑫 . 消费文化语境下的青岛四方机车厂再利用 [J]. 工业建筑，2014，44（2）：21-25.

[219] 张芳 . 基于城市文脉的城市工业废弃地重构城市景观的策略 [J]. 建筑与文化，2016，142（1）：157-159.

[220] 赵万民，李和平，张毅 . 重庆市工业遗产的构成与特征 [J]. 建筑学报，2010，12：7-12.

[221] 李瑞芬，张爱国 . 内蒙古工业旅游的 SWOT 分析与战略选择 [J]. 山西师范大学学报（自然科学版），2008，22（4）：114-117.

[222] 李虹，曹春丽，李美函 . 辽宁工业旅游的 SWOT 分析与策略选择 [J]. 大连理工大学学报（社会科学版），2008，1：34-37.

[223] 徐喆，邵兰霞 . 辽宁工业旅游的 SWOT 分析及开发对策 [J]. 吉林师范大学学报（自然科学版），2007，20（4）：104-105.

[224] 陶庆华 . 宝鸡市发展工业遗产旅游的 SWOT 分析 [J]. 新西部，2010，7：21-22.

[225] 韩福文，佟玉权，张丽 . 东北地区工业遗产旅游价值评价——以大连市近现代工业遗产为例 [J]. 城市发展研究，2010，17（5）：114-119.

[226] 赵大伟，王昱之 . 基于 AHP 的玉门市工业旅游发展探究 [J]. 小城镇建设，2015，9：88-92.

[227] 王大为 . 基于灰色关联理想解的旧工业建筑改造模式比选研究 [D]. 西安：西安建筑科技大学，2014.

[228] 田卫 . 旧工业建筑（群）再生利用决策系统研究 [D]. 西安：西安建筑科技大学，2013.

[229] 崔卫华 . CVM 在工业遗产资源价值评价中测度指标差异及其选择的实证研究 [J]. 中国人口 . 资源与环境，2013，23（9）：49-155.

[230] 张毅杉，夏健 . 城市工业遗产的价值评价方法 [J]. 苏州科技学院学报，2008，21（1）：41-44.

[231] 石越，青木信夫，徐苏斌，等 . BIM 技术在历史建筑信息采集中的应用——以黄海化学工业研究社为例 [J]. 建筑与文化，2014，7：79-81.

[232] 徐飞飞，邹良超 . 基于 Flex 的矿山工业景观评价系统 [J]. 三峡大学学报（自然科学版），2011，33（3）：59-63.

[233] 徐苏斌,张家浩,青木信夫,等 . 重点城市工业遗产 GIS 数据库建构研究—以天津为例 [J]. 工业建筑，2015，45（5）：129-134.

[234] 李静，杨静 . 工业遗产建库助推数字历史文化名城建设——以南京为例 [J]. 城市建筑，2016，33：351-354.

[235] 蒋楠，王建国 . 近现代建筑遗产保护与再利用综合评价 [M]. 南京：东南大学出版社，2016.

[236] BERENS C. 工业遗址的再开发利用：建筑师、规划师、开发商和决策者实用指南 [M]. 北京：电子工业出版社，2012.

[237] 邵甬 . 法国建筑城市·景观·遗产保护与价值重现 [M]. 上海：同济大学出版社，2010.

[238] 朱晓明 . 当代英国建筑遗产保护 [M]. 上海：同济大学出版社，2007.

[239] 塔隆 . 英国城市更新 [M]. 上海：同济大学出版社，2016.

[240] 青木信夫，徐苏斌，张蕾，等. 工业遗产评价认定标准研究——以英国为例 [M]. 北京：清华大学出版社，2014.

[241] 任保平 . 衰退工业区的产业重建与政策选择：德国鲁尔区的案例 [M]. 北京：中国经济出版社，2007.

[242] 张文卓，韩锋 . 工业遗产保护的博物馆模式——以德国鲁尔区为例 [J]. 上海城市规划，2018，1：102-108.

[243] 李论，刘刊 . 德国鲁尔区工业遗产的 " 博物馆式更新 " 策略研究 [J]. 西部人居环境学刊，2017，32（04）：91-95.

[244] 左琰 . 德国柏林工业建筑遗产的保护与再生 [M]. 南京：东南大学出版社，2007.

[245] 金云峰，方凌波，沈洁 . 工业森林视角下棕地景观再生的场所营建策略研究——以德国鲁尔为例 [J]. 中国园林，2018，34（6）：70-74.

[246] 刘玲玲 . 鲁尔区从煤炭中心转型为文化之都 [J]. 能源研究与利用，2018，3：22-23.

[247] 刘伯英 .“明治日本工业革命遗产”申遗的 8 个疑问 [J]. 世界遗产，2015，7：22-23.

[248] 国家文物局第一次全国可移动文物普查工作办公室 . 日本文化财保护制度简编 [M]. 北京 : 文物出版社，2016.

[249] 代锋 . 从物的选择到情境的营造——论登琨艳的设计哲学 [J]. 文艺争鸣，2016，11 : 210-212.

[250] 段巍，崔华 . 功能置换登琨艳设计的上海滨江创意产业园 [J]. 时代建筑，2007，1 : 62-67.

[251] 肖湘东，熊亦美，余亮 . 上海工业建筑遗产改造复兴研究——以三个典型工业遗产改造项目为例 [J]. 中国名城，2018，6 : 71-76.

[252] 代四同 . 上海莫干山路工业区的历史演进研究 [D]. 上海 : 上海社会科学院，2018.

[253] 肖湘东，熊亦美 . 上海工业遗产发展研究 [J]. 建筑与文化，2018，7 : 217-219.

[254] 左琰，安延清 . 上海弄堂工厂的死与生 [M]. 上海 : 上海科学技术出版社，2012.

[255] 上海市文物管理委员会 . 上海工业遗产新探 [M]. 上海 : 上海交通大学出版社，2009.

[256] 娄承浩，陶祎珺 . 上海百年工业建筑寻迹 [M]. 上海 : 同济大学出版社，2017.

[257] 宋颖 . 上海工业遗产的保护与再利用研究 [M]. 上海 : 复旦大学出版社，2014.

[258] 冯姗姗，常江 . 矿业废弃地 : 完善绿色基础设施的契机 [J]. 中国园林，2017，33，5 : 24-28.

[259] 李玉峰 . 新遗产城市 : 世界遗产观念下的城市类型研究 [M]. 北京 : 中国建筑工业出版社，2012.

[260] 何依 . 四维城市——城市历史环境研究的理论、方法与实践 [M]. 北京 : 中国建筑工业出版社，2016.

[261] 陈曦 . 建筑遗产保护思想的演变 [M]. 上海 : 同济大学出版社，2016.

[262] 唐燕，昆兹曼 . 创意城市实践 : 欧洲和亚洲的视角 [M]. 北京 : 清华大学出版社，2013.

[263] 张京成，刘利永，刘光宇 . 工业遗产的保护与利用——“创意经济时代”的视角 [M]. 北京 : 北京大学出版社，2013.

[264] 戴湘毅，阙维民 . 世界城镇遗产的申报与管理——对《实施保护世界文化与自然遗产公约的操作指南》的解析 [J]. 国际城市规划，2012，27（2）: 61-66.

[265] 单霁翔 . 20 世纪遗产保护 [M]. 天津 : 天津大学出版社，2015.

附录：太原市近现代工业遗产价值评价问卷

尊敬的领导、职工、专家：

你们好！感谢您抽出宝贵的时间来填写问卷，请您真实地填写您所在企业的情况和您对企业的了解与认识。您的意见对我们接下来工作的开展将起到非常重要的作用。请您按照评分标准和说明在五个选项中进行选择并打分，所有问题都为单选，所选分值在括号中用√表示。

示例说明

问题 1：工厂位于城市区位的等级

●工厂位于城市中心　　9（√）10（　）

●工厂位于城市片区中心　　7（　）8（　）

●工厂位于城市一般区域　　5（　）6（　）

●工厂位于城市边缘带 3（ ）4（ ）

●工厂位于城市郊区 1（ ）2（ ）

请您对以下问题进行回答

问题 1：工厂位于城市区位的等级

●工厂位于城市中心 9（ ）10（ ）

●工厂位于城市片区中心 7（ ）8（ ）

●工厂位于城市一般区域 5（ ）6（ ）

●工厂位于城市边缘带 3（ ）4（ ）

●工厂位于城市郊区 1（ ）2（ ）

问题 2：区位的特征与重要性

●位置与城市名片功能紧密联系 9（ ）10（ ）

●与城市居住功能紧密联系 7（ ）8（ ）

●与城市功能联系一般 5（ ）6（ ）

●与城市功能联系一般 3（ ）4（ ）

●逐渐与郊区农业联系 1（ ）2（ ）

问题 3：您所在的企业权属

●国有企业 9（ ）10（ ）

●集体企业 7（ ）8（ ）

●合资企业 5（ ）6（ ）

●产权混乱 3（ ）4（ ）

●产权有争议争议 1（ ）2（ ）

问题 4：您所在企业生产现状及发展预测

●扩大生产，发展良好，或已经转型 9（ ）10（ ）

●正常生产，发展一般，或正在转型 7（ ）8（ ）

●维持正常生产，发展不好，亟待转型 5（ ）6（ ）

●减产，停产，亟待转型 3（ ）4（ ）

●停产，破产 1（ ）2（ ）

问题 5：您所在企业的工业类型与企业规模

●大型国防企业和机械制造企业 9（ ）10（ ）

●大型基础工业（能源、冶金、化工）企业 7（ ）8（ ）

●大中型地方企业（建材） 5（ ）6（ ）

●中型轻工企业 3（ ）4（ ）

●小型企业 1（ ）2（ ）

问题 6：您所在企业历史时代的规模意义

●在所处时代，为规模较大，有典型意义的 9（ ）10（ ）

●在所处时代，为规模大，有代表意义的 7（ ）8（ ）

●在所处时代，为规模一般，有一般代表意义的 5（ ）6（ ）

●在所处时代，为规模较小，代表意义不大的 3（ ）4（ ）

●在所处时代，为规模较小，无代表意义的 1（ ）2（ ）

问题 7：您所在企业历史人物与历史事件

●改革人物、科学家对于企业具有重要意义 9（ ）10（ ）

●改革人物、科学家对于参与企业发展 7（ ）8（ ）

●改革人物、科学家对于间接参与企业发展 5（ ）6（ ）

●历史人物与企业处于一个历史时间段 3（ ）4（ ）

●历史人物与企业无关 1（ ）2（ ）

问题 8：您所在城市区域商贸服务经济潜力

●城市商贸经济繁荣，有利用工业遗产的需求 9（ ）10（ ）

●城市商贸经济繁荣，有利用工业遗产的可能 7（ ）8（ ）

●城市商贸经济一般，有利用工业遗产的可能 5（ ）6（ ）

●城市商贸经济一般，利用工业遗产的可能很小 3（ ）4（ ）

●城市商贸经济起步，没有利用工业遗产的可能 1（ ）2（ ）

问题 9：您所在城市区域旅游经济发展情况

●城市旅游业发展繁荣，有利用工业遗产的需求 9（ ）10（ ）

●城市旅游业发展繁荣，有利用工业遗产的可能 7（ ）8（ ）

●城市旅游业发展一般，有利用工业遗产的可能 5（ ）6（ ）

●城市旅游业发展一般，利用工业遗产的可能很小 3（ ）4（ ）

●城市旅游业发展起步，没有利用工业遗产的可能 1（ ）2（ ）

问题 10：您所在城市区域会展经济发展情况

●城市会展经济繁荣，有利用工业遗产的需求 9（ ）10（ ）

●城市会展经济繁荣，有利用工业遗产的可能 7（ ）8（ ）

●城市会展经济一般，有利用工业遗产的可能 5（ ）6（ ）

●城市会展经济一般，利用工业遗产的可能很小 3（ ）4（ ）

●城市会展经济起步，没有利用工业遗产的可能 1（ ）2（ ）

问题 11：您所在城市区域文创产业经济发展情况

●城市文创产业经济繁荣，有利用工业遗产的需求 9（ ）10（ ）

●城市文创产业经济繁荣，有利用工业遗产的可能 7（ ）8（ ）

●城市文创产业经济一般，有利用工业遗产的可能 5（ ）6（ ）

●城市文创产业经济一般，利用工业遗产的可能很小 3（ ）4（ ）

●城市文创产业经济起步，没有利用工业遗产的可能 1（ ）2（ ）

问题 12：您所在企业与城市性质、城市名片的关系

●能够代表城市性质，成为城市名片 9（ ）10（ ）

●能够代表城市性质，不能成为城市名片 7（ ）8（ ）

●一定程度上代表城市性质 5（ ）6（ ）

●对城市性质只有微弱影响 3（ ）4（ ）

●与城市性质没有关系 1（ ）2（ ）

问题 13：您所在企业在城市发展历史中的作用

●极大地影响了城市工业区分布，增加了城市空间布局 9（ ）10（ ）

●影响了城市工业区分布，增加了城市空间布局 7（ ）8（ ）

●跟随了城市工业区布局，增加了城市空间布局 5（ ）6（ ）

●跟随了城市工业区布局　3（　）4（　）

●对城市建成区发展影响微乎其微　1（　）2（　）

问题 14：您所在企业技术史发展的代表性

●引入先进技术后，自我发展，成为典范技术　9（　）10（　）

●引入先进技术后，自我发展，改良技术　7（　）8（　）

●引入了典范技术　5（　）6（　）

●引入较为先进的技术　3（　）4（　）

●技术价值的典范意义和代表性微乎其微　1（　）2（　）

问题 15：您所在企业在技术发展中的作用

●企业工业技术发展中具有创新意义　9（　）10（　）

●企业工业技术发展中具有引进技术意义　7（　）8（　）

●企业工业技术发展中具有技术修正意义　5（　）6（　）

●企业工业技术发展中具有应用意义　3（　）4（　）

●企业工业技术发展中只有一般意义　1（　）2（　）

问题 16：您所在企业厂区建筑规模

● 100000 平方米以上　9（　）10（　）

● 50000~100000 平方米　7（　）8（　）

● 30000~50000 平方米　5（　）6（　）

● 10000~30000 平方米　3（　）4（　）

● 10000 平方米以下　1（　）2（　）

问题 17：您所在企业厂区占地规模

● 800~1000 亩	9（ ）10（ ）
● 600~800 亩	7（ ）8（ ）
● 400~600 亩	5（ ）6（ ）
● 200~400 亩	3（ ）4（ ）
● 200 亩	1（ ）2（ ）

问题 18：您所在企业建厂初期规划

●布局符合生产需要，有礼仪空间，成为区域代表	9（ ）10（ ）
●布局符合生产需要，有礼仪空间，可为公共服务	7（ ）8（ ）
●布局符合生产需要，有少量礼仪空间	5（ ）6（ ）
●布局勉强完成生产需要	3（ ）4（ ）
●布局杂乱无章	1（ ）2（ ）

问题 19：您所在企业规划现状与初期规划的变化程度

●无变化或少量变化，原有规划清晰保留	9（ ）10（ ）
●少量变化，原有规划基本保留	7（ ）8（ ）
●变化适度，原有规划适中，可见原规划布局	5（ ）6（ ）
●变化较大，原有规划变更大	3（ ）4（ ）
●变化较大且混乱	1（ ）2（ ）

问题 20：您所在企业典型厂房的生产用途

●核心工艺的生产用房	9（ ）10（ ）

●工艺流程的其他生产车间　7（　）8（　）

●动力机修等辅助车间　5（　）6（　）

●包装车间等配合车间　3（　）4（　）

●其他配合的生产用房　1（　）2（　）

问题 21：您所在企业典型厂房的使用现状和质量状况

●正在使用，质量良好　9（　）10（　）

●正在使用，质量稳定　7（　）8（　）

●闲置，质量良好　5（　）6（　）

●闲置，质量稳定　3（　）4（　）

●弃用，危楼　1（　）2（　）

问题 22：您所在企业的建筑风格与风貌

●建筑具有时代领先性　9（　）10（　）

●建筑具有外来文化的引入性　7（　）8（　）

●建筑具有地方文化的代表性　5（　）6（　）

●建筑具有地方文化　3（　）4（　）

●建筑只具有一般意义　1（　）2（　）

问题 23：您所在企业的厂区风貌完整程度

●建厂初期风貌完整，厂区扩建分期清晰　9（　）10（　）

●建厂初期风貌相对完整，厂区扩建分期清晰　7（　）8（　）

●建厂初期风貌大部分完好，厂区扩建改建较多　5（　）6（　）

●建厂初期风貌部分完好，厂区扩建改建较多　3（　）4（　）

●建厂初期少量保存，厂区扩建改建多且混乱　1（　）2（　）

问题 24：您所在企业门、窗、屋面、檐口等建筑细部的装饰

●细部装饰具有时代或民族特征，装饰材料与建筑构造衔接完美　9（　）10（）

●细部装饰具有外来特征，装饰材料与建筑构造衔接较好　7（　）8（　）

●细部装饰平庸，以实用为主，装饰材料与建筑构造衔接一般　5（　）6（　）

●细部装饰混乱，以实用为主，装饰材料与建筑构造衔接较差　3（　）4（　）

●细部装饰质量差，实用功能受到影响　1（　）2（　）

问题 25：您所在企业建筑装饰细部的现状

●装饰材料坚固耐用，现状良好　9（　）10（　）

●装饰材料坚固耐用，现状较好　7（　）8（　）

●装饰材料较为坚固耐用，现状较好　5（　）6（　）

●装饰材料较为坚固耐用，现状一般　3（　）4（　）

●装饰材料寿命一般，现状破败　1（　）2（　）

问题 26：您所在企业加建改造的次数与原因

●没有加建改造　9（　）10（　）

●加建改造 1 次，为生产需求　7（　）8（　）

●加建改造 2~3 次，多为生产需求 5（ ）6（ ）

●加建改造 4~5 次，多为其他需求 3（ ）4（ ）

●加建改造频繁，原因复杂 1（ ）2（ ）

问题 27：您所在企业加建改造部分与原貌的衔接程度

●加建改造部分与原建筑风貌协调统一 9（ ）10（ ）

●简单改造，对原建筑风貌影响不大 7（ ）8（ ）

●改造对原建筑风貌影响较大，但可以判别原风貌 5（ ）6（ ）

●风格突兀，无法与原建筑风貌衔接 3（ ）4（ ）

●已经无法看出原建筑风貌 1（ ）2（ ）

问题 28：您所在企业对工业遗产的保护措施

●已有完善的工业遗产保护规划和措施 9（ ）10（ ）

●已有完善的工业遗产保护措施 7（ ）8（ ）

●有自发的保护措施，不成体系 5（ ）6（ ）

●有少量的保护措施 3（ ）4（ ）

●没有工业遗产的保护措施 0（ ）

问题 29：您所在企业对工业遗产的保护实施

●保护措施和保护规划执行良好 9（ ）10（ ）

●保护措施和保护规划正在执行 7（ ）8（ ）

●保护措施筹备执行，维系现状 5（ ）6（ ）

●保护措施执行不力，维系现状 3（ ）4（ ）

●保护措施无主体执行，现状堪忧　1（　）2（　）

问题 30：您所在企业技术转移所代表的技术水平

●已达到国际先进水平　9（　）10（　）

●已达到国内先进水平　7（　）8（　）

●已达到国际行业一般水平　5（　）6（　）

●已达到国内行业一般水平　3（　）4（　）

●处于行业末端水平　1（　）2（　）

问题 31：您所在企业在技术成长中的高峰技术水平

●已达到国际先进水平　9（　）10（　）

●已达到国内先进水平　7（　）8（　）

●已达到国际行业一般水平　5（　）6（　）

●已达到国内行业一般水平　3（　）4（　）

●处于行业末端水平　1（　）2（　）

问题 32：您所在企业的生产线和工业建筑结合情况

●结合好，紧凑，能够促进工业生产　9（　）10（　）

●结合好，能够促进工业生产　7（　）8（　）

●结合好，能够协调工业生产　5（　）6（　）

●结合一般，能够完成空间内的工业生产　3（　）4（　）

●结合不好，影响工业生产　1（　）2（　）

问题 33：您所在企业整体生产流线保留情况

●正常使用，生产线和设备全部保留，现状良好 9（ ）10（ ）

●周期停产，生产线全部保留，设备稳定 7（ ）8（ ）

●停产，生产线全部保留，设备现状一般 5（ ）6（ ）

●停产，生产线部分保留，设备现状差 3（ ）4（ ）

●停产，废弃，生产线全部拆除 1（ ）2（ ）

问题 34：您所在企业的产品与原材料成品与样品情况

●各类产品和原材料保留齐全 9（ ）10（ ）

●产品保留齐全，原材料部分保留 7（ ）8（ ）

●产品基本保留齐全，原材料少量保存 5（ ）6（ ）

●产品基本保留齐全，原材料没有保存 3（ ）4（ ）

●产品部分保留，原材料没有保存 1（ ）2（ ）

问题 35：您所在企业的生产档案保留情况

●详尽完整 9（ ）10（ ）

●文献较多 7（ ）8（ ）

●文献一般 5（ ）6（ ）

●部分记载 3（ ）4（ ）

●无法考证 0（ ）

问题 36：您所在企业的仓库和堆场现状

●有筒仓等专业仓库 9（ ）10（ ）

●有大型专业仓库，或设施齐全的物料堆场 7（ ）8（ ）

●有专业堆场和全封闭仓库 5（ ）6（ ）

●简陋的室外堆场，或半封闭仓库 3（ ）4（ ）

●无 0（ ）

问题 37：您所企业的仓库和堆场使用情况

●质量良好，使用频繁 9（ ）10（ ）

●质量稳定，正常使用 7（ ）8（ ）

●质量稳定，正常使用 5（ ）6（ ）

●质量稳定，使用较少 3（ ）4（ ）

●质量现状较差，闲置或弃用 1（ ）2（ ）

问题 38：您所在企业厂内动力、消防、安全等辅助生产设施的保留情况

●设施齐全，生产规模较大，生产管理水平先进 9（ ）10（ ）

●设施基本齐全，生产规模大，生产管理水平较高 7（ ）8（ ）

●保留部分设施，具有一般的企业生产管理水平 5（ ）6（ ）

●保留少量设施，企业生产管理水平低 3（ ）4（ ）

●没有保留 0（ ）

问题 39：您所在企业的管线、廊架、吊车等生产运输设施的保留情况

●设施齐全，能连接工业生产流程，有强烈的工业景观特征 9（ ）10（ ）

●基本齐全，能基本连接工业生产流程，有明显的工业景观特征 7（ ）8（ ）

●保留部分设施，不能完全连接工业生产流程，有工业景观特征 5（ ）6（ ）

●保留有少量设施，只具有工业景观的象征意义 3（ ）4（ ）

●没有保留 0（ ）

问题 40：您所在企业自配汽运站场等

●规模较大，使用频繁 9（ ）10（ ）

●规模中等，使用频繁 7（ ）8（ ）

●规模中等，使用 5（ ）6（ ）

●规模较小，较少使用 3（ ）4（ ）

●无 0（ ）

问题 41：您所在企业的自配铁路运输站场等

●规模较大，使用频繁 9（ ）10（ ）

●规模中等，使用频繁 7（ ）8（ ）

●规模中等，使用 5（ ）6（ ）

●规模较小，较少使用 3（ ）4（ ）

●无 0（ ）

问题 42：您所在企业的次生景观的类型、危害

●无次生景观 10（ ）

●水体类次生景观，对环境和生活没有危害 7（ ）8（ ）

●堆积类次生景观，对环境有污染，对生活没有危害 5（ ）6（ ）

●堆积类次生景观，对环境和生活危害较大 3（ ）4（ ）

●塌陷类的次生景观，对生活危害较大 1（ ）2（ ）

问题 43：您所在企业的次生景观处置措施

●治理措施科学齐备，对环境危害降到最低 9（ ）10（ ）

●治理措施较为科学齐备，对环境危害有明显降低 7（ ）8（ ）

●有治理措施，对环境治理不大 5（ ）6（ ）

●治理措施很少，环境治理效果微乎其微 3（ ）4（ ）

●没有治理措施，持续对环境发生危害 0（ ）

问题 44：您所在企业的路灯、座椅等厂区景观设施

●设施完善，有时代特色 9（ ）10（ ）

●设施完善，有厂区特色 7（ ）8（ ）

●设施一般，略有特色 5（ ）6（ ）

●设施欠缺，没有特色 3（ ）4（ ）

●无景观设施 0（ ）

问题 45：您所在企业的工业文化标语、文化长廊

●有标语和图形，有主题性，有多个时代的文化特色 9（ ）10（ ）

●有标语和图形，有主题性，时代特色明显 7（ ）8（ ）

●只有标语，有主题性 5（ ）6（ ）

●零星有，主题性不强　3（　）4（　）

●无　0（　）

问题 46：您所在工人社区面积

● 500 亩以上　9（　）10（　）

● 300~500 亩　7（　）8（　）

● 200~300 亩　5（　）6（　）

● 100~200 亩　3（　）4（　）

●无　0（　）

问题 47：您所在工人社区概况

●工业发展形成科、教、卫功能全面的，规模较大的工人社区　9（　）10（　）

●工业发展形成科、教、卫功能全面的，规模一般的工人社区　7（　）8（　）

●工业发展形成有教、卫功能，规模一般的工人社区　5（　）6（　）

●工业发展形成有教、卫功能，规模较小的工人社区　3（　）4（　）

●工业发展没有形成工人社区　0（　）

问题 48：您所在工人社区医院等级、科室、床位

●社区有二级甲等医院　9（　）10（　）

●社区有二级乙等医院　7（　）8（　）

●社区有社区医院　5（　）6（　）

●有社区卫生服务 3（ ）4（ ）

●无医疗卫生服务 0（ ）

问题 49：您所在工人社区药店、便民医疗机构情况

● 3 家或以上社区药店，2 家以上便民医疗机构 9（ ）10（ ）

● 3 家或以上社区药店，1 家以上便民医疗机构 7（ ）8（ ）

●有社区药店，有便民医疗机构 5（ ）6（ ）

●只有社区药店，没有便民医疗机构 3（ ）4（ ）

●无 0（ ）

问题 50：您所在工人社区幼儿园、小学教育状况

●有幼儿园、小学，且为省市重点小学 9（ ）10（ ）

●有幼儿园、小学，并且教学质量较好 7（ ）8（ ）

●幼儿园小学都有 5（ ）6（ ）

●只有幼儿园 3（ ）4（ ）

●无 0（ ）

问题 51：您所在工人社区初中、高中教学状况

●有省市重点初、高中 9（ ）10（ ）

●有初、高中，并且教学质量较好 7（ ）8（ ）

●初、高中都有 5（ ）6（ ）

●只有初中 3（ ）4（ ）

●无 0（ ）

问题 52：您所在工人社区的工业技术教育情况

●有企业独立技校，并且有高校支持 9（ ）10（ ）

●有高校支持 7（ ）8（ ）

●有企业独立技校 5（ ）6（ ）

●无，在社区范围有其他技术教育机构 3（ ）4（ ）

●无 0（ ）

问题 53：您所在工人社区的食堂、澡堂、商店情况

●服务设施齐全，现状良好 9（ ）10（ ）

●服务设施齐全，现状一般 7（ ）8（ ）

●服务设施不全，现状一般 5（ ）6（ ）

●服务设施不全，现状差，有停用 3（ ）4（ ）

●服务设施现状差，已经停用 1（ ）2（ ）

问题 54：您所在工人社区俱乐部、体育场馆情况

●有，规模较大，日常使用 9（ ）10（ ）

●有，规模中等，经常使用 7（ ）8（ ）

●有，规模较小，不常使用 5（ ）6（ ）

●有，规模较小，挪作他用 3（ ）4（ ）

●无工人文体场馆 0（ ）

问题 55：您所在工人社区规划手法

●空间布局严谨，礼仪感强 9（ ）10（ ）

●空间布局严谨，有礼仪感 7（ ）8（ ）

●空间布局严谨而灵活 5（ ）6（ ）

●空间布局灵活 3（ ）4（ ）

●空间布局无规律 1（ ）2（ ）

问题 56：您所在工人社区的居住建筑风格

●具有明显的外来和时代风格 9（ ）10（ ）

●具有明显的时代风格 7（ ）8（ ）

●具有自己的风格和特色 5（ ）6（ ）

●有一定的特色和风格 3（ ）4（ ）

●毫无特色 1（ ）2（ ）

问题 57：您所在工人社区的公共建筑风格

●具有明显的外来和时代风格 9（ ）10（ ）

●具有明显的时代风格 7（ ）8（ ）

●具有自己的风格和特色 5（ ）6（ ）

●有一定的特色和风格 3（ ）4（ ）

●毫无特色 1（ ）2（ ）

问题 58：您所在工人社区的居住建筑质量

●优良 9（ ）10（ ）

●良好 7（ ）8（ ）

●一般 5（ ）6（ ）

●差 3（ ）4（ ）

●危楼 1（ ）2（ ）

问题 59：您所在工人社区的公共建筑质量

●优良 9（ ）10（ ）

●良好 7（ ）8（ ）

●一般 5（ ）6（ ）

●差 3（ ）4（ ）

●危楼 1（ ）2（ ）

致　谢

七年有余的博士求学，几乎占满了我的而立之年。有快乐，但忧伤和痛苦并行；有坚持，但疲惫和挣扎并行；在付出和茫然后，且算有些收获。无数个不眠的夜晚，让我体会“苦其心智”的感受；无数个文献下载结束的对话框，让我知晓学海的无涯；无数次论文的拆改，让我明白学术升华的艰难。而立之年，让我意识到学术作为一种志业，是一条探索之旅、思想之旅。回首在CUMT求学路上的点点滴滴，我的每一步成长离不开老师和亲友们的鞭策与帮助，衷心感谢你们！

感谢我的恩师常江教授。常老师的治学理念、谆谆教诲、言传身教给我带来的影响是巨大的。常老师学识渊博，尽职尽责，在我的学习和研究上，给予了悉心的指导。在过去的七年里，提供给我大量培训、学习和交流的机会，对我的研究工作一次一次地质疑，帮助我一次一次地蜕变，锻炼了我独立自主进行科研的能力。更重要的是，常老师对我包容有加，给予我一个长者的无私关怀，让我一步一步走向成熟，此生难忘。常老师带领我步入严谨的学术领域，开拓我的学术视野，培养我的思考习惯，在博士论文的撰写阶段一次次斧正我的论文并督促我反复修改，让我养成勤奋、自强和严谨的治学态度，这都让我受用终身。我所取得的每一点成绩都凝聚着常老师的心血。在此论文完成之际，谨向常老师致以最衷心的感谢和诚挚的祝福！

感谢“长江工作室”团队，感谢我的师兄林祖锐教授、师姐邓元瑗副教授和冯姗姗老师，无论是博士论文早期的研究选题阶段，还是中后期的提炼升华阶段都给了我诸多实用的建议。感谢师门诸多师弟师妹，周士园、李星汐、李亚博、张金翠、赵英伟、孙珊珊、张玮玮、褚涵等，感谢同行有你。感谢钱揖彬老师、张明慧教授、李永峰教授，感谢你们让我在中国矿业大学拥有和家一样的归属感和亲切感。感谢 CUMT，在读博的日日夜夜，让我思考、困顿、成长。

作为委培博士研究生，感谢我的工作单位——太原科技大学。感谢艺术学院王晋平院长，从我备考中国矿业大学，就给予诸多学习的便利条件，在攻读博士的七年时间里，尽可能地少分配工作任务给我，或者是分配和我研究方向有关的工作任务；并在青年教师中形成以“工业遗产保护”为主要研究方向的科研团队，为我的科研工作提供了强有力的支撑。感谢太原科技大学校办高建伟主任，从学校层级支持了太原工业遗产的调研，并通过民主党派参政议政的途径，让太原市工业遗产成为民主建设会太原市委的重点调研课题，让我坚定了对工业遗产研究的信念。感谢艺术学院环境设计教研室赵明老师等各位同人，多年来老师们承担了更多的课程，使我有更多精力来完成我的科研工作和博士学业。感谢我的学生温焕阳、马莹、王翰青、何宝昌、卢梦怡、王依依、尚超、杨荣明，帮助我完成了大量的基础调研工作，在此也祝福你们，愿你们走上工作岗位后，不忘初心，通过坚持，收获喜悦。感谢王峰老师、刘文华副教授给予我诸多协助和鼓励，感谢卢春莉副教授、杨刚俊副教授、常春宇副教授对我研究工作给予诸多提点和帮助。

感谢诸多同行专家给予本人研究技术和思想上的帮助。感谢东南大学李百浩教授和刘杰副教授在本研究开题阶段的支持和指导。感谢新西兰奥克兰大学谷凯副院长，在南京大学讲学的15天给我论文诸多启发，也坚定了我的科研态度。感谢中国城市规划设计研究院李海涛总规划师和“青年规划师联盟”对本人有关太原“一五”期间的“156工程”工业遗产研究成果的认可和支持。感谢工信部工业文化遗产研究所周岚副主任对本课题研究及科研团队的认可，并邀请加入“中国工业文化遗产联盟”。感谢华南理工大学出版社赖淑华老师及《中国工业遗产丛书》编委对本课题研究的认可和支持。感谢中南大学宋盈老师、华南理工大学彭长歆教授、西安建筑科技大学同庆楠老师和宁亚茹同学、CCDI南京分院刘耘总工程师等诸多专家学者给予的帮助。感谢我的硕士生导师、山西大学霍耀中教授及王怀宇副教授给予的支持和帮助。感谢太原师范学院邵秀英教授及其助手刘丽娜、李豪老师在太原化肥厂调研中给予的协助和支持。感谢山西财贸职业技术学院尤陶江院长给予的帮助。感谢山西传媒学院周恒教授在民国文献分析中给予的帮助。

感谢诸位前辈及支持单位在材料、基础调研方面给予的帮助，分别是原山西省建设厅副厅长、中国名城委副主任曹昌智老前辈，山西省档案馆钱宝元先生，太原师范学院李玉轩副教授，太原市图书馆社交部夏主任和刘迪女士，太原市规划局白局长，太原市城乡规划设计研究院褚旭东所长，山西省城乡规划设计研究院李仕东规划师，中国民主建设会太原市委温斌老师、赵立老师，太钢集团有限公司陆安杰先生，太化集团郭部长和王书记，太原市杏花岭区旅游局陈局长，阳泉市城市规划设计研究院朱总工程师等，在此表示真诚的感谢。

感谢我的父母，古稀之年的双亲比我更加坚强，是二老默默无私奉献，让我坚持走完这博士的苦修之路。面对这无私的爱，只愿天下父母健康长寿！感谢姐姐和小外甥牛牛，给我苦恼之余带来快乐，祝牛牛学习进步，健康成长。感谢爱人李枫，感谢你与我携手走过艰苦的旅程，感谢你在我生病时无微不至的照料,感谢你在我烦恼时对我的疏导安慰,感谢你在我远行日子里的静静守候。感谢诸多家中长辈、兄长对我的关心和帮助，没齿难忘。

谢谢关怀和帮助我的前辈、长者，谢谢前进路上的朋友、伙伴，谢谢身后支持我的亲人，你们让我更爱这世界，更爱这前进路上的风景。

青年一梦，追梦七年!